U0287663

AMD FPGA 基础与工程实践
——基于 Vivado2022.2 与 SystemVerilog

李　森　黄海波◎编　著

电子工业出版社·

Publishing House of Electronics Industry

北京·BEIJING

内 容 简 介

本书结合 Vivado2022.2 开发环境对 FPGA 的开发过程进行详细描述，注重理论与工程实践相结合。本书内容由浅入深，循序渐进。全书共 11 章，分别对初识 FPGA、FPGA 硬件与配置基础、Vivado 与 Sublime Text 的安装与配置、Vivado 基本开发流程、数字逻辑基础设计、FPGA 常用的设计规范与方法、Vivado IP 核使用基础、基本波形发生器、常用通信接口设计、FPGA 综合数字系统设计及 Vivado IDE 高级技巧进行了详细描述。书中的设计代码均通过实际板级验证，读者可以直接将其应用于实际工程设计，同时大部分设计给出了对应的 Testbench，便于读者通过仿真对设计进行更加深入的研究学习，快速提升设计能力。

本书可作为 FPGA 初学者、研究人员、工程技术人员的参考书籍，也可以作为大专院校相关专业的辅助教材。

图书在版编目（CIP）数据

AMD FPGA 基础与工程实践 ： 基于 Vivado2022.2 与 SystemVerilog / 李森，黄海波编著. -- 北京 ： 电子工业出版社，2025. 1. -- ISBN 978-7-121-49602-8

Ⅰ. TP332.1

中国国家版本馆 CIP 数据核字第 20259MV032 号

责任编辑：杜　军

印　　刷：北京虎彩文化传播有限公司

装　　订：北京虎彩文化传播有限公司

出版发行：电子工业出版社

　　　　　北京市海淀区万寿路 173 信箱　　　邮编：100036

开　　本：787×1092　　1/16　　印张：21.25　　字数：558 千字

版　　次：2025 年 1 月第 1 版

印　　次：2025 年 1 月第 1 次印刷

定　　价：79.00 元

前　言

随着电子信息产业的不断发展，以及近年来人工智能技术、大数据技术对计算机算力需求的不断提升，异构芯片和 FPGA 领域得到快速发展，FPGA 技术从开始仅仅在少数特种领域使用，到如今广泛应用于汽车电子、通信设备、工业控制、机器人、硬件加速器等领域。因此，无论是从研究还是工作的角度来看，掌握 FPGA 技术对个人的发展都具有很大的益处。在学习本书之前，要求读者具有数字电路基础知识与 VerilogHDL/SystemVerilog 硬件描述语言基础，否则在阅读本书时可能会有些吃力。本书按照由浅入深、循序渐进的方式分为 11 章，具体内容如下。

第 1、2 章：讲解了 FPGA 的基础知识，包括发展历程、应用领域、开发流程，同时也告诉初学者 FPGA 的学习方法，对于有经验的开发人员，可以略过此部分。

第 3、4 章：讲解了 Vivado 软件开发环境搭建、Vivado 基本开发流程，通过实例将工程从创建到 bit 文件下载与 MCS 程序固化的整个过程进行详细讲解。

第 5 章：对数字逻辑基础设计进行讲解，按照由浅入深的方式引导读者从基础设计逐渐过渡到复杂逻辑设计。章节末尾通过数字时钟的实例任务，使读者体会 FPGA 项目的实际开发过程。

第 6 章：对 FPGA 设计中的常用设计规范与方法进行讲解，包括复位设计原则、跨时钟域处理方法、状态机设计原则、时序优化基本方法 4 部分，读者通过对该章节的学习，可以掌握 FPGA 基本设计规范，同时会提升代码编写水平。

第 7 章：对 Vivado 中使用频率最高的常用 IP 核进行讲解，通过对该章的学习，读者可以学会常用调试 IP 核与块 RAM 相关 IP 核的使用。

第 8 章：针对 FPGA 在信号源、电源控制领域的应用，本章对常用波形（PWM 波、三角波、正弦波）的生成方法进行集中讲解，旨在帮助读者系统学习利用 FPGA 实现波形发生器的方法。

第 9 章：对器件间的常用通信接口（UART、IIC、SPI）设计实现进行讲解，针对不同接口特点，在逻辑设计上采用相应的方法来实现。读者可以详细阅读相关代码。

第 10 章：讲解了 5 个实际的综合数字系统设计实例，这些实例是编著者从众多实例中筛选出来可以直接用于项目开发的例子。鉴于很少有书籍提及 FPGA 程序的版本管理，本书在 10.2 节中对 FPGA 版本管理进行讲解；在 10.3 节中对 Modbus 通信协议基础设计进行讲解，该设计在 FPGA 应用于工业领域时非常重要，Modbus 通信在工业中广泛使用，目前很少有书籍对 FPGA 实现 Modbus 通信协议进行讲解；在 10.4 节中对 FPGA 应用于逆变电源 SPWM 控制器设计进行了讲解，同时给出一种生成死区的方法；在 10.5 节中，在 DDR3 MIG IP 核外部编写一个转换接口模块，使 MIG IP 核的访问变得更加简单。读者可以在以后使用其他 IP 核时借鉴和应用这种设计思想。

第 11 章：对开发环境使用技巧进行讲解，在设计开发中，只有熟练使用工具，才能使设计得心应手。针对当下研究人员、工程技术人员在工具使用中遇到的问题，本章讲解了 Vivado

IDE 的高级使用技巧，可以帮助一线研发人员提升设计、调试水平。

针对书中的所有代码，编著者均在芯路恒电子科技有限公司的 ACX720 开发板和 EDA 拓展板上进行了实际验证，除了与实际外围器件有关的设计，书中的其他例子并不依赖于特定的开发板，可以在其他支持 AMD FPGA 的平台上进行综合和运行。

本书由李森、黄海波合作编著，黄海波负责编写第 1、2、3、5、6 章，李森负责编写第 4、7、8、9、10、11 章，李森负责全书大部分 SystemVerilog 代码的编写、调试和仿真。在本书出版校对的过程中，特别感谢电子工业出版社的杜军老师为本书出版所做出的贡献，杜军老师认真负责的态度与工作精神值得我们学习。

在本书编写过程中，引用了一些相关资料，主要文献已列于书后的参考文献中，在此，向这些文献的作者表示诚挚的感谢。希望本书能够给致力于数字集成电路设计与 FPGA 开发的读者和工程技术人员提供帮助。由于编著者水平有限，书中可能存在不足之处，恳请读者批评指正，不胜感激。

编著者

2024 年 11 月

目　录

第 1 章　初识 FPGA

本章作为本书开篇的第一章,对 FPGA 基础知识进行讲解,按照学习探索的思维过程:
①解释了 FPGA 是什么,并对 FPGA 的发展历程进行讲解;②对 FPGA 的应用领域进行讲解,
告诉读者学了 FPGA 有什么用及可以在哪些领域使用;③对 FPGA 的开发流程进行讲解;④对
FPGA 的学习方法进行讲解,给初学者学习 FPGA 提供一种参考方法。

1.1　FPGA 基础

1.1.1　FPGA 是什么

FPGA 是英文 "Field Programmable Gate Array" 的缩写,译为 "现场可编程门阵列",与我
们熟悉的 CPU、DSP(Digital Signal Processor,数字信号处理器)、MCU(Micro Control Unit,
微控制单元)等处理器芯片一样,FPGA 芯片也是一种芯片。图 1-1 所示为 AMD(Xilinx)公
司的 K7 系列 FPGA 芯片。FPGA 与 CPU、DSP、MCU
这种固定结构的处理器不同,它的内部是纯数字电路,
只是这种数字电路可以通过 HDL(Hardware Description
Language,硬件描述语言)编程的方式,灵活改变数字
电路的结构,从而实现不同的逻辑控制功能,因此它本
质上属于硬件范畴。与处理器软件程序的顺序执行方式
不同,FPGA 上的程序是并行运行的,只要触发条件达
到逻辑判断要求,就会输出相应的运算结果,其并行运
行的特点使其运行速度相对较快,在高速计算和信号处
理领域得到广泛应用。

图 1-1　AMD 公司的 K7 系列 FPGA 芯片

1.1.2　FPGA 的发展历程

20 世纪 80 年代中期,Xilinx 公司发明了世界上第一款 FPGA 芯片,距今已有 40 多年
了,其基本架构由可编程逻辑、I/O 单元和连线组成,这款芯片拥有 64 个逻辑单元和 1680
个逻辑门。

1995 年,另一家 FPGA 研制公司——Altera,推出了 Stratix 系列的 FPGA 芯片,该芯片
具有高速通信与高性能数据处理的特性,被公认为当时世界上最快的 FPGA 芯片。

2004 年,Xilinx 公司推出了 Virtex-4 系列的 FPGA 芯片,该芯片在功耗、性能等方面做
了优化,相较于前期的产品,其性能有了显著提升;它也是世界上第一款采用多晶软硬件开
发平台的 FPGA 器件。

2010 年,Altera 公司推出了 Stratix V 系列 FPGA 器件,该器件采用 28nm 工艺制造,拥
有更高的性能与更低的功耗。

2017 年，Xilinx 公司推出了全球第一款基于 16nm 工艺的 FPGA 器件，即 UltraScale+系列 FPGA 器件，它的功耗低、芯片内部延迟小，被广泛应用于大数据与人工智能领域。

2020 年，Xilinx 公司推出了自适应 SoC 芯片——Versal 系列芯片，该芯片采用双核 ARM Cortex-A72/Cortex-R5F 处理器，集成 DSP 与 AI 引擎，采用 7nm 工艺制成，与同类的 10nm FPGA 芯片相比，它具有卓越的性能功耗比，广泛应用于云计算、边沿计算等领域。

目前世界上主流的 FPGA 制造商有 AMD、Intel、Lattice 三家公司，其中 AMD 公司的 FPGA 芯片主要应用于军用、民用设备，Intel 公司的 FPGA 芯片主要应用于商业与工业领域，军用芯片的应用相对较少，Lattice 公司的 FPGA 芯片主要应用于军用航空、航天电子设备，民用芯片相对较少，并且大部分芯片限制出口。

随着国家对集成电路产业发展的支持与推进，目前国内 FPGA 制造厂商主要有深圳市国微电子有限公司、上海复旦微电子股份有限公司、上海安路信息科技股份有限公司、广东高云半导体科技股份有限公司、西安智多晶微电子有限公司、中科亿海微电子科技有限公司等。深圳市国微电子有限公司与上海复旦微电子股份有限公司是目前国内最大的两家 FPGA 制造商，在军用芯片领域为主要供货商。深圳市国微电子有限公司在我国军用、民用领域占有很大的市场份额，深圳市国微电子有限公司主要专注于军用 FPGA 芯片的设计制造，其性能在所有国产 FPGA 芯片中表现优异，得到国内广大用户认可，并且深圳市国微电子有限公司还开发了自己的 FPGA 集成开发环境——Pango Design Suite。上海复旦微电子股份有限公司设计的 FPGA 芯片主要应用于航空航天领域，是我国第一个制造出 APSOC（All Programmable System on Chip，全可编程片上系统）系列 FPGA 器件的厂家，比较出名的 APSOC 芯片有 FMQL45T 系列芯片。

1.2　FPGA 的主流应用领域

FPGA 在设计初期只是用来实现一些简单的辅助性控制电路，起到逻辑连接与控制的功能，如总线控制器、协议处理器、电源逻辑保护控制等。随着 FPGA 的快速发展，目前 FPGA 的成本大幅降低，性能显著提升，广泛应用于各行各业。下面介绍 FPGA 目前的主流应用领域。

1.2.1　视频图像处理

视频图像处理是多媒体领域中的热门技术，可分为视频编解码和目标识别两大类。常用的视频编解码有软件编解码与硬件编解码两种方式，软件编解码采用 CPU 进行编解码，硬件编解码采用 GPU 显卡、FPGA 芯片、ASIC 芯片等进行编解码。软件编解码的优点是简单、直接、参数调整方便，缺点是 CPU 负担重、性能较低、无法满足实际要求，因此在实际设计中主要采用硬件编解码的方式。在硬件编解码中，考虑成本、PCB 面积、修改灵活性、供货周期等因素的影响，FPGA 在视频编解码领域占有很大的市场。

目标识别主要用来提取相关信息，比如图像边缘提取，同时结合一些人工智能等方面的算法，实现对目标的精确识别与动态跟踪，特别是移动目标检测与跟踪技术，其在机器人视觉、交通检测、红外视频制导等方面也发挥着重要作用。传统目标识别与跟踪采用 DSP 实现，随着目标识别与跟踪算法复杂度的提高，算法和应用对计算性能的要求已经远超传统 DSP 的能力，采用高端的 DSP 单做目标识别完全可以实现，只是在应用中，DSP 做的事情比较多，这个时候 FPGA 就可以用作协处理器来承担计算处理工作。与标准 DSP 相比，FPGA 构造的并行计算特性可支持更高的采样速率和数据吞吐率，以及高效的数据计算能力。

1.2.2 通信领域

通信领域是 FPGA 自诞生以来的传统应用领域，通信分为有线通信与无线通信两种。

有线通信是通过有线介质（金属导线、光纤）等传递信号的通信方式。有线通信主要集中在有线网络，有线网络技术的发展推动了交换机、路由器、防火墙、网关、数据收发器、高速接口等网络设备的开发。在有线通信行业对可扩展性、设备升级灵活性和高性价比技术解决方案需求日益增长的背景下，有线通信设备生产商从传统的专用集成电路（ASIC）和成品（ASSP）芯片转向可编程硬件平台和知识产权核（IP 核）解决方案。

无线通信系统可以分为微波通信系统、无线电寻呼系统、蜂窝移动通信、卫星通信系统、分组无线网等典型通信系统，这些通信系统都由对应的发送终端、中继站、接收终端组成。随着数字通信技术与软件无线电技术的发展，FPGA 在微波通信、卫星通信、移动通信系统的接收、发送终端中广泛应用，目前 AMD、Intel 公司的 FPGA 产品都有大量针对通信领域设计的成熟 IP 核，开发人员可以直接在设计中调用 IP 核，完成开发设计工作，极大地提高了项目的开发效率与设计稳定性。

1.2.3 数字信号处理

通信系统的发展经历了从模拟到数字的发展过程，最初通信系统都是模拟系统，如黑白电视机。数字通信相较于模拟通信具有抗干扰性强、易于集成、多路复用等优点，因此在现代通信中都采用数字通信。数字通信的核心是数字信号处理，数字信号处理的硬件平台主要有 DSP、ASIC 硬件和 FPGA。

DSP 是一种特殊的微处理器芯片，经过了专门的设计，其内部集成了大量的乘加结构，可专门用于乘法和加法的快速计算，从而实现数字信号处理算法的快速计算。ASIC 硬件是针对特定的运算结构设计的一种专用集成电路，这种类型的处理芯片只能实现固定的计算结构，其优点是运行非常稳定，速度也非常快。FPGA 上集成了大量的 DSP 资源，这些 DSP 资源可以应用于数字信号处理计算，同时 FPGA 具有高速接口的 IP 核，IP 核可以实现计算结果的快速输出。

1.2.4 高性能计算

高性能计算（High Performance Computing）是指通过聚合计算能力来提供比传统计算机和服务器更强大的计算性能。高性能计算主要应用于大数据、机器学习等领域。在高性能计算领域，FPGA 常作为协处理器配合 CPU、GPU 实现高性能计算。FPGA 作为协处理器，主要实现如下功能。

（1）专用的硬件加速结构，实现各种应用中需要的关键算法。

（2）使用流水线和并行结构，适应性能的需求变化。

（3）为主处理器和系统存储器提供高带宽、低延迟的高速接口。

1.2.5　嵌入式领域

传统的控制系统都是在微处理器的控制下实现数据处理与控制的。随着 Intel、AMD 公司的 SoC 芯片的推出，FPGA 在嵌入式应用领域也得到了普遍应用，特别是在计算机领域。过去国内的计算机硬件处理架构主要采用"龙芯、飞腾处理器 +FPGA"的处理结构，这种结构在对 PCB 面积敏感的应用场景显得很吃力，只能通过增加 PCB 板的层数和精简电路结构，达到对 PCB 面积要求的限制。随着上海复旦微电子股份有限公司推出 APSOC 芯片 FMQL 系列以来，导航计算机、综合航电计算机领域广泛采用 APSOC 作为嵌入式处理器，实现 CPU 与 FPGA 的控制功能。

1.3　FPGA 的开发流程

与嵌入式程序开发一样，FPGA 程序开发也有其相应的开发流程，不论是在高校、科研院所还是在公司，任何一个设计开发活动都是从研制任务的下达开始的。图 1-2 所示为 FPGA 开发流程。

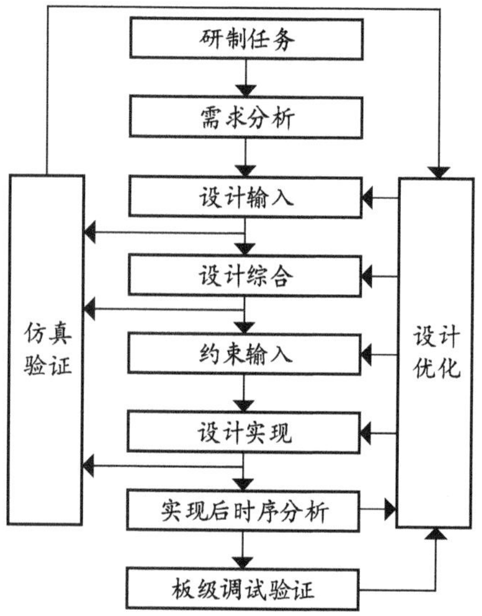

FPGA 开发流程主要包括如下内容。

（1）研制任务：是设计开发的起点，研制任务可能来源于国家重大专项课题、科研需要、实际生产需要、行业需要等，下达研制任务的一般为上级单位、总体单位或者甲方单位。

（2）需求分析：对下达的研制任务进行分析、功能点提取与拆分，形成需求规格书，使开发设计人员只要看到需求规格书就知道该项目需要完成哪些工作，具有哪些功能点，能够开始进行代码开发设计。

（3）设计输入：设计者开始创建 FPGA 工程，编写或向工程中添加源码、IP 核、网表文件等，以实现预定的功能。

图 1-2　FPGA 开发流程

（4）设计综合：FPGA 开发工具使用综合引擎对整个设计进行编译，将 HDL 源码文件与 IP 文件编译为网表文件。

（5）约束输入：设计者指定工程的时序约束要求、I/O 约束要求、布局布线要求等，FPGA 在编译时，按照这些约束条件对工程进行编译实现。

（6）设计实现：将各种设计综合之后，需要对设计进行实现。实现阶段包括：①从网表文件到 FPGA 器件底层硬件逻辑资源的映射过程；②布局、布线及优化过程。

（7）实现后时序分析：对实现后的设计进行时序分析，判断实现后的设计是否满足预期的时序约束要求，若满足则直接进行板级调试，否则还需要对设计进行优化。

（8）板级调试验证：生成目标可执行程序（bit/MCS 文件），将程序下载到 FPGA 器件中实际运行，对功能进行验证。

（9）仿真验证：在整个开发过程中，当设计完成一个模块时，就应该对该模块的功能进行仿真验证，通过观察仿真结果对设计的正确性进行判断。仿真分为 RTL 级仿真、综合后仿真、实现后仿真三种，可以使用 Vivado 自带的仿真工具，也可以使用 ModelSim、QuestaSim 等第三方软件进行仿真。

（10）设计优化：根据设计实现后的结果，设计人员可以通过优化源代码、IDE 综合属性、实现属性、设计约束配置等方面对设计进行优化，使设计实现预期效果。

1.4　FPGA 必备基础与学习方法

1.4.1　必备基础

（1）数字电路基础：FPGA 设计本质上就是使用数字逻辑电路来完成需要的功能，因此要求开发设计人员具有良好的数字电路基础知识。

（2）语言基础：进行 FPGA 设计开发，要求 FPGA 工程师具备 HDL 编写能力，HDL 可以是 VHDL、VerilogHDL、System Verilog，在这三种语言中选择一种熟练掌握即可。

（3）硬件基础：①FPGA 开发工程师需要与硬件工程师进行沟通交流，因此要求 FPGA 工程师具备基本的硬件设计能力，能够对原理图、PCB 设计工具进行基本使用与阅读；②FPGA 在调试时常需要自己独立地对信号进行测量，因此要求 FPGA 工程师能够熟练地使用示波器、万用表等基本仪器仪表。

（4）对应领域理论基础：FPGA 工程师或设计人员在进行工程开发时，往往是针对性地解决某一个领域的问题，这个领域可能是通信、图像视频处理、数字信号处理、高速接口设计、电源控制等，要求工程师必须具备该领域的基础理论知识。

1.4.2　学习方法

FPGA 作为一门工程技术类的专业学科，针对它的学习，不同的人有不同的学习方法，这里编著者讲解一种适合于大多数初学者的学习方法。

（1）需要一本 HDL 的语法书，对 HDL 的主要语法要素进行学习，快速通读一遍，根据个人情况，也可以稍微精读，但要注意可综合部分语法与仿真验证语法的区分。

（2）安装 FPGA 开发软件，可以选择 AMD 公司的 Vivado 开发软件或 Intel 公司的 QuartusPrime 开发软件，利用开发软件对语法书中的基本例子进行练习仿真，巩固语法。

（3）选择一款实际的开发平台，结合开发平台的板载资源与教程进行实际练习。

（4）结合学校的实际项目或者工作中的实际项目，锻炼提高 FPGA 开发能力。

（5）当拥有基本工程设计能力后，选择某个领域对其理论进行学习，将 FPGA 作为工具进行深入研究与实现。

切记，FPGA 为工程技术类性质的专业知识，学习时一定要多动手、多实践。

1.5　总结

FPGA 的学习过程是一个漫长的过程，技术、理论在不断地发展前进，我们需要保持终身学习的习惯。任何时候都要保持手脑并用，多实践、多分析、多总结，这样你将会在 FPGA 开发的生涯中不断进阶，进而理解它的精髓。

第 2 章 FPGA 硬件与配置基础

作为 FPGA 设计人员,掌握必备的 FPGA 硬件知识可以帮助我们更好地完成开发、设计工作。本章对 FPGA 最小系统硬件设计及上电配置过程进行讲解,通过本章的学习,我们可以了解到:①FPGA 最小系统的组成;②AMD FPGA 上电配置过程由哪些阶段组成。

2.1 FPGA 最小系统

2.1.1 最小系统的组成

与 CPU、MCU、DSP 等处理器一样,FPGA 在硬件上也有最小系统,所谓最小系统,是

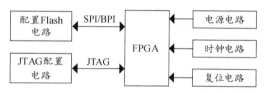

图 2-1 FPGA 最小系统的组成

指使芯片正常工作、调试所需的最小组成电路。FPGA 最小系统的组成如图 2-1 所示,该系统包括电源电路、时钟电路、复位电路、JTAG 配置电路及配置 Flash 电路 5 部分。在接下来的介绍中,将以 AMD 公司的 XC7A35T-2FGG484 FPGA 为例,介绍 FPGA 最小系统的配置设计。

2.1.2 电源电路

FPGA 电源电路如图 2-2 和图 2-3 所示。其中,VCCO_xx 为 FPGA bank 的 I/O 电压,如 VCCO_0 表示 bank0 的 I/O 电压;VCCINT 为 FPGA 的内核电压;VCCBATT 为电池供电电压;VCCADC 为 FPGA 内部 ADC 电路的供电电压;VCCAUX 为 FPGA 的辅助电压;VCCBRAM 为 FPGA 内部块 RAM 存储器的供电电压。

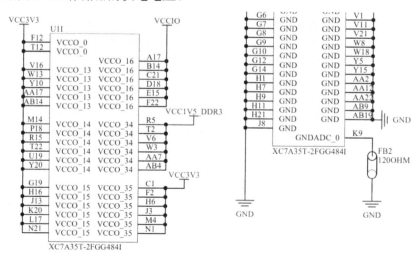

图 2-2 FPGA 电源电路 01

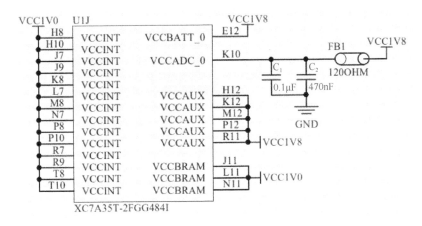

图 2-3　FPGA 电源电路 02

注意： 对于 FPGA 电源电路的设计，除了提供正确的电压，同时还需要在设计中注意供电电源芯片的功率大小和上电时序，一般上电时序为先上内核电压，再上 I/O 电压。

2.1.3　时钟电路

FPGA 时钟电路如图 2-4 所示，该电路采用有源晶振给 FPGA 提供 50MHz 主时钟，只需要将晶振的时钟输出端与 FPGA 的全局时钟引脚相连即可。

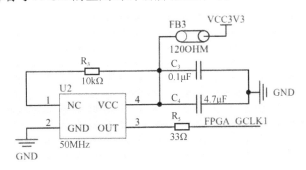

图 2-4　FPGA 时钟电路

时钟电路的设计应该注意如下三点。

（1）晶振应该紧挨着所接 FPGA 的时钟引脚放置。

（2）时钟走线应该尽可能短。

（3）晶振的频率应该满足 FPGA 内部锁相环（PLL）对输入时钟频率的要求，这样才能在设计中使用 PLL 对时钟进行分频与倍频，对于 AMD 7 系列 FPGA，其锁相环对外部晶振的输入频率范围为 10MHz～800MHz。

2.1.4　复位电路

FPGA 复位电路如图 2-5 所示，与 CPU、DSP 等处理器芯片不同，FPGA 芯片没有专用的复位引脚，它的任何一个 I/O 引脚都可以作为复位引脚使用。图 2-5 中采用按键手动复位的方式实现 FPGA 复位，其复位的有效电平为低电平。

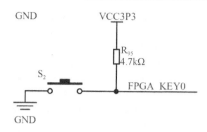

图 2-5　FPGA 复位电路

复位电路的设计应该注意如下三点。

（1）在实际的产品中可以使用专用的复位芯片实现 FPGA 的上电自动复位。

（2）复位时间需要满足实际系统的要求。

（3）在系统正常工作时，复位电路不能对 FPGA 芯片进行异常复位。

2.1.5　JTAG 配置电路

与 CPU、DSP 等处理器一样，FPGA 芯片在设计开发的过程中也需要在线调试与程序下载，对于 CPU、DSP 而言，它们的调试配置电路为 JLINK 配置电路，FPGA 与它们不同，FPGA 的配置电路为 JTAG 配置电路，其设计如图 2-6 所示。

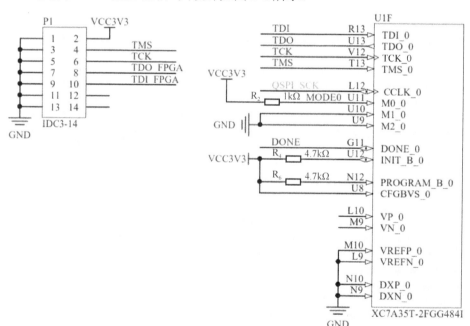

图 2-6　JTAG 配置电路

在设计 JTAG 配置电路时应该注意如下两点。

（1）JTAG 插槽上的 TMS、TCK、TDO、TDI 信号直接与 FPGA bank0 上的 TMS_0、TCK_0、TDO_0、TDI_0 对应连接。

（2）DONE 信号引脚可以与三极管的基极连接，控制 LED，用于指示 FPGA 的程序是否正常加载并运行。

2.1.6　配置 Flash 电路

当调试完 FPGA 程序后，需要将 FPGA 的程序固化到外部的配置 Flash 中，使 FPGA 上电后能够自动从 Flash 中加载程序并运行。配置 Flash 电路如图 2-7 和图 2-8 所示，该配置 Flash 采用 QSPI 与 FPGA 连接。对于 BPI Flash 的配置电路，这里不做讲解，读者可以查阅相关资料进行学习，但需要注意 BPI 配置接口有同步读取与异步读取两种方式。

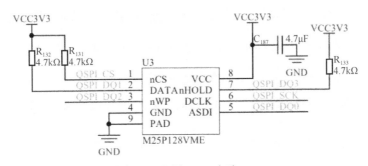

图 2-7　配置 Flash 电路 01

设计配置 Flash 电路时，应该注意如下内容。

（1）QSPI Flash 的片选信号 CS_n、HOLD_n 应该上拉。

（2）QSPI Flash 的时钟端口应与 FPGA 配置时钟的输出引脚 CCLK 相连。

（3）QSPI 的数据接口在硬件设计时连成 x4 模式，即 Flash 的 ASDI、DATA、WP_n、HLD_n 引脚依次与 FPGA bank14 中的 T0_D00～T0_D03 引脚相连，使 FPGA 加载配置时，软件可以在 x1/x2/x4 三种模式下自由选择。

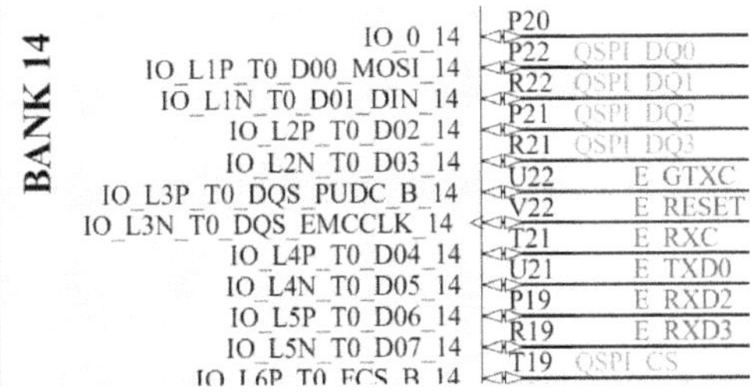

图 2-8　配置 Flash 电路 02

（4）配置 Flash 的上电时序应该先于 FPGA，保证 FPGA 访问配置 Flash 时，配置 Flash 已经正常工作。

（5）对于 AMD 7 系列 FPGA，采用 Master SPI 配置模式，模式引脚应该配置为 M[2:0] = 3'b001。

2.2　AMD FPGA 的配置流程

2.2.1　配置模式

FPGA 的配置模式根据配置过程中配置时钟 CCLK 由外部输入还是由 FPGA 输出，分为主模式与从模式两种，若配置过程中配置时钟 CCLK 由 FPGA 输出，则 FPGA 的配置模式为主模式，否则为从模式。AMD 7 系列 FPGA 有 7 种配置模式，如表 2-1 所示，但是在设计中，我们经常使用的配置模式只有 JTAG、Master SPI、Master BPI 三种。与配置相关的引脚分布在 bank0、bank14、bank15 三个 bank 中，FPGA 工作于哪种配置模式下由模式引脚 M[2:0]的状态确定。

表 2-1　AMD 7 系列 FPGA 的配置模式

配置模式	M[2:0]	总线宽度	CCLK 方向
Master Serial	000	x1	Output
Master SPI	001	x1/x2/x4	Output
Master BPI	010	x8/x16	Output
Master SelectMAP	100	x8/x16	Output
JTAG	101	x1	Not Applicable
Slave SelectMAP	110	x8/x16/x32	Input
Slave Serial	111	x1	Input

注意：

（1）若模式引脚 M[2:0] = 3'b101，则 FPGA 只支持 JTAG 配置模式进行配置；若 FPGA 的配置模式处于其他模式，则依然可以使用 JTAG 模式进行调试，并且 JTAG 模式的优先级最高。

（2）在 FPGA 设计中，我们一般只使用 JTAG、Master SPI、Master BPI 三种配置模式，若对程序加载速度没有要求，则使用 Master SPI 模式即可；若对程序的加载速度有要求，则使用 Master BPI 模式。

2.2.2　配置模式设置

1. Master SPI 配置模式

Master SPI 配置模式用于配置 Flash 为 SPI 接口的 Flash，SPI 接口在连接时，直接采用 x4 连接，这样从硬件上就支持 x1/x2/x4 配置，便于软件设计人员灵活选择，其配置模式连接图如图 2-9 所示。

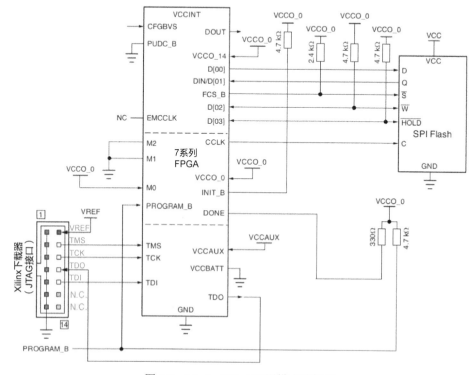

图 2-9　Master SPIx4 配置模式连接图

2．Master BPI 配置模式

Master BPI 配置模式用于配置 Flash 为 BPI 接口的 Flash，其连接关系分为同步读取与异步读取两种。Master BPI 配置模式同步读取连接图如图 2-10 所示，Master BPI 配置模式异步读取连接图如图 2-11 所示。

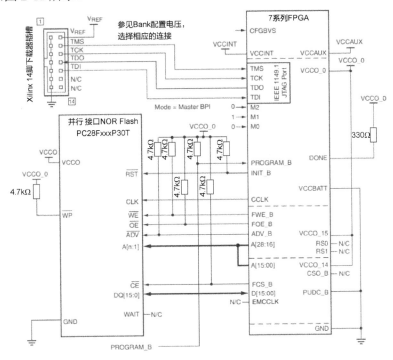

图 2-10　Master BPI 配置模式同步读取连接图

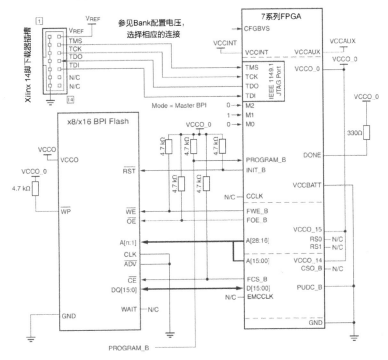

图 2-11　Master BPI 配置模式异步读取连接图

2.2.3　配置功能引脚详解

AMD 7 系列 FPGA 与配置相关的引脚主要分布在 bank0、bank14、bank15 中，表 2-2 列出了与配置相关的所有功能引脚，并对其功能进行了描述。

表 2-2　配置引脚

引脚名称	bank	类型	方向	描述
CFGBVS	0	指示	输入	bank0 电压选择，当 bank0 电压为 2.5V/3.3V 时，该引脚上拉到 VCCO_0，若 bank0 工作于 1.8V，则该引脚下拉接地
M[2:0]	0	指示	输入	模式选择引脚，上拉到 VCCO_0 或者连接到 GND。该引脚内部通过上拉电阻进行内部上拉，因此默认配置为 3'b111
TCK	0	指示	输入	JTAG 模式时钟输入
TMS	0	指示	输入	JTAG 模式选择，高电平有效
TDI	0	指示	输入	JTAG 串行数据输入（方向相对于 FPGA）
TDO	0	指示	输出	JTAG 串行数据输出（方向相对于 FPGA）
PROGRAM_B	0	指示	输入	FPGA 配置控制引脚，该引脚可以清除 FPGA 内部的所有配置信息，低电平有效，当 PROGRAM_B 引脚产生低电平脉冲时，FPGA 的配置信息被清除，并启动新的配置序列
INIT_B	0	指示	双向	FPGA 初始化引脚，低电平有效，当 FPGA 处于配置复位、正在清除配置信息、检测到错误信息时，该引脚输出低电平。当完成 FPGA 初始化配置后，此时 INIT_B 信号将被释放为高电平，当初始化结束后，FPGA 检测到 INIT_B 输入端为高电平时，将继续执行 M[2:0]引脚配置所决定的配置序列工作
DONE	0	指示	双向	FPGA 加载完成引脚，DONE 引脚上输出高电平表示整个 FPGA 从"上电初始化、加载 bit 流、启动"的整个配置序列正确完成，FPGA 进入正常工作状态；该引脚可以作为 FPGA 是否正常加载启动的标志
CCLK	0	指示	双向	FPGA 配置时钟引脚，CCLK 在除 JTAG 模式外的所有模式中运行，对于主模式 CCLK 为输出时钟，对外提供配置时钟；对于从模式 CCLK 为输入时钟，需要连接到外部的时钟源
PUDC_B	14	多功能	输入	上电、配置期间 FPGA 引脚状态上拉控制，PUDC_B 低电平有效，可在上电后和配置期间启用引脚上的内部上拉电阻。当 PUDC_B 为低电平时，每个 SelectIO 引脚上都会启用内部上拉电阻。当 PUDC_B 为高电平时，每个 SelectIO 引脚上的内部上拉电阻被禁用。启用上拉电阻，在上电、配置期间，FPGA 的引脚输出高电平，禁用上拉电阻在上电、配置期间，FPGA 的引脚输出低电平
EMCCLK	14	多功能	输入	外部主配置时钟输入引脚，该引脚为可选外部时钟输入，用于在主模式下运行配置逻辑。对于主模式，FPGA 可以选择切换到 EMCCLK 引脚并将其作为时钟源，而不是内部振荡器作为时钟源，以驱动内部配置引擎。EMCCLK 频率可通过 bit 流设置进行分频，并作为主 CCLK 信号输出
CSI_B	14	多功能	输入	片选输入引脚，低电平有效，用于启用 FPGA SelectMAP 配置接口，当使用"主 SelectMAP"配置模式时生效，一般不使用 SelectMAP 模式，因此该引脚将被忽略，而作为普通引脚使用

续表

引脚名称	bank	类型	方向	描述
CSO_B	14	多功能	输出	片选输出引脚，低电平有效，用于启用 FPGA SelectMAP 配置接口，当使用"从 SelectMAP"配置模式时生效，一般不使用 SelectMAP 模式，因此该引脚将被忽略，而作为普通引脚使用
DOUT	14	多功能	输出	DOUT 是串行配置菊花链的数据输出。对于 BPI 和 SelectMAP 模式，DOUT 是一个多用途引脚，用作 CSO_B 引脚
RDWR_B	14	多功能	输入	SelectMAP 配置模式读写方向控制引脚。RDWR_B 决定 SelectMAP 数据总线的方向，当 RDWR_B 为高电平时，FPGA 向 SelectMAP 数据总线输出读取数据到 SelectMAP 数据总线上；当 RDWR_B 为低电平时，外部控制器可通过 SelectMAP 数据总线向 FPGA 写入数据；在所有其他模式下，RDWR_B 信号被忽略，可以不连接
D00_MOSI	14	多功能	双向	配置数据主输出从输入引脚，FPGA 的 Master SPI 模式输出，用于向 SPI 的配置 Flash 发送命令。D00_MOSI 引脚将命令和地址发送到 SPI Flash 后，D00_MOSI 引脚变为高阻态，PUDC_B 引脚决定信号是否上拉。对于 BPI 和 SelectMAP 模式，MOSI 引脚是一个多用途引脚，用作 D00 数据输入引脚
D01_DIN	14	多功能	双向	配置数据输入引脚。DIN 是串行数据输入引脚，默认情况下，DIN 在 CCLK 上升沿捕获数据。对于 Master SPI 模式，DIN 是 FPGA 数据输入引脚，用于从数据源接收串行数据。对于 BPI 模式，DIN 是一个用作 D01 数据输入的引脚
D[00-31]	14	多功能	双向	SPI、BPI 配置端口数据总线。 Master SPI 配置接口： x1/x2/x4 模式：将 D00/MOSI 连接到 SPI 闪存串行数据输入（DQ0/D/SI/IO0）引脚；将 D01/DIN 连接到 SPI 闪存的串行数据输出（DQ1/Q/SO/IO1）引脚。 x4 模式：对于 SPI x4，除了将 D00/D01 连接至 SPI Flash 的对应引脚，还需要将 D02 连接至 SPI Flash 4 数据位 2 输出（DQ2/W#/WP#/IO2）引脚，并连接一个外部 4.7kΩ 上拉电阻连接至 VCCO_14，将 D03 连接至 SPI Flash 的 4 数据位 3 输出（DQ3/HOLD#/IO3）引脚，并将 D03 连接至 VCCO_14 的外部 4.7kΩ 上拉电阻。 Master BPI 配置接口： 对于 BPI 模式，FPGA 监控 D[00-07]的自动总线宽度检测模式，以确定是否只有 D[00-07]（x8 总线宽度），还是使用更宽（x16）的数据总线宽度。将使用的数据总线引脚连接到 BPI Flash 上的相应数据引脚。D[16-31]引脚是多用途引脚，可用作 BPI 地址 A[00-15]引脚
A[00-28]	14or15	多功能	输出	BPI Flash 地址总线： A[00-28]引脚向并行 NOR（BPI）Flash 输出地址，A00 是最小有效地址位。用于 BPI 模式时，将 FPGA A[00-28]引脚连接到并行 NOR Flash 地址引脚，其中 FPGA A00 引脚连接 Flash 地址输入引脚中的最小有效位。根据 BPI Flash 类型和所使用的数据总线宽度，闪存的最小有效地址位可以是 A1、A0 或 A-1。在配置过程中，任何超出并行 NOR Flash 地址总线宽度上的地址引脚都会被驱动，但在配置后可用作 I/O 接口

续表

引脚名称	bank	类型	方向	描述
FCS_B	14	多功能	输出	Flash 片选信号，低电平有效，使能 SPI、BPI 配置 Flash；对于 Master SPI、Master BPI 模式，该引脚连接到 Flash 的 Chip-Select 端口，同时通过 4.7kΩ电阻上拉到 VCCO_14
FOE_B	15	多功能	输出	Flash 输出使能，低电平有效，输出使能控制信号，用于并行 NOR Flash 的输出使能控制信号。对于 BPI 模式，将 FPGA FOE_B 连接到 Flash 输出启用引脚，并将外部通过 4.7kΩ上拉电阻连接至 VCCO_15，对于所有其他模式，FOE_B 为高阻态，可以不连接
FWE_B	15	多功能	输出	Flash 写使能信号，低电平有效，用于 BPI 模式，将 FPGA FWE_B 连接到 Flash 写使能，并将外部通过 4.7kΩ上拉电阻连接至 VCCO_15，对于所有其他模式，FOE_B 为高阻态，可以不连接
ADV_B	15	多功能	输出	Flash 地址有效信号，低电平有效，用于并行 NOR Flash 的低电平地址有效输出信号。对于支持地址有效输入的 BPI 模式闪存输入，将 FPGA ADV_B 连接到并行 NOR Flash 地址有效输入引脚，并通过外部 4.7kΩ上拉电阻连接至 VCCO_15。对于 Flash 不支持地址有效输入信号不要连接 ADV_B 引脚。对于所有其他模式，ADV_B 为高阻态引脚，可以不连接
RS0，RS1	15	多功能	输出	版本选择引脚，配置过程中将 RS0 和 RS1 引脚驱动到用户定义的状态。若禁用回退（默认值）且未使用 MultiBoot，或使用 SPI 模式，则 RS0 和 RS1 引脚将处于用户定义的状态。若使用 SPI 模式，则 RS0 和 RS1 为高阻态，可以不连接
VCCBATT	N/A	电源	N/A	电池备份电源：VCCBATT 是 FPGA 内部易失性存储器的备用电池电源，该存储器存储 AES 解密器的密钥。对于需要从易失性密钥存储器获取解密器密钥的加密比特流，可将该引脚连接到电池上，以便在 FPGA 无电源时保存密钥。若不需要使用易失性密钥存储器的解密器密钥，则将该引脚接地或连接至 VCCAUX

2.2.4　FPGA 配置过程详解

AMD FPGA 的上电配置过程包括"三个阶段 8 个过程"，三个阶段是指复位阶段、程序加载阶段、启动程序阶段，FPGA 的配置过程如图 2-12 所示。

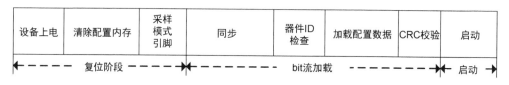

图 2-12　FPGA 的配置过程

1. 设备上电

该部分主要涉及不同电源轨的上电时序要求，不同系列的 FPGA 上电时序要求不一致，需要参考对应手册的上电时序，电源的种类如表 2-3 所示。表 2-3 对应的电源种类一般位于电源 bank 上，VCCINT 为内核电源，VCCBATT 为电池电源，VCCAUX 为辅助电源，VCCAUX_IO 为 I/O 引脚辅助电源，VCCBRAM 为内部块 RAM 电源，VCCO_0 为 bank0 电源，VCCO_14 和 VCCO_15 为 bank14 和 bank15 电源。

表 2-3　电源的种类

引脚名	描述
VCCINT	内核逻辑供电
VCCBATT	电池供电引脚
VCCAUX	1.8V 辅助供电
VCCAUX_IO	1.8V/2.0V I/O 引脚辅助供电
VCCBRAM	块 RAM 供电
VCCO_0	配置 bank0 供电
VCCO_14/VCCO_15	多功能配置引脚输出供电

2．清除配置内存

上电配置时序如图 2-13 所示，PROGRAM_B 引脚拉低，FPGA 的配置存储器按顺序清零，BRAM 被重置为初始状态，触发器通过全局置位（GSR）被初始化。在此期间，除了少数配置引脚，其余 I/O 通过全局三态将 I/O 置为高阻态，如果 PUDC_B 为低电平，那么 I/O 输出高电平，否则输出低电平。上电配置时，INIT_B 信号在初始化期间被内部驱动输出低电平，经过 tPROGRAM 时间后释放。

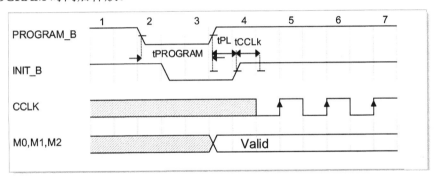

图 2-13　上电配置时序

3．采样模式引脚

在 INIT_B 信号的上升沿，FPGA 器件对模式引脚 M[2:0]进行采样，决定采用哪种启动模式。若启动模式为主模式，则开始驱动 CCLK 引脚输出时钟，此时设备开始对配置数据输入引脚采样。对于 BPI 和 SelectMAP 模式，总线宽度最初为 x8。总线宽度检测序列结束后，状态寄存器进行更新。模式引脚只有在对电源重启、重新配置或断言 PROGRAM 时才会再次采样。

4．同步

同步过程的任务为实现并行配置接口模式中对总线宽度的检测，对于配置为串行工作模式的接口，该过程自动忽略。对于 BPI、Slave SelectMAP、Master SelectMAP 这些并行模式，状态寄存器默认使用 8 位总线，需要经过自动检测之后才能确定其使用总线的具体宽度，所以在复位初始化阶段完成时，在传输配置数据之前，需要确定具体的总线宽度。当配置模式为从串、主串、SPI、JTAG 模式时，会忽略总线宽度检测过程，即忽略 Synchronization 过程。

自动检测总线宽度的方式如下。

AMD 工具生成的所有配置文件（MCS）都包括总线宽度自动检测模式，若将模式引脚设置为主机串行、从机串行、JTAG 模式、SPI 模式时，则配置逻辑会忽略总线宽度自动检测过程。FPGA 实际上是通过两个 32bit 的数据来判断总线宽度的，根据总线低 8 位数据的状态来确定总线实际宽度。若第一次检测到的低 8 位数据为 0xBB，第二次检测到的数据为 0x11，则该总线每次传输 8 位数据，即总线宽度为 8 位。若第一次检测到的数据为 0xBB，第二次检测到的数据为 0x22，则总线每次传输 16 位数据，即总线宽度为 16 位。若第一次检测到的数据为 0xBB，第二次检测到的数据为 0x44，则总线每次传输 32 位数据，即总线宽度为 32 位。若 0xBB 之后的数据不是 0x11、0x22 或 0x44，则会重新检测下一个 0xBB，直到找到有效序列为止。确认总线宽度后，FPGA 切换到对应的总线宽度并锁定。随后，必须向配置逻辑发送一个特殊的 32 位同步字（0xAA995566），以通知 FPGA 即将到来配置数据，并将配置数据与内部配置逻辑对齐。在同步前，配置输入引脚上的任何数据变化都会被忽略，自动检测总线宽度序列除外。

5．器件 ID 检查

FPGA 同步化之后，会自动检测配置流中的器件 ID 和目标器件 ID 是否一致，这一步确保 FPGA 不会被错误的配置流误配置。通过器件 ID 检查后，才能加载配置数据，如果在配置过程中发生 ID 错误，那么设备将尝试回退，重新进行配置。

注：Device ID 指的就是 FPGA 器件的 ID，每一种型号的 FPGA 对应一个器件 ID。

6．加载配置数据

当总线宽度自动检测与同步头判断完成（同步过程完成），以及设备 ID 检查正确之后，就开始加载配置数据，不同的模式按照不同的配置总线加载配置数据。

7．CRC 校验

CRC 校验就是计算接收数据的校验和，并将其与配置文件中的校验和进行对比，若一致则说明传输正确，若不一致则说明传输错误，并将 INIT_B 信号拉低，同时终止配置过程。

8．启动

加载配置帧后，bit 文件指示设备进入启动序列，进入启动序列后需要完成一系列操作，详情如下。

（1）选择是否等待 MMCM 时钟管理单元锁定和 DCI 匹配（一般这两个都不用关心）。

（2）释放 DONE 引脚，通过外部上拉电阻将其变为高电平。

（3）释放 GTS 信号，也就是启用除少数配置引脚之外的所有 I/O 接口。

（4）使能全局写入启用信号（GWE），该信号使能后，CLB 和 I/O 管理单元里面的触发器和 RAM 就可以根据初始化的值改变状态了。

（5）使能 EOS 信号表示配置与启动过程均结束。

前 4 步的顺序可以在软件设置中进行调整，但第 5 步为结束的位置，是固定的。

上述过程就是一个完整的 FPGA 配置步骤，了解这个过程之后，就能够了解 FPGA 整个上电加载的详细工作过程。

第 3 章 Vivado 与 Sublime Text 的安装与配置

在 FPGA 的学习开发过程中，集成开发环境（IDE）和编辑环境的搭建是学习和设计的开始，本章将详细讲解 Vivado2022.2、Sublime Text 安装及它们之间的相互关联。

3.1 Vivado 安装与 License 加载

在安装 Vivado2022.2 之前，需要在 ADM 的官网下载 Vivado2022.2 安装包，这里不再描述，大家可以自行到 AMD 官网进行下载，根据使用的操作系统选择对应的安装包。

3.1.1 Vivado 安装

（1）打开 Vivado2022.2 安装包，双击"xsetup.exe"，运行安装程序，如图 3-1 所示。

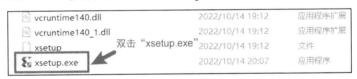

图 3-1　运行 xsetup.exe

（2）依次弹出如图 3-2 和图 3-3 所示的界面，提示有新的 Vivado 版本可以使用，若单击"Get Latest"，则取消本次安装，将会下载最新的版本。这里单击"Continue"，继续本次安装。

图 3-2　Xilinx Installer 界面

图 3-3　"A Newer Version Is Available"界面

（3）进入"Installer Welcome"界面，如图 3-4 所示，单击"Next"继续安装。

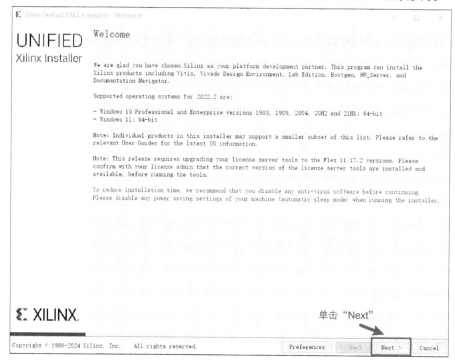

图 3-4　"Installer Welcome"界面

（4）进入"Select Product to Install"界面，选择要安装的产品，这里为安装 Vivado 开发环境，因此选择"Vivado"，接着单击"Next"，如图 3-5 所示。

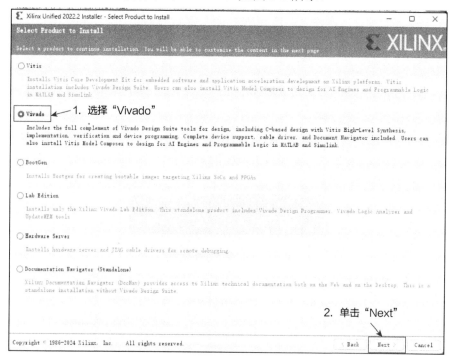

图 3-5　"Select Product to Install"界面

（5）进入"Select Edition to Install"界面，Vivado2022.2 提供 Standard 与 Enterprise 两个版本，由于企业版（Enterprise）包含完整的器件库，因此这里选择企业版"Vivado ML Enterprise"，接着单击"Next"，如图 3-6 所示。

图 3-6　"Select Edition to Install"界面

（6）进入器件包选择界面，如图 3-7 所示，这里可以保持默认，即安装所有的器件，也可以根据实际情况勾选需要安装的器件，勾选安装的器件越少，占用的磁盘空间越小，这里只安装 SoCs 器件与 7 Series 器件，单击"Next"继续安装。

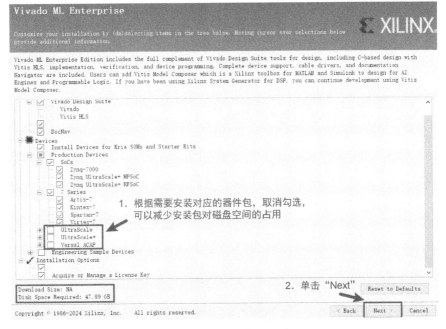

图 3-7　器件包选择界面

（7）进入"Accept License Agreements"界面，勾选所有的"I Agree"，勾选完成后，单击"Next"进入下一步，如图 3-8 所示。

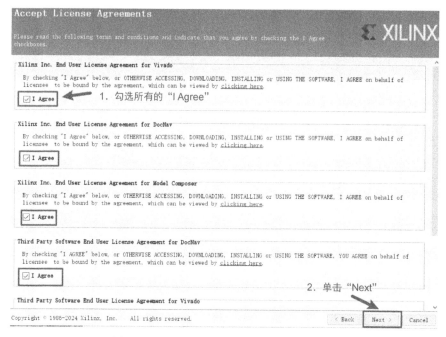

图 3-8   "Accept License Agreements"界面

（8）进入"Select Destination Directory"界面，设置程序的安装路径，默认的安装路径为"C:\Xilinx"，这里设置为"D:\Xilinx\Vivado2022"，并选择"All users"，表示所有用户都可以使用，单击"Next"，如图 3-9 所示。若没有提前创建好设置的安装路径，则会弹出如图 3-10 所示的提示；若已经创建好设置的安装路径，则不会弹出该提示。

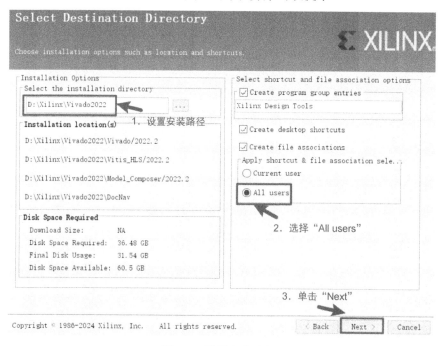

图 3-9   设置安装路径

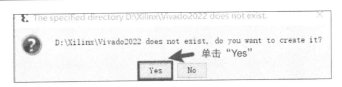

图 3-10　创建路径确认

（9）进入"Installation Summary"界面，如图 3-11 所示，该界面显示一些安装的总结信息，直接单击"Install"进行安装，此时弹出安装进度界面，如图 3-12 所示。

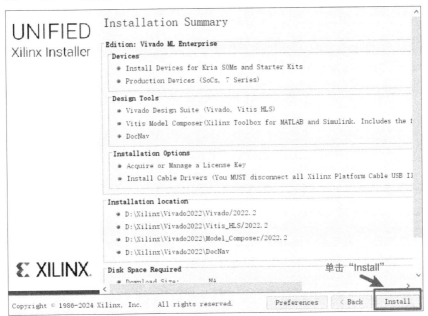

图 3-11　"Installation Summary"界面

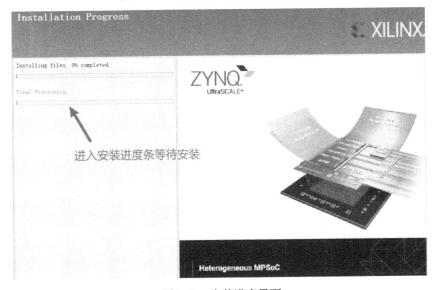

图 3-12　安装进度界面

（10）在安装过程中会弹出如图 3-13 所示的"License Manager"界面，此时可以直接单击"×"关闭，等待安装完成后再来注册 License。

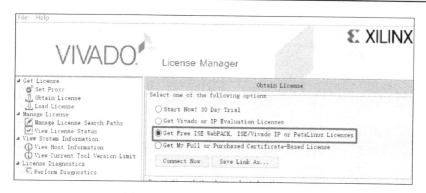

图 3-13　"License Manager"界面

（11）安装完成后，弹出如图 3-14 所示的界面，单击"确定"完成安装，此时安装过程结束。

图 3-14　安装成功界面

3.1.2　Vivado License 加载

（1）在桌面双击安装好的 Vivado2022.2 快捷方式图标，进入 Vivado 的启动主界面，单击"Help"，选择"Obtain a License Key"，如图 3-15 所示。

图 3-15　启动主界面

（2）进入"License Manager"界面，选择"Get Free ISE WebPACK, ISE/Vivado IP or PetaLinux License"，单击"Connect Now"，如图 3-16 所示。

（3）弹出 AMD 登录界面，如图 3-17 所示，在"电子邮件地址"栏输入注册邮箱，在"密码"栏输入登录密码，单击"登录"，接着可能会弹出账号信息确认界面，如果弹出该界面，就单击最下方的"Submit"进入下一步。

（4）进入"Product Licensing"界面，在"Product"栏选择"Vivado Design Suite:HL WebPACK 2015 and Earlier License"，单击"Generate Node-Locked License"，如图 3-18 所示。

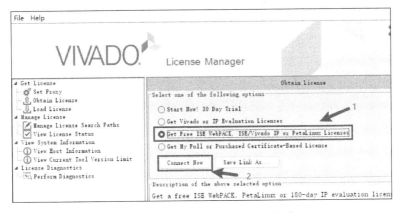

图 3-16 "License Manager"界面

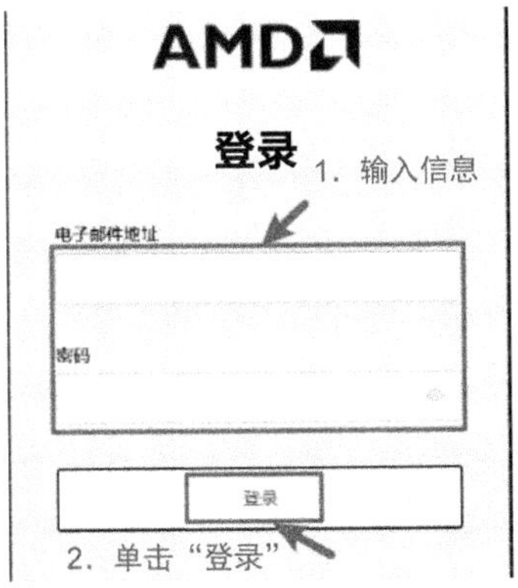

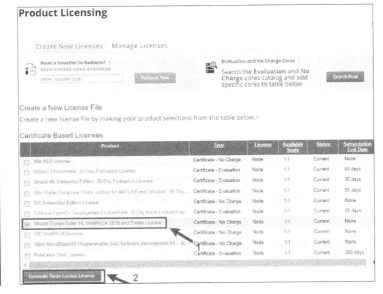

图 3-17 AMD 登录界面   图 3-18 "Product Licensing"界面

（5）进入如图 3-19 所示的界面，直接单击左下方的"Next"继续。

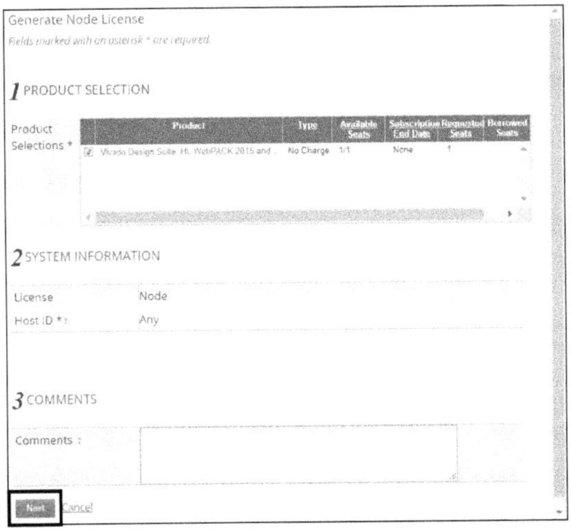

图 3-19 "Generate Node License"界面

（6）进入"REVIEW LICENSE REQUEST"界面，对 License 进行确认，如图 3-20 所示，直接单击"Next"即可。

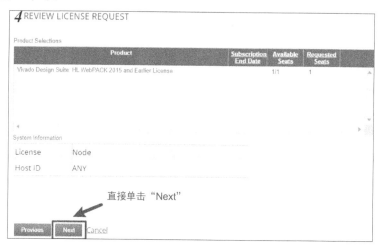

图 3-20　"REVIEW LICENSE REQUEST"界面

（7）弹出"Congratulations"界面，如图 3-21 所示，表示 License 已经成功生成，直接关闭该界面即可。

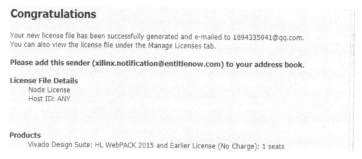

图 3-21　License 成功生成提示界面

（8）返回 License 下载界面，单击左下角的下载图标进行 License 的下载，如图 3-22 所示。

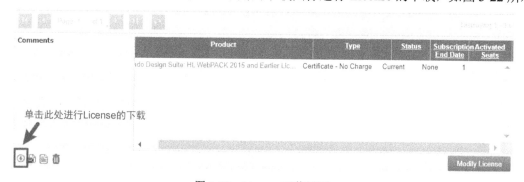

图 3-22　License 下载界面

（9）回到"License Manager"界面，依次单击"Load License"→"Copy License"，在弹出的界面定位到下载的 License 文件的所在位置并选中该 License 文件，单击"打开"，如图 3-23 所示。

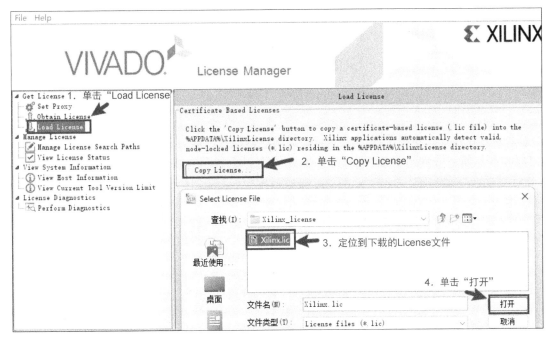

图 3-23　添加 License 界面

（10）弹出 License 安装成功界面，单击"确定"即可，如图 3-24 所示，此时 License 的安装已经完成。

图 3-24　License 安装成功信息

（11）回到"License Manager"界面，单击"View License Status"，即可查看当前 License 的状态，如图 3-25 所示，单击右上角的"×"，关闭 License 管理界面，结束 License 安装。

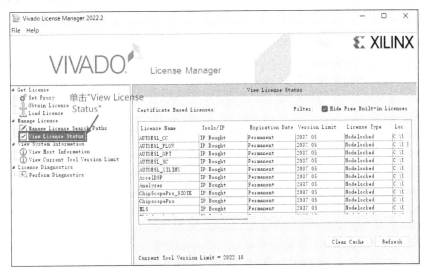

图 3-25　License 状态查询

3.2   Sublime Text 下载与安装

3.2.1   Sublime Text 下载

Sublime Text 是一款轻量级的文本与代码编辑器,其下载方式有多种,可以在官网下载,也可以在其他第三方网站下载。Sublime Text 官网界面如图 3-26 所示,单击 Download 进入图 3-27 所示的下载界面,对于 Windows 系统单击 Windows 版本进行下载,其他操作系统下载相应版本即可。

图 3-26   Sublime Text 官网主界面

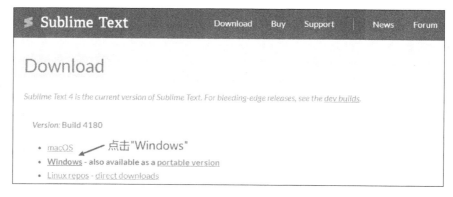

图 3-27   Sublime Text 下载界面

3.2.2   Sublime Text 安装

(1)双击下载完成的可执行程序,如图 3-28 所示。

(2)进入安装路径设置界面,这里设置路径为"D:\DesignSoftware\ SublimeText",设置完成后单击"Next",如图 3-29 所示。

(3)在弹出的界面中直接单击"Next",如图 3-30 所示。

(4)在弹出的界面中直接单击"Install",开始安装,如图 3-31 所示。

(5)随后立刻弹出安装进度界面,如图 3-32 所示。

(6)安装完成弹出图 3-33 所示的界面,单击"Finish"完成安装。

(7)安装完成后,定位到软件的安装路径"D:\DesignSoftware\ SublimeText",找到

"sublime_text.exe"，选中并单击右键，在弹出的列表中选择"发送到">>"桌面快捷方式"，此时在桌面上将看到 Sublime Text 的快捷方式图标。

图 3-28   双击安装包   图 3-29   设置安装路径

图 3-30   选择其他任务   图 3-31   准备安装

图 3-32   安装进度显示   图 3-33   安装完成

3.3　Vivado 与 Sublime Text 关联

（1）选择 Sublime Text 的桌面快捷方式，单击鼠标右键，选择"属性"，进入如图 3-34 所示的界面，在"目标"栏找到 Sublime Text 的安装路径，将其全部复制到一个文本文件（.txt）中备用。

（2）打开 Vivado2022.2 软件，进入 Vivado 的启动界面，单击"Tools"，选择"Settings"，如图 3-35 所示。

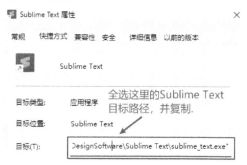

图 3-34　Sublime Text 安装路径查询

图 3-35　进入 Vivado 的启动界面

（3）在弹出的界面中（见图 3-36），选择左侧的"Text Editor"，在"Current Editor"栏中选择"Custom Editor"，接着单击"…"，进入如图 3-37 所示的界面。

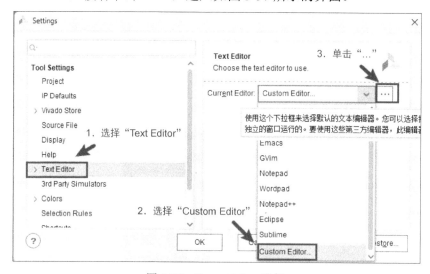

图 3-36　Custor Editor 选择

（4）如图 3-37 所示，在"Editor"编辑栏中输入步骤（1）中复制的 Sublime Text 安装路径，注意此处路径中的层次分割符号为左斜杠"/"，并在安装路径之后加上"+[line number] [file name]"，单击"OK"。

（5）回到如图 3-36 所示的界面，依次单击界面中的"Apply"和"OK"，到此 Vivado 与 Sublime Text 之间的关联就完成了，此后在 Vivado 中单击文件进行编辑，就会自动启动 Sublime Text 编辑器。

　　开发工具已经准备完毕，在第 4 章我们将开始进行第一个 FPGA 工程的开发设计，正式进入 FPGA 开发阶段。

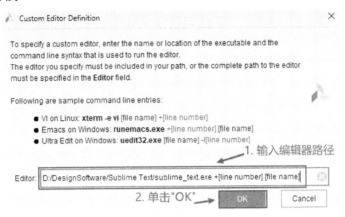

图 3-37　Sublime Text 安装路径设置

第4章 Vivado 基本开发流程

本章将详细介绍 Vivado 的基本开发流程，包括从工程建立到 bit 文件生成以及 MCS 配置文件固化的整个流程，工程验证所使用的平台为芯路恒电子科技有限公司开发的 ACX720 开发板。与学习 ARM、MCU 等处理器一样，本章我们将从一个最简单的例子——LED 闪烁控制开始介绍整个开发流程，让大家快速掌握 Vivado 的使用，而不是专注于逻辑设计本身。

4.1 工程建立基础

4.1.1 创建工程

下面对 Vivado 中创建工程的过程进行详细介绍。在建立工程之前，首先应该创建一个文件夹，用于保存我们建立的工程，文件夹的路径为"E:/20_debug_pro/01_LED_blink/07_PRO"。

（1）双击桌面上的 Vivado2022.2 图标，启动 Vivado，启动后进入如图 4-1 所示的界面，单击"Create Project"创建工程。

图 4-1　"Quick Start"界面

（2）进入如图 4-2 所示的界面，直接单击"Next"，进入下一步。

图 4-2　"New Project"界面

（3）进入如图 4-3 所示的界面，在"Project name"栏中输入工程的名称"LED_blink"，在"Project location"栏中输入工程的路径"E:/20_debug_pro/01_LED_blink/07_PRO"，该路径为开始建立用于存放工程的文件夹路径，接着单击"Next"，进入下一步。

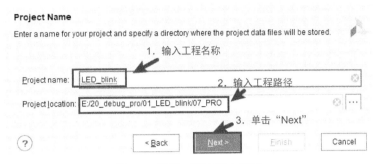

图 4-3　设置工程名称与路径

（4）进入"Project Type"界面，选择"RTL Project"，由于在设计开始没有设计 RTL 源码和其他资源，因此勾选下方的"Do not specify sources at this time"，接着单击"Next"，如图 4-4 所示。

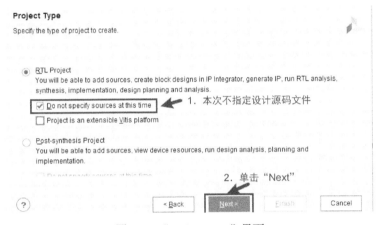

图 4-4　"Project Type"界面

如果在"Project Type"界面的配置中没有勾选"Do not specify sources at this time"，那么将会弹出如图 4-5 和图 4-6 所示的"Add Sources"与"Add Constraints"界面；如果勾选"Do not specify sources at this time"，那么将弹出如图 4-7 所示的界面。

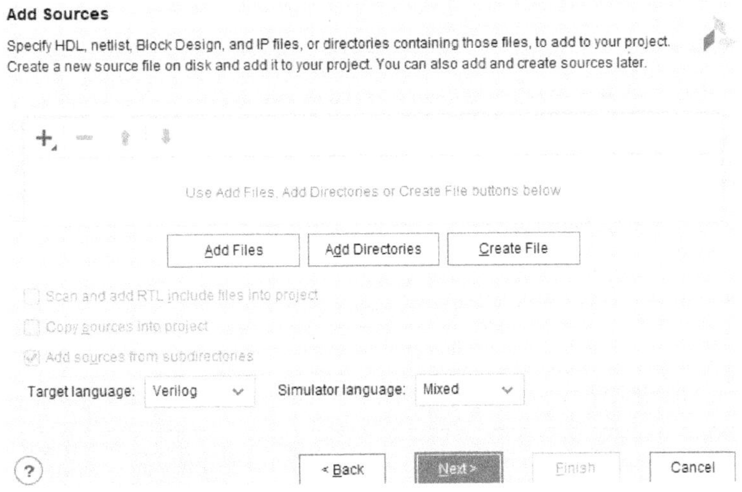

图 4-5　"Add Sources"界面

图 4-6　"Add Constraints"界面

图 4-7　器件型号选择界面

（5）进入如图 4-7 所示的器件型号选择界面，由于在本设计中使用的 FPGA 型号为 xc7a35tfgg484，速度等级为-2，因此我们在"Search"栏中输入"xc7a35tfgg484-2"，对 FPGA 的器件进行筛选，在下方的筛选栏中选择对应型号的器件，单击"Next"，进入下一步。

（6）进入"New Project Summary"界面，如图 4-8 所示，直接单击"Finish"，弹出如图 4-9 所示的"Create Project"界面，创建完成后进入如图 4-10 所示的工程主界面。

图 4-8　"New Project Summary"界面

图 4-9　"Create Project"界面

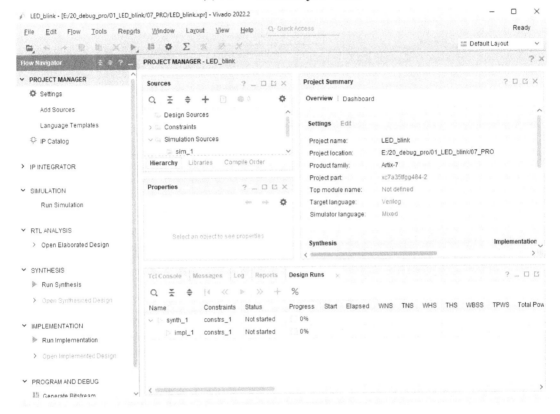

图 4-10　工程主界面

4.1.2　RTL 代码设计

工程建立完成后，我们就可以开始进行 RTL 级代码设计了。整个 RTL 代码的创建与设计过程的详细描述如下。

1．源文件创建（添加）

（1）单击工程中添加源文件的按钮"＋"，弹出"Add Sources"界面，选择"Add or create design sources"，单击"Next"，如图 4-11 所示。

（2）进入"Add or Create Design Sources"界面，单击"Create File"，弹出"Create Source File"界面，在"File type"栏选择文件的类型，这里选择"SystemVerilog"，在"File name"栏输入文件的名称"LED_flicker"，依次单击"OK"→"Finish"，如图 4-12 所示。

（3）进入如图 4-13 所示的界面，直接单击"OK"，弹出如图 4-14 所示的提示界面，直接单击"Yes"，完成源文件的创建。

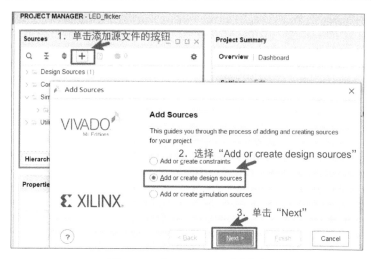

图 4-11   "Add Sources" 界面

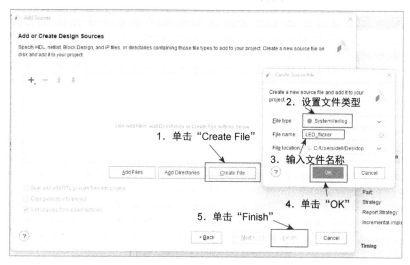

图 4-12   "Add or Create Design Sources" 界面

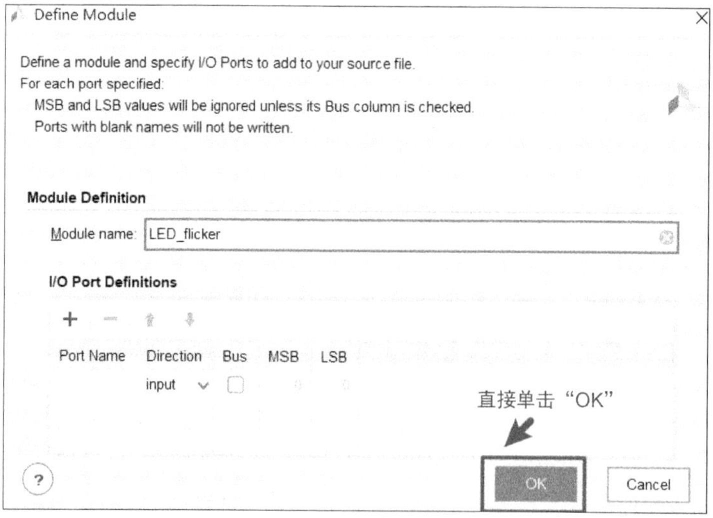

图 4-13   "Define Module" 界面

源文件创建完毕后的界面如图 4-15 所示，在该界面的 "Design Sources" 分组中可以看到刚刚创建的源文件 "LED_flicker.sv"，双击该源文件即可对其进行编辑，双击后弹出的代码编辑框如图 4-16 所示。

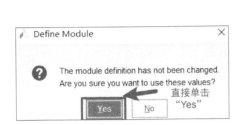

图 4-14　Define Module 提示　　　　　图 4-15　源文件创建完毕后的界面

```
LED_flicker.sv                                    ×
 1    `timescale 1ns / 1ns
 2    //////////////////////////////////////////////
 3    // Company:
 4    // Engineer:
 5    // Create Date: 2024/03/03 11:43:22
 6    // Design Name:
 7    // Module Name: LED_flicker
 8    // Project Name:
 9    // Target Devices:
10    // Tool Versions:
11    // Description:
12    // Dependencies:
13    // Revision:
14    // Revision 0.01 - File Created
15    // Additional Comments:
16    //////////////////////////////////////////////
17    module LED_flicker(
```

图 4-16　代码编辑框 1

2．LED 闪烁控制 SystemVerilog 实现

设计中的 LED 闪烁频率为 1Hz，要实现对 LED 的闪烁控制，需要在设计中采用计数器的方式实现定时。由于 LED 的闪烁周期为 1s，因此其亮灭的时间各占 0.5s，当计数器定时到 0.5s 时，控制 LED 输出的信号发生一次 0/1 之间的跳变，在设计中采用的系统时钟（clk）为 50MHz，复位信号 reset_n 为低电平有效，采用异步复位的方式复位。代码设计如下。

```
module LED_flicker(
    input            clk    ,   // 时钟：50MHz
    input            reset_n ,   // 复位，低电平有效
    output logic     LED_out     // LED control out
);
    //------------------------------------------------
    // 1. LED 1Hz 闪烁定时计数器
    //------------------------------------------------
    localparam   FLICKER_CNT_PAR = 32'd25_000_000;   //1s 周期
    // localparam   FLICKER_CNT_PAR = 32'd25;          //1s 周期-- simulation value
```

```
logic [31:0]flicker_counter;
always_ff@(posedge clk, negedge reset_n)
    if(!reset_n)
        flicker_counter <= 32'd0;
    else if(flicker_counter == (FLICKER_CNT_PAR - 1'b1) )
        flicker_counter <= 32'd0;
    else
        flicker_counter <= flicker_counter + 1'b1;
//------------------------------------------
// 2. LED 闪烁控制输出
//------------------------------------------
always_ff@(posedge clk, negedge reset_n)
    if(!reset_n)
        LED_out <= 1'b0;
    else if(flicker_counter == (FLICKER_CNT_PAR - 1'b1) )
        LED_out <= ~LED_out;
    else
        LED_out <= LED_out;
endmodule
```

4.1.3　逻辑仿真

　　逻辑代码设计完成后，为了验证逻辑功能的正确性，需要对设计的逻辑模块进行仿真验证。仿真分为行为仿真（逻辑仿真）、综合后仿真（门级仿真）与实现后仿真（时序仿真）三种，它们之间的区别如表 4-1 所示。

表 4-1　三种仿真的区别

序号	仿真类型	描述
1	行为仿真	只对逻辑功能进行仿真，不考虑任何门级延时与布线延时
2	综合后仿真	在考虑门级延时的情况下，对逻辑功能进行仿真
3	实现后仿真	在考虑门级延时与布线延时的情况下，对逻辑功能进行仿真

1．仿真文件创建

　　为了对"LED_flicker.sv"模块的正确性进行验证，需要对其进行仿真验证，在仿真之前，需要创建仿真文件，仿真文件的创建步骤如下。

　　（1）单击工程中添加源文件的按钮"＋"，弹出"Add Sources"界面，选择"Add or create simulation sources"，单击"Next"，如图 4-17 所示。

　　（2）进入"Add or Create Simulation Sources"界面，单击"Create File"，弹出"Create Source File"界面，在"File type"栏选择文件类型，这里选择"SystemVerilog"，在"File name"栏输入文件的名称"LED_flicker_tb"，依次单击"OK"→"Finish"，如图 4-18 所示。

　　（3）进入如图 4-19 所示的界面，直接单击"OK"，弹出如图 4-20 所示的提示界面，直接单击"Yes"，完成仿真文件的创建。

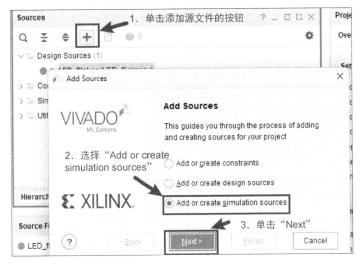

图 4-17　"Add Sources"界面

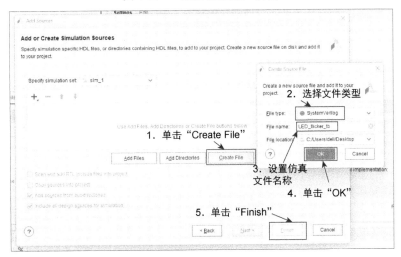

图 4-18　"Add or Create Simulation Sources"界面

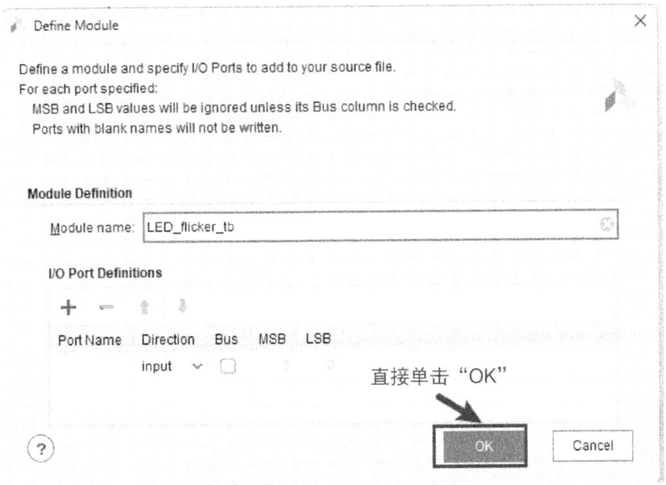

图 4-19　"Define Module"界面

仿真文件创建完毕后的界面如图 4-21 所示，在该界面的"Simulation Sources"分组中可以看到刚刚创建的仿真文件"LED_flicker_tb.sv"，双击该仿真文件即可对其进行编辑，双击后弹出的代码编辑框如图 4-22 所示。

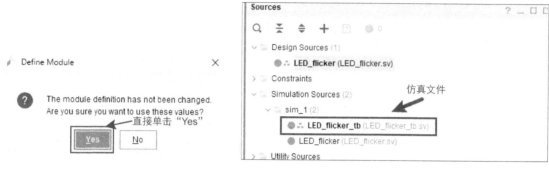

图 4-20　"Define Module"提示界面　　　　　图 4-21　仿真文件创建完毕后的界面

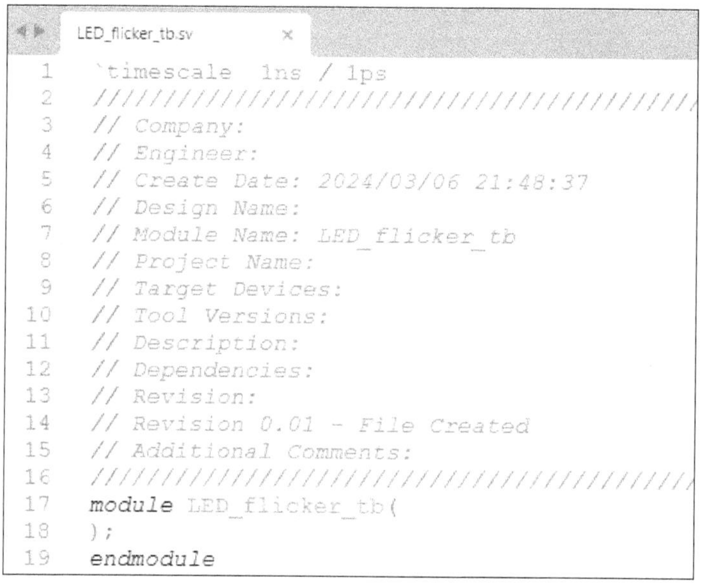

```
1    `timescale  1ns / 1ps
2    ///////////////////////////////////////////
3    // Company:
4    // Engineer:
5    // Create Date: 2024/03/06 21:48:37
6    // Design Name:
7    // Module Name: LED_flicker_tb
8    // Project Name:
9    // Target Devices:
10   // Tool Versions:
11   // Description:
12   // Dependencies:
13   // Revision:
14   // Revision 0.01 - File Created
15   // Additional Comments:
16   ///////////////////////////////////////////
17   module LED_flicker_tb(
18   );
19   endmodule
```

图 4-22　代码编辑框 2

2. 仿真代码 SystemVerilog 实现

双击打开仿真文件"LED_flicker_tb.sv"，并在其中输入仿真程序，对 LED_flicker 模块进行仿真，在仿真时，为了便于观察仿真结果，将 LED_flicker 模块中的 FLICKER_CNT_PAR 参数的值修改为 32'd25，便于快速获取仿真结果。仿真代码设计如下。

```
`timescale  1ns / 1ns
`define     cycle 20
module LED_flicker_tb;
    logic    clk       ;
    logic    reset_n   ;
    wire     LED_out   ;

    LED_flicker LED_flicker(
    .clk      (clk       ),            // input          clk
```

```
.reset_n     (reset_n     ),        // input          reset_n
.LED_out     (LED_out     )         // output logic   LED_ou
);
//---------------------------------------
// 1. 生成时钟
//---------------------------------------
initial
    begin
        clk = 1'b1;
        forever #(`cycle/2) clk = ~clk;
    end
//---------------------------------------
// 2. 生成激励
//---------------------------------------
initial
    begin
        reset_n = 1'b0;
        #(`cycle*5);
        reset_n = 1'b1;
        #(`cycle*300);
        $stop;
    end
endmodule
```

完成仿真代码编写后,对仿真文件进行保存,关闭 Sublime Text 窗口(在 Vivado2022.2 中如果不关闭第三方编辑器,那么仿真会报其他编辑器正在占用仿真文件与源文件的错误),单击工程窗口左侧的 "Run Behavioral Simulation",如图 4-23 所示,弹出如图 4-24 所示的界面,表示在仿真的进程中,仿真完成后进入如图 4-25 所示的界面。

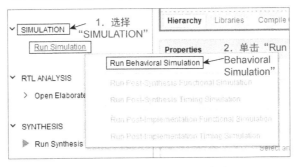

图 4-23　进入 Simulation 界面

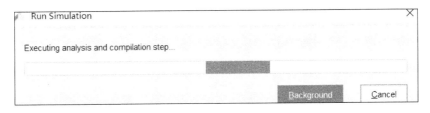

图 4-24　仿真进程界面

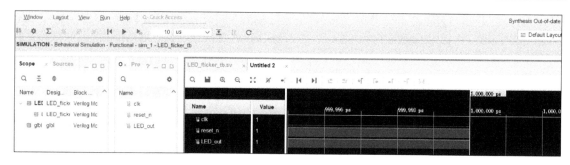

图 4-25　仿真完成界面

仿真完成后，在波形窗口中没有"flicker_counter"变量，因此需要添加该变量到波形窗口，按如图 4-26 所示的步骤进行操作，添加完成后单击重新启动仿真按钮，如图 4-27 所示。

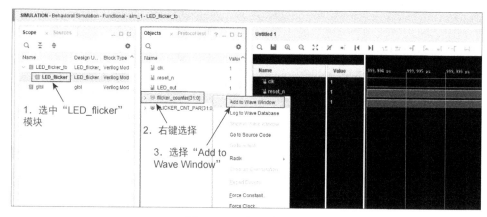

图 4-26　添加仿真变量

图 4-27　重新启动仿真

重新启动仿真后，仿真进程只会执行默认的固定长度，为了看到整个仿真结果，需要将仿真文件中的程序全部执行完毕，单击工具栏中的"Run All"，如图 4-28 所示，运行全部仿真，运行完毕的界面如图 4-29 所示，弹出仿真文件"LED_flicker_tb.sv"的窗口，接着单击右侧的"Untitle2"，如图 4-30 所示，切换到波形窗口，进入波形窗口后，单击"Fit"，查看整个仿真波形结果，如图 4-31 所示。

图 4-28　全部运行界面

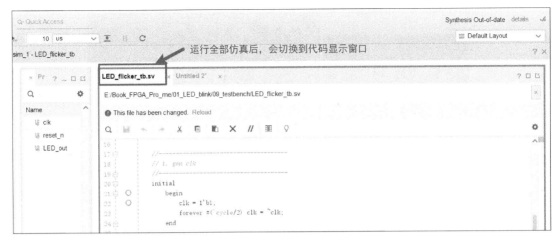

图 4-29　运行完毕的界面

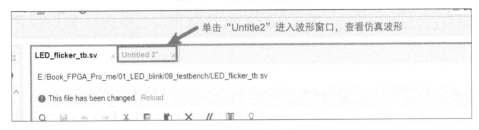

图 4-30　切换到波形窗口

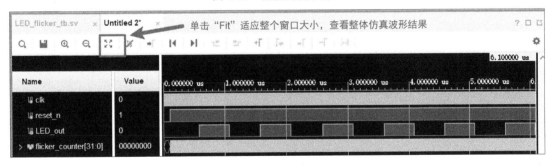

图 4-31　仿真波形结果

对仿真结果进行分析,如图 4-32、图 4-33 和图 4-34 所示,由图 4-32 可知,当计数器 "flicker_counter" 计数到 32'd24 时,在下一个时钟的上升沿到来时,计数器清零,同时 LED_out 从 0 跳变到 1;如图 4-33 所示,当计数器 "flicker_counter" 计数到 32'd24 时,在下一个时钟的上升沿到来时,计数器清零,同时 LED_out 从 1 跳变到 0,说明 LED 闪烁控制的翻转逻辑正确。图 4-34 所示为控制模块仿真的整体结果图,LED_out 信号为 500ns 脉宽的方波输出,说明控制逻辑正确。

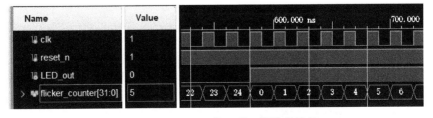

图 4-32　LED_out 从 0 到 1 的跳变结果

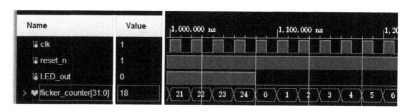

图 4-33　LED_out 从 1 到 0 的跳变结果

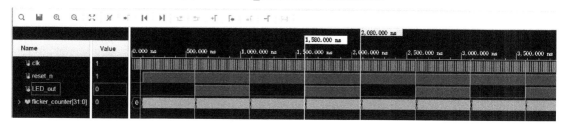

图 4-34　控制模块仿真的整体结果图

4.1.4　添加约束

约束包括物理约束、时序约束两大类，在这里只讲物理约束中的 I/O 约束，其他约束将在后续章节讲解。FPGA 与 CPU、DSP 等处理器不同，CPU、DSP 的控制信号从什么引脚输出已经在程序开发时确定了，而 FPGA 在设计时，其顶层模块的端口信号从什么引脚输出在程序设计时不确定，可以自由分配，因此在综合前，需要对模块端口的引脚进行分配，引脚分配需要根据实际硬件原理图设计来进行分配，详细操作如下。

（1）单击工程窗口左侧"Flow Navigation"栏中的"RTL ANALYSIS"流程分组下的"Open Elaborated Design"，如图 4-35 所示，打开详细设计界面，接着单击菜单栏的"Window"，在弹出的界面中选择"I/O Ports"，如图 4-36 所示。

图 4-35　单击"Open Elaborated Design"

图 4-36　选择"I/O Ports"

（2）在状态栏找到"I/O Ports"编辑窗口，如图 4-37 所示，接着根据硬件设计对 FPGA 的引脚进行分配，这里采用芯路恒电子科技有限公司的 ACX720 开发板，其时钟引脚号为"Y18"，LED0 的引脚号为"M22"，S0 的引脚号为"F15"，bank 电压为 3.3V，因此其引脚分配如图 4-38 所示，设置完成后，弹出如图 4-39 所示的界面，在"File name"栏中输入约束文件的名称，这里取名"IO_constraint"，在"File location"栏中输入文件的保存路径，单击"OK"，完成约束文件的保存。

图 4-37　"I/O Ports"编辑窗口

图 4-38　引脚分配编辑界面

图 4-39　保存约束文件界面

4.1.5　工程综合

约束添加完成后，对工程进行综合，操作步骤如下。

（1）依次单击工程窗口左侧"Flow Navigation"栏中的"SYNTHESIS"→"Run Synthesis"，如图 4-40 所示。弹出"Launch Runs"对话框，直接单击"OK"，开始综合，如图 4-41 所示。

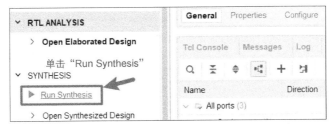

图 4-40　单击"Run Synthesis"

（2）等待综合完成，在综合时窗口的右上角可以看到综合运行的提示状态，综合完成后弹出如图 4-42 所示的对话框，表示综合完成。

图 4-41   "Launch Runs"对话框

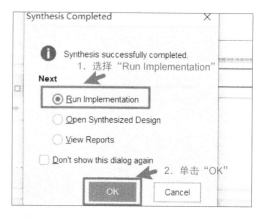

图 4-42   "Synthesis Completed"提示窗口

4.1.6   工程实现

工程综合完成后，就进入工程实现（Implementation）阶段，所谓的实现就是将综合生成的网表文件映射为 AMD FPGA 底层硬件资源的过程，将网表用 FPGA 的基本硬件结构实现。实现过程的操作如下。

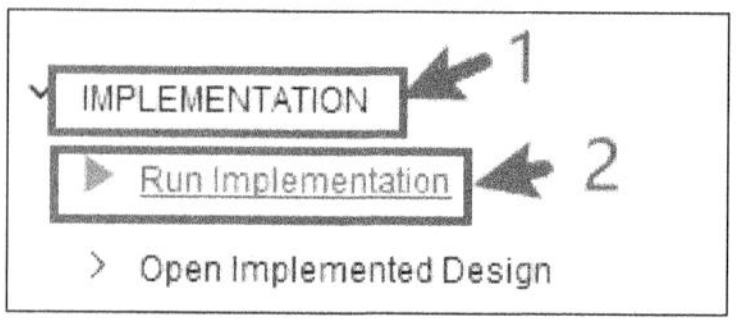

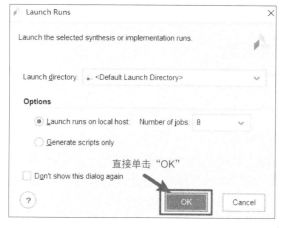

图 4-43   单击"Run Implementation"

（1）选择图 4-42 中的"Run Implementation"，单击"OK"，或者在"Flow Navigator"栏中依次单击"IMPLEMENTATION"→"Run Implementation"，如图 4-43 所示。弹出如图 4-44 所示的对话框，直接单击"OK"，开始运行 Implementation，在运行的过程中，可以在整个工程界面的右上角看到运行的状态，如图 4-45 所示。

图 4-44   "Launch Runs"对话框

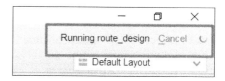

图 4-45   运行状态显示信息

（2）运行完成后，弹出如图 4-46 所示的对话框，表示 Implementation 运行完成，单击"Cancel"，直接退出即可。

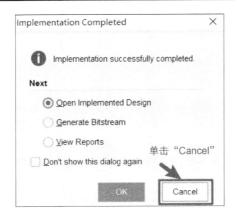

图 4-46　"Implementation Completed" 对话框

4.1.7　bit 文件生成与程序下载

工程开发的最后一步是生成 bit 文件，并将 bit 文件下载到 FPGA 芯片中运行，对逻辑设计进行实际的板级验证。

1．bit 文件生成

Implementation 完成后，表示整个工程编译过程完成，接着需要生成 bit 文件，对设计进行实际验证，生成 bit 文件的操作如下。

（1）在"Flow Navigator"栏中依次单击"PROGRAM AND DEBUG"→"Generate Bitstream"，如图 4-47 所示。弹出如图 4-48 所示的对话框，直接单击"OK"，开始生成 bit 文件。

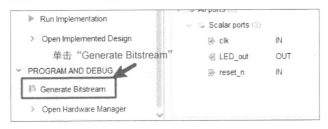

图 4-47　启动 Generate Bitstream

（2）bit 文件生成完成后，弹出如图 4-49 所示的对话框，直接单击"Cancel"退出。

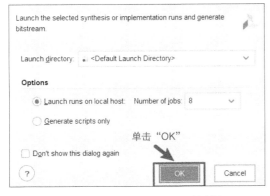

图 4-48　"Launch runs" 对话框

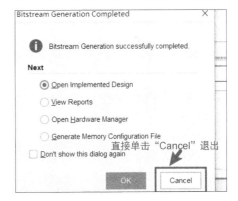

图 4-49　"Bitstream Generation complete" 对话框

注：bit 文件保存的默认路径一般为工程所在目录\工程名.runs\impl_1\工程名.bit，如本次实

验 bit 文件所在的路径为 "E:\20_debug_pro\01_LED_blink\07_PRO\LED_blink.runs\impl_1\LED_flicker.bit"。

2. FPGA 程序下载

将生成的 bit 文件 LED_flicker.bit 下载到 FPGA 芯片的详细步骤如下。

（1）在 "Flow Navigator" 栏中依次单击 "PROGRAM AND DEBUG" → "Open Hardware Manager" → "Open Target" → "Auto Connect"，连接目标器件，如图 4-50 所示。弹出如图 4-51 所示的 "Auto Connect" 对话框，连接完毕后，该对话框自动关闭。

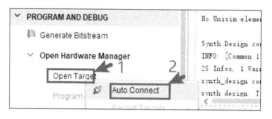

图 4-50　连接目标器件

图 4-51　"Auto Connect" 对话框

（2）在 "Hardware" 栏选中 FPGA，单击鼠标右键选择 "Program Device"，如图 4-52 所示。

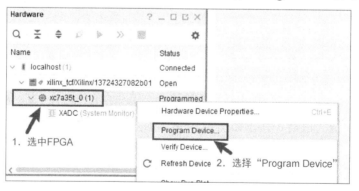

图 4-52　选择 "Program Device"

（3）进入如图 4-53 所示的界面，默认情况下会自动选中 bit 文件，若没有选中，则单击 "Bitstream file" 栏后的 "…"，随后定位到 bit 文件所在的目录，如图 4-54 所示，选中 bit 文件，单击 "OK"。

（4）回到如图 4-55 所示的界面，单击 "Program"，开始下载程序，并弹出如图 4-56 所示的下载进度框，下载完毕后，进度框自动关闭退出，此时 FPGA 程序开始运行。

当程序下载完成后，可以在开发板上观察到 LED0 以 1Hz 的频率闪烁。到此，我们完成了 Vivado 工具的整个基本开发流程。

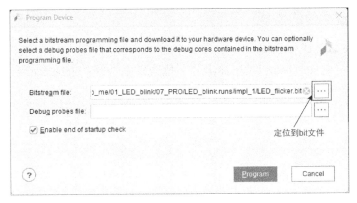

图 4-53　打开 bit 文件路径选择框

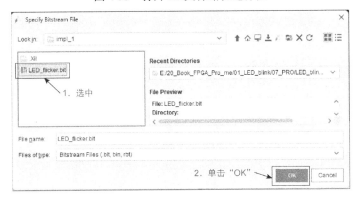

图 4-54　bit 文件选择

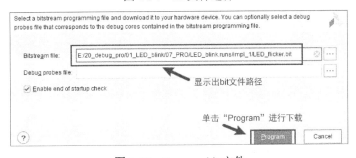

图 4-55　Program bit 文件

图 4-56　下载进度框

4.2　MCS 文件生成与程序固化

在下面的描述中，将以 QSPI 接口的 Flash 为例，讲解 FPGA 配置程序的生成与固化方法。
注：在生成 MCS 配置文件之前，必须保证 bit 文件成功生成。

4.2.1　MCS 配置文件的生成

MCS 配置文件的生成步骤如下。

（1）单击菜单栏中的"Tools"，在弹出的下拉列表中选择"Generate Memory Configuration File"，如图 4-57 所示。

图 4-57　选择"Generate Memory Configuration File"

（2）进入如图 4-58 所示的界面，设置文件的格式（Format）为 MCS，设置 Flash 的大小（Custom Memory Size）为 16MB（根据实际 Flash 的大小进行设置，这里使用的 Flash 大小为 16MB），接着单击"Filename"栏后的"···"，整个操作步骤如图 4-58 所示。

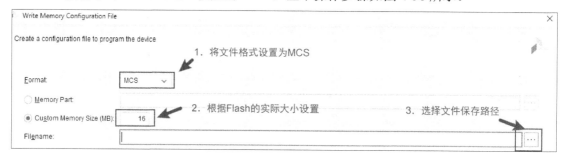

图 4-58　MCS 文件生成配置 01

（3）弹出 MCS 文件保存路径设置界面，首先将路径定位到 MCS 文件即将保存的路径下，然后在"File name"栏中输入生成的 MCS 文件的文件名，最后单击"Save"保存设置，整个操作步骤如图 4-59 所示。

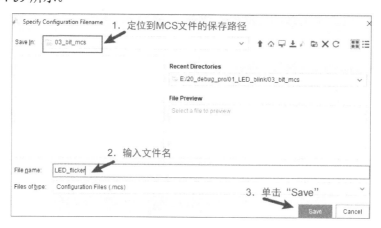

图 4-59　设置 MCS 文件的保存路径与名称

（4）回到 MCS 文件生成配置的主界面，如图 4-60 所示，在"File name"栏中可以看到

MCS 文件的保存路径与 MCS 文件的文件名称。

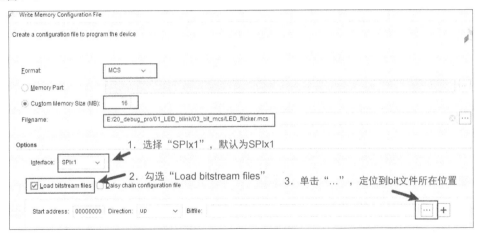

图 4-60　MCS 文件生成配置 02

（5）继续往下配置，如图 4-61 所示，在"Options"区域的"Interface"栏中设置接口为"SPIx1"（在 Vivado 中，将 SPI 的默认宽度配置为 x1，关于 SPI 宽度的配置会在后面的章节中详细描述），勾选"Load bitstream files"，接着单击"Bitfile"栏后的"…"，进入 bit 文件路径定位窗口。

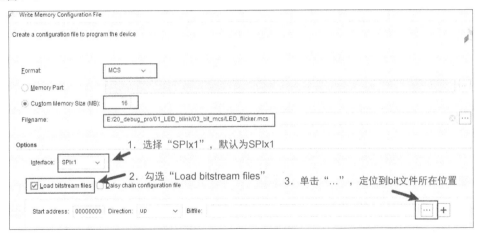

图 4-61　Options 区域配置 01

（6）进入 bit 文件定位窗口，如图 4-62 所示，选中需要生成为 MCS 文件的 bit 文件，单击"OK"后回到 MCS 文件生成配置的主界面，如图 4-63 所示，在 MCS 文件配置界面的"Bitfile"栏中可以看到刚才指定的 bit 文件的访问路径。

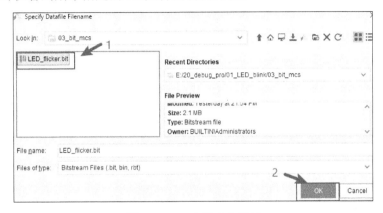

图 4-62　bit 文件定位窗口

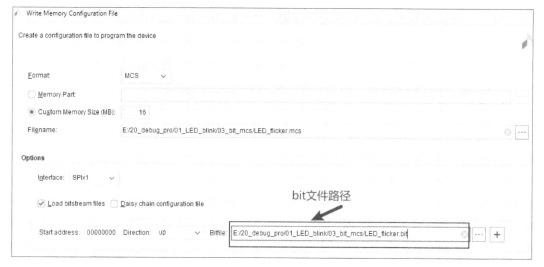

图 4-63　bit 文件路径

（7）MCS 文件生成配置的整个过程如图 4-64 所示，此时单击"OK"即可开始生成 MCS 文件，生成完成后，弹出如图 4-65 所示的界面，直接单击"OK"，完成 MCS 生成。

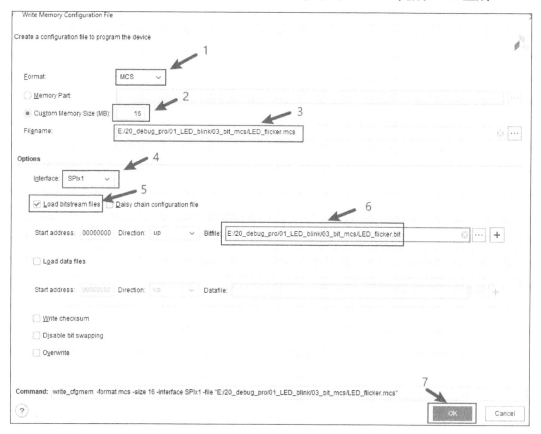

图 4-64　MCS 文件生成配置的整个过程

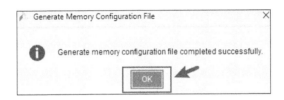

图 4-65　MCS 文件生成成功提示

4.2.2　MCS 文件下载

将 Xilinx FPGA 下载器与 FPGA 开发板、计算机之间连接好，接着给开发板上电，在 Vivado 开发环境中按如下步骤进行操作。

（1）如图 4-66 所示，依次单击"RPOGRAM AND DEBUG"→"Open Hardware Manager"→"Open Target"→"Auto Connect"，接着弹出如图 4-67 所示的对话框。

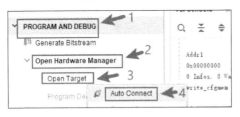

图 4-66　单击"Auto Connect"

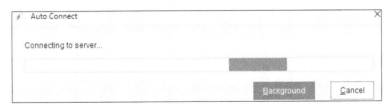

图 4-67　"Auto Connect"对话框

（2）连接成功后，进入如图 4-68 所示的 Hardware 窗口，选中"FPGA xc7a35t_0"，单击右键，选择"Add Configuration Memory Device"。弹出如图 4-69 所示的对话框，按照图 4-69 中的筛选步骤，根据实际的 Flash 型号选择正确的 Flash，这里选择的型号为 mt25ql128，单击"OK"进入下一步。弹出如图 4-70 所示的对话框，询问是否现在对配置存储器进行编程，单击"OK"，进入编程界面。

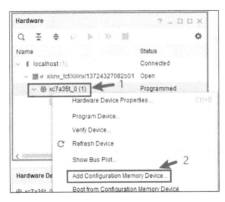

图 4-68　添加配置器件

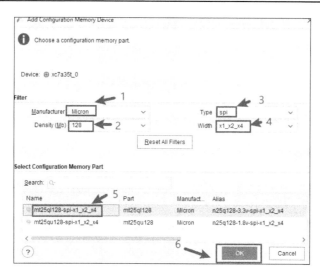

图 4-69　选择 Flash 型号

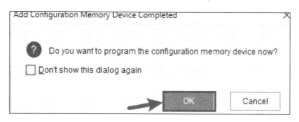

图 4-70　询问是否现在对配置存储器进行编程

（3）进入如图 4-71 所示的界面，单击"Configuration file"栏后面的"…"，进入 MCS 文件所在目录，找到 MCS 文件并将其选中，随后单击"OK"完成添加。

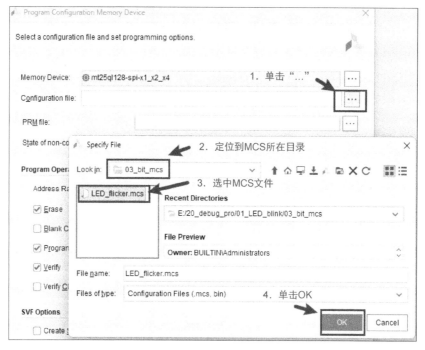

图 4-71　添加配置文件

（4）接着单击"PRM file"栏后面的"…"，如图 4-72 所示，进入 PRM 文件所在目录，找到 PRM 文件并选中，随后单击"OK"完成添加。

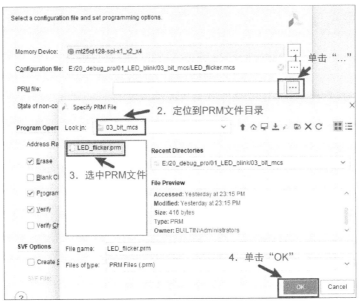

图 4-72　PRM 文件添加

（5）MCS 文件、PRM 文件添加完成的界面如图 4-73 所示，在"Configuration file"栏、"PRM file"栏之后可以看到文件的访问路径，依次单击"Apply"→"OK"，启动 MCS 文件的配置下载。依次弹出如图 4-74 和图 4-75 所示的进度对话框，当弹出如图 4-76 所示的对话框时，表示配置 Flash 编程成功，整个 FPGA 程序固化完成。

图 4-73　MCS 文件、PRM 文件添加完成的界面

图 4-74　编程 FPGA 进度对话框

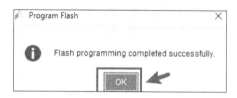

图 4-75　编程配置器件进度对话框

图 4-76　配置 Flash 编程成功

    程序固化完成后，给开发板断电，拔掉下载器，重新给开发板上电，固化的程序会从 QSPI Flash 加载并正常运行，此时 LED0 以 1Hz 的频率闪烁。

第 5 章　数字逻辑基础设计

数字系统都是由最基本的组合逻辑电路（Combine Logic Circuit）和时序逻辑电路（Sequential Logic Circuit）组成的。任何一个复杂的数字系统都是由小的数字模块（module）不断地堆叠、集成的。FPGA 开发设计本质上就是进行数字集成电路设计的过程，利用 HDL 编写出我们要实现的逻辑功能，并在 FPGA 上运行实现。下面我们将从基本小模块开始 FPGA 的设计，逐步过渡到复杂的数字集成系统设计。

5.1　编码器设计

5.1.1　编码器的原理

编码器（Encoder）是一种多输入、多输出的组合逻辑电路，是我们学习数字电子技术时组合逻辑电路中的基本集成器件，负责将输入的 2^N 个信号转化为 N 位二进制码输出，常见的编码器有普通编码器与优先编码器两种。普通编码器的特点是任何时刻只允许一个输入信号有效；优先编码器的特点是，任何时刻都允许多个输入信号有效，但只对优先级最高的输入信号进行编码，由于优先编码器在实际生活中使用较多，因此下面对优先编码器进行讲解。8 线-3 线优先编码器的真值表如表 5-1 所示。

表 5-1　8 线-3 线优先编码器的真值表

输入								输出			
IN7	IN6	IN5	IN4	IN3	IN2	IN1	IN0	Y2	Y1	Y0	STA
0	0	0	0	0	0	0	0	0	0	0	0
1	X	X	X	X	X	X	X	1	1	1	1
0	1	X	X	X	X	X	X	1	1	0	1
0	0	1	X	X	X	X	X	1	0	1	1
0	0	0	1	X	X	X	X	1	0	0	1
0	0	0	0	1	X	X	X	0	1	1	1
0	0	0	0	0	1	X	X	0	1	0	1
0	0	0	0	0	0	1	X	0	0	1	1
0	0	0	0	0	0	0	1	0	0	0	1

注：1. 表中 IN7～IN0 输入为高电平有效，并且 IN7 的优先级最高。

　　2. Y2～Y0 为编码输出，高电平有效。

　　3. STA 为编码器有效状态输出，高电平有效。

5.1.2　优先编码器 SystemVerilog 实现

由表 5-1 可知，8 线-3 线优先编码器有 8 个输入信号和 4 个输出信号，因此 8 线-3 线优先编码器的模块端口功能描述如表 5-2 所示。

表 5-2　8 线-3 线优先编码器的模块端口功能描述

序号	名称	位宽	I/O	功能描述
1	IN	8bit	I	信号输入
2	Y	3bit	O	编码输出
3	STA	1bit	O	编码状态有效

在 Vivado 中新建工程，以 encoder_8_3 作为工程名，建立完成后，新建 SystemVerilog 文件 encoder8_3.sv，在 encoder8_3.sv 中输入 8 线-3 线优先编码器 RTL 级设计代码，代码设计如下。

```
module encoder8_3(
    input           [7:0]    IN  ,  // 8 位信号输入，高电平有效
    output logic    [2:0]    Y   ,  // 编码输出
    output logic             STA     // 编码状态有效输出
);
    //----------------------------------------
    // 8 线-3 线优先编码器控制
    //----------------------------------------
    always_comb
        begin
            casex(IN)
                8'b1xxx_xxxx: {Y,STA} = {3'b111,1'b1};
                8'b01xx_xxxx: {Y,STA} = {3'b110,1'b1};
                8'b001x_xxxx: {Y,STA} = {3'b101,1'b1};
                8'b0001_xxxx: {Y,STA} = {3'b100,1'b1};
                8'b0000_1xxx: {Y,STA} = {3'b011,1'b1};
                8'b0000_01xx: {Y,STA} = {3'b010,1'b1};
                8'b0000_001x: {Y,STA} = {3'b001,1'b1};
                8'b0000_0001: {Y,STA} = {3'b000,1'b1};
                8'b0000_0000: {Y,STA} = {3'b000,1'b0};
                default:      {Y,STA} = {3'b000,1'b0};
            endcase
        end
endmodule
```

5.1.3　逻辑仿真验证

对上面设计的代码进行 RTL 分析，直到没有错误，接着创建仿真激励文件 encoder8_3_tb.sv，并在其中输入如下仿真激励代码。

```
`timescale  1ns / 1ns
`define     cycle 20
module encoder8_3_tb;
    logic       [7:0]    IN ;    // 8 位信号输入，高电平有效
    wire        [2:0]    Y  ;    // 编码输出
    wire                 STA ;   // 编码状态有效输出
```

```
encoder8_3 encoder8_3(
.IN     (IN     ),  // input           [7:0]  IN  ,// 8 位信号输入, 高电平有效
.Y      (Y      ),  // output logic    [2:0]  Y   ,// 编码输出
.STA    (STA    )   // output logic           STA // 编码状态有效输出
);
//-------------------------------
// gen stimulus
//-------------------------------
initial
    begin
        IN = 8'b1100_0000; #(`cycle);
        IN = 8'b1110_0000; #(`cycle);
        IN = 8'b0100_1000; #(`cycle);
        IN = 8'b0010_0010; #(`cycle);
        IN = 8'b0001_1101; #(`cycle);
        IN = 8'b0000_1011; #(`cycle);
        IN = 8'b0000_0110; #(`cycle);
        IN = 8'b0000_0011; #(`cycle);
        IN = 8'b0000_0001; #(`cycle);
        IN = 8'b0000_0000; #(`cycle);
        $stop;
    end
endmodule
```

　　一个通用仿真激励文件的编写格式如下。

　　（1）仿真时间单位与时间精度设置。

　　（2）仿真相关的参数宏定义。

　　（3）仿真模块主体：在主体中包括激励信号定义、待仿真模块实例化、时钟信号产生与仿真激励生成。

　　（4）在激励文件的末尾添加进程控制系统函数$stop 或$finish。

　　在仿真激励文件的编写中，首先设置仿真的时间单位与精度，格式为`timescale 单位/精度，如 1ns/10ps，这样在代码中设置延迟#10，就代表延时 10ns，并且延时精度可以达到 0.01ns，如延时#10.01，以上设计中的仿真时间单位与仿真时间精度均为 1ns，代码设计为`timescale 1ns/1ns。

　　接着定义仿真相关的宏定义"`define"，在设计中我们定义了基本的时间周期参数 cycle，其数值为 10，在仿真激励中，"#(`cycle)"相当于"#10"。

　　对于仿真输入、输出信号的定义，对被仿真模块的端口信号进行定义时，所有输入的激励信号定义为 logic 或 reg 类型，若采用 verilog 语言进行设计，则输入的激励信号必须定义为 reg 类型；输出端口信号定义为 logic 或 wire 类型，若采用 verilog 语言进行设计，则输出的激励信号必须定义为 wire 类型。

　　被仿真模块的实体例化方式与设计中的实体例化方式一致，采用"模块名 实例名(端口列表);"的方式进行例化，在上面的仿真激励设计中可以看到。仿真激励的生成采用 initial 顺序赋值语句或者 fork join 等并行赋值语句产生所需的仿真激励。

　　在 Vivado 中运行以上仿真代码，仿真结果如图 5-1 所示，由仿真结果可知，当 IN[7:0] = 8'b0000_1011 时，Y[2:0] = 3'b011，STA = 1'b1，当 IN[7:0]输入其他值时，其结果与优先 8 线-

3 线编码器的真值表结果相符，说明逻辑功能设计正确。

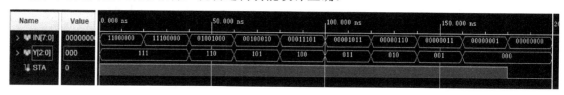

Name	Value
IN[7:0]	00000000
Y[2:0]	000
STA	0

图 5-1   8 线–3 线优先编码器的仿真结果

5.2   流水灯设计

5.2.1   功能描述

所谓的流水灯，就是通过程序去控制 LED 顺序点亮与顺序关闭，在学习单片机、DSP、CPU 芯片编程时，基本的入门实验就是通过 GPIO 控制 LED 的亮灭，从而实现流水灯的效果。在 FPGA 的开发板上有 8 个共阴极的 LED，如图 5-2 所示，$LDE_0 \sim LED_7$ 分别连接到 FPGA 的 8 个引脚上，当 FPGA 的引脚输出高电平时，对应的 LED 被点亮，当 FPGA 的引脚输出低电平时，对应的 LED 被关闭，按照不断循环的顺序点亮与关闭每一个 LED，就形成了流水灯的效果。

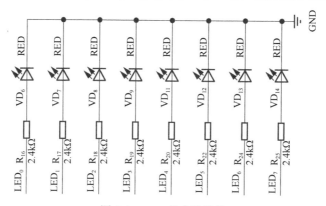

图 5-2   LED 的电路结构

5.2.2   流水灯 SystemVerilog 实现

由于流水灯控制通过时序逻辑电路实现，因此在设计中需要使用时钟信号（clk）和复位信号（reset_n），根据以上的功能描述，分析出流水灯控制模块的顶层端口描述，如表 5-3 所示。

表 5-3   流水灯控制模块的顶层端口描述

序号	名称	位宽	I/O	功能描述
1	clk	1bit	I	系统时钟输入
2	reset_n	1bit	I	复位输入，低电平有效
3	LED_out	8bit	O	LED 控制输出

根据功能描述与端口描述，RTL 代码设计如下。

```
module flow_led(
    input                    clk      ,  // 时钟：50MHz
    input                    reset_n  ,  // 复位，低电平有效
```

```
    output logic [7:0]  LED_out
);
    //----------------------------------------
    // 1. 定时 0.1s
    //----------------------------------------
    parameter TIMING_100MS_PAR = 32'd5_000_000; // 0.1s
    // parameter TIMING_100MS_PAR = 32'd10;// simulation value
    logic [31:0] timing_cnt;
    always_ff@(posedge clk, negedge reset_n)
        if(!reset_n)
            timing_cnt <= 32'd0;
        else if(timing_cnt < (TIMING_100MS_PAR - 1'b1) )
            timing_cnt <= timing_cnt + 1'b1;
        else
            timing_cnt <= 32'd0;
    //----------------------------------------
    // 2. LED_out 移位控制
    //----------------------------------------
    /**
    *   @brif    通过对 LED_out 进行循环移位实现流水灯控制
    */
    always_ff@(posedge clk, negedge reset_n)
        if(!reset_n)
            LED_out <= 8'b0000_0001;
        else if(timing_cnt == (TIMING_100MS_PAR - 1'b1) )
            LED_out <= {LED_out[6:0],LED_out[7]};   // 循环左移
        else
            LED_out <= LED_out;
endmodule
```

5.2.3　仿真验证

对上面设计的代码进行 RTL 分析，直到没有错误，接着创建仿真激励文件 flow_led_tb.sv，并在其中输入如下仿真激励代码进行仿真，在仿真时为了快速得到结果，可以将 flow_led.sv 中的参数"TIMING_100MS_PAR"改为"parameter TIMING_100MS_PAR = 32'd10"后，进行仿真。

```
`timescale  1ns / 1ns
`define    cycle 20
module flow_led_tb;
    logic         clk       ; // 时钟：50MHz
    logic         reset_n   ; // 复位，低电平有效
    wire   [7:0]  LED_out   ; // LED 流水灯输出
    flow_led flow_led(
    .clk         (clk      ),  // input              clk
    .reset_n     (reset_n  ),  // input              reset_n
    .LED_out     (LED_out  )   // output logic [7:0] LED_out
    );
    //----------------------------------------
    // 1. gen clk
```

```
//----------------------------------------
initial
    begin
        clk = 1'b1; forever #(`cycle/2) clk = ~clk;
    end
//----------------------------------------
// 2. gen stimulus
//----------------------------------------
initial
    begin
        reset_n = 1'b0; #(`cycle*2);
        reset_n = 1'b1; #(`cycle*10*13); $stop;
    end
endmodule
```

在 Vivado 中运行以上仿真代码，流水灯的控制仿真结果如图 5-3 所示，由仿真结果可知，LED_out 每次的输出结果只有一位为高电平，并不断循环，说明流水灯逻辑设计正确。

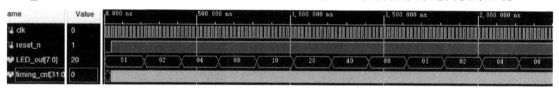

图 5-3　流水灯的控制仿真结果

5.2.4　实际验证

给工程添加 I/O 约束，约束引脚分配关系如图 5-4 所示，对程序进行综合实现，并生成 bit 文件，将生成的 bit 文件下载到 FPGA 中，实际运行效果如图 5-5 所示，可以看到 LED0～LED7 顺序点亮与顺序关闭，形成流水灯效果。

名称	方向	引脚			组	I/O 标准
LED_out (8)	OUT			✓	15	LVCMOS33* ▼
LED_out[7]	OUT	M22	✓	✓	15	LVCMOS33* ▼
LED_out[6]	OUT	N22	✓	✓	15	LVCMOS33* ▼
LED_out[5]	OUT	L21	✓	✓	15	LVCMOS33* ▼
LED_out[4]	OUT	K21	✓	✓	15	LVCMOS33* ▼
LED_out[3]	OUT	K22	✓	✓	15	LVCMOS33* ▼
LED_out[2]	OUT	J22	✓	✓	15	LVCMOS33* ▼
LED_out[1]	OUT	H22	✓	✓	15	LVCMOS33* ▼
LED_out[0]	OUT	M21	✓	✓	15	LVCMOS33* ▼
Scalar ports (2)						
clk	IN	Y18	✓	✓	14	LVCMOS33* ▼
reset_n	IN	F15	✓	✓	16	LVCMOS33* ▼

图 5-4　约束引脚分配关系

图 5-5　实际运行效果

5.3　按键消抖设计

5.3.1　按键的物理结构

在嵌入式电子设计中常用独立按键作为控制按键，它由柱塞、开关盖、反作用弹簧、底座、接触端子 5 部分组成，当我们按下按键时，按键底座两侧的接触端子接通。图 5-6 所示为 ACX720 开发板上的独立按键电路图，当按键被按下时，FPGA 的引脚输入低电平，当按键被释放时，FPGA 的引脚输入高电平，因此我们可以通过检测 FPGA 引脚的输入状态对按键的按下与释放状态进行判断。理想情况下，按键被按下就立刻稳定接触，按键被释放就立刻稳定断开，其波形如图 5-7（a）所示，但机械抖动使按键的实际波形如图 5-7（b）所示，如果不对按键动作产生的输入波形进行滤波，直接对输入波形进行采样判断，那么可能会造成对按键状态的误判，因此需要对按键动作产生的输入电平信号进行滤波处理，消除抖动期间电平频繁变化带来的影响。一般情况下，按键抖动的持续时间不会超过 20ms，20ms 后按键基本进入稳定期。

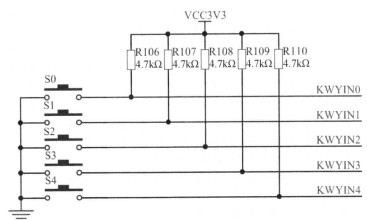

图 5-6　ACX720 开发板上的独立按键电路图

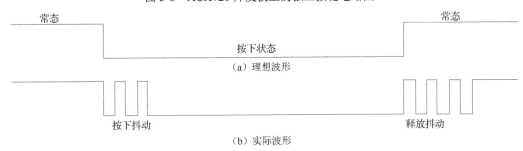

图 5-7　按键被按下与被释放时的电平变化波形

5.3.2　按键消抖的原理与状态机设计

按键消抖的方式有硬件消抖与软件消抖两种，采用 FPGA 实现消抖常用有限状态机实现，其原理与设计如下。

1．原理分析

由按键原理图可知，按键的常态为高电平 1，当按键被按下时，在 FPGA 的引脚上会产生从 1 到 0 的电平跳变，但是由于抖动的存在，因此引脚会在按下抖动期间不断地出现 0 到 1、1 到 0 的来回跳变，因为单次抖动持续的时间最长不会超过 20ms，所以在按下抖动期间，只要检测到 FPGA 引脚产生下降沿后，在 20ms 的时间内，没有产生新的上升沿跳变，我们就认为按键已经被稳定按下；若在产生下降沿后的 20ms 内检测到上升沿跳变，则说明按键还处于抖动期，其状态还未确定，应该继续检测新的下降沿，直到新的下降沿到来并且保持 20ms 内未出现上升沿，则认为按键确实已经被按下且稳定。

对于按键释放过程，按键的初始状态为低电平，当 FPGA 检测到引脚由 0 到 1 的跳变，并且在 20ms 的时间内没有产生新的下降沿跳变时，我们就认为按键已经被稳定释放。若在 20ms 的时间内有新的下降沿产生，则说明按键还处于抖动期间，需要继续检测新的上升沿，直到新的上升沿到来时，稳定 20ms 没有下降沿到来，就认为按键已经被稳定释放。

2．状态机设计

按键消抖模块的状态机设计分为 4 个状态，如图 5-8 所示。

（1）idle：空闲状态，即按键未被按下时的状态。

（2）filter_press：按键被按下时的滤波状态。

（3）key_down：按键被稳定按下时的状态。

（4）filter_relase：按键被释放时的滤波状态。

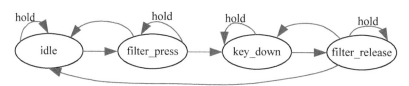

图 5-8　按键消抖模块的状态机设计

状态机的状态转移条件描述如表 5-4 所示。

表 5-4　状态机的状态转移条件描述

序号	当前状态	下一个状态	描述
1	idle	filter_press	检测到按键输入的下降沿，进入按下滤波状态 filter_press，同时开启定时器定时
2	filter_press	idle	检测到按键输入的上升沿，并且稳定时间小于 20ms，则回到 idle 状态，关闭定时器，并给定时器清零
3	filter_press	key_down	检测到按键输入的下降沿，并且定时器的定时时间大于 20ms，则跳转到 key_down 状态，确认按键已经按下
4	key_down	filter_release	检测到按键输入的上升沿，进入释放滤波状态 filter_release，同时开启定时器定时
5	filter_release	key_down	检测到按键输入的下降沿，并且定时器的定时时间小于 20ms，则回到 key_down 状态，关闭定时器，并给定时器清零
6	filter_release	idle	检测到按键输入上升沿，并且定时器的定时时间大于 20ms，则跳转到 idle 状态，确认按键已经释放

关于状态转移过程中的两个问题，解释如下。

问题 1：在按键被按下的过程中，idle 状态检测到按键输入的下降沿后，进入 filter_press

状态时，在小于 20ms 的时间内检测到按键输入的上升沿，又回到 idle 状态，会不会出现回到 idle 状态而无法再次检测到按键输入下降沿进入 filter_press 状态的情况？

答：不会，因为在按下的过程中，按键的整体状态一定是从高电平到低电平的过程，不论在抖动过程中抖动多少次，最终的状态一定是低电平，即最终一定以下降沿结束。

问题 2：在按键被释放的过程中，key_down 状态检测到按键输入的上升沿后，进入 filter_release 状态后，在小于 20ms 的时间内检测到按键输入的下降沿，又回到 key_down 状态，会不会出现回到 key_down 状态后而无法再次检测到按键输入上升沿进入 filter_release 状态的情况？

答：不会，因为在释放的过程中，按键的整体状态一定是从低电平到高电平的过程，不论在抖动过程怎样抖动，最终的状态一定是高电平，即最终一定以上升沿结束。

5.3.3　按键消抖 SystemVerilog 实现

按键消抖模块的顶层端口描述如表 5-5 所示，创建源文件 key_filter.sv 并保存，随后开始进行 key_filter 模块设计。

表 5-5　按键消抖模块的顶层端口描述

序号	名称	位宽	I/O	功能描述
1	clk	1bit	I	系统时钟输入，50MHz
2	reset_n	1bit	I	复位输入，低电平有效
3	key_in	1bit	I	按键输入
4	key_switch	1bit	O	按键状态切换标志，高电平有效，单周期脉冲信号
5	key_out	1bit	O	按键检测状态输出

1. 按键输入边沿检测

按键输入边沿检测用于对按键输入 key_in 的上升沿与下降沿进行检测，使用位宽为 2bit 的寄存器 key_in_reg 对 key_in 的输入进行连续寄存，若 kei_in_reg 的值为 2'b01，则 key_in 产生上升沿；若 key_in_reg = 2'b10，则 key_in 产生下降沿，其代码设计如下。

```
logic [1:0] key_in_reg;
logic       key_in_pos;      // 按键上升沿
logic       key_in_neg;      // 按键下降沿

always_ff@(posedge clk, negedge reset_n)
    if(!reset_n)
        key_in_reg <= 2'b00;
    else
        key_in_reg <= {key_in_reg[0], key_in};

assign key_in_pos = (key_in_reg == 2'b01) ? 1'b1 : 1'b0;
assign key_in_neg = (key_in_reg == 2'b10) ? 1'b1 : 1'b0;
```

2. 状态机设计

状态机包含 4 个状态，使用本地参数 localparam 对 4 个状态进行定义，采用独热码的编码方式对状态进行编码；采用参数化定义方式 parameter 对 20ms 定时参数进行参数化定义。

整个状态机的架构设计如下，每个状态的具体处理逻辑单独在后面讲解。

```
localparam      IDLE                    = 4'b0001,
                FILTER_PRESS_STA        = 4'b0010,
                KEY_DOWN_STA            = 4'b0100,
                FILTER_RELEASE_STA      = 4'b1000;
    /* 参量定义 */
    parameter   TIME_THRES_PAR     = 32'd1_000_000; // 定时 20ms
    // parameter    TIME_THRES_PAR = 32'd10;         // 仿真值 10cycle

    /* 变量定义 */
    logic   [ 3:0]  state;                          // 状态
    logic   [31:0]  time_cnt;                       // 定时器

    /* 状态机 */
    always_ff@(posedge clk, negedge reset_n)
        if(!reset_n)
            begin
                key_switch  <= 1'b0;
                key_out     <= key_in_reg[1];       // 输出当前采样状态
                state       <= IDLE;
            end
        else
            begin
                case(state)
                    IDLE:                           // 4'b0001
                        begin      end
                    FILTER_PRESS_STA:               // 4'b0010
                        begin      end
                    KEY_DOWN_STA:                   // 4'b0100
                        begin      end
                    FILTER_RELEASE_STA:             // 4'b1000
                        begin      end
                    default:
                        begin      end
                endcase
            end
```

空闲状态 IDLE，key_out 值保持，key_switch 的值为 0，当检测到 key_in 的下降沿时，立刻进入按下滤波状态 FILTER_PRESS_STA，代码设计如下。

```
IDLE:                               // 4'b0001
    begin
        key_switch  <= 1'b0;        // 状态切换脉冲
        key_out     <= key_out;     // 输出状态保持
        if(key_in_neg)
            state <= FILTER_PRESS_STA;
        else
            state <= IDLE;
    end
```

按下滤波状态 FILTER_PRESS_STA：当检测到 key_in 的上升沿并且定时器的定时时间小于 20ms 时，立刻回到 IDLE 状态；当定时器的定时值达到 20ms 时，进入按下状态 KEY_DOWN_STA，此时将 key_out 赋值为 0, key_switch 输出一个单周期的高电平切换脉冲。代码设计如下。

```
FILTER_PRESS_STA:                       // 4'b0010
    begin
        if(time_cnt == TIME_THRES_PAR)
            key_switch <= 1'b1; // 切换脉冲输出
        else
            key_switch <= 1'b0;

        if(time_cnt > TIME_THRES_PAR)
            key_out <= 1'b0;       // 按键状态赋值为 0
        else
            key_out <= key_out;

        if(key_in_pos)
            begin
                if(time_cnt > TIME_THRES_PAR)
                    state <= KEY_DOWN_STA;
                else
                    state <= IDLE;
            end
        else
            begin
                if(time_cnt > TIME_THRES_PAR)
                    state <= KEY_DOWN_STA;
                else
                    state <= FILTER_PRESS_STA;
            end
    end
```

按下状态 KEY_DOWN_STA：当检测到 key_in 的上升沿 key_in_pos 时，立刻跳转到释放滤波状态 FILTER_RELEASE_STA；在 KEY_DOWN_STA 状态中，key_out 的输出值不变，key_switch 值为 0。

```
KEY_DOWN_STA:        // 4'b0100
    begin
        key_switch <= 1'b0;
        key_out    <= key_out;        // 状态保持不变
        if(key_in_pos)
            state <= FILTER_RELEASE_STA;
        else
            state <= KEY_DOWN_STA;
    end
```

释放滤波状态 FILTER_RELEASE_STA：当定时器的定时时间达到 20ms 时，key_switch 输出单周期切换脉冲，同时将 key_out 赋值为 1；当检测到 key_in 的下降沿并且定时时间小于

20ms 时，跳转到 KEY_DOWN_STA 状态，当定时时间达到 20ms 时，跳转到 IDLE 状态，当定时时间未达到 20ms 时，在该状态保持不变。

```
FILTER_RELEASE_STA: // 4'b1000
        begin
            if(time_cnt == TIME_THRES_PAR)
                key_switch <= 1'b1; //按键状态切换脉冲
            else
                key_switch <= 1'b0;

            if(time_cnt > TIME_THRES_PAR)
                key_out <= 1'b1;
            else
                key_out <= 1'b0;

            if(key_in_neg)
                begin
                    if(time_cnt > TIME_THRES_PAR)
                        state <= IDLE;
                    else
                        state <= KEY_DOWN_STA;
                end
            else
                begin
                    if(time_cnt > TIME_THRES_PAR)   // 超过20ms
                        state <= IDLE;
                    else
                        state <= FILTER_RELEASE_STA;
                end
        end
```

3．定时器控制设计

复位时将定时器 time_cnt 的值清零，当状态机的状态处于按下滤波状态 FILTER_PRESS_STA 或释放滤波状态 FILTER_RELEASE_STA 时，定时器 time_cnt 的值在每一个时钟的有效沿不断自动加 1，当状态机处于其他状态时，定时器的值为 32'd0。定时器控制代码设计如下。

```
always_ff@(posedge clk, negedge reset_n)
        if(!reset_n)
            time_cnt <= 32'd0;
        else if((state == FILTER_PRESS_STA) || (state == FILTER_RELEASE_STA))
            time_cnt <= time_cnt + 1'b1;
        else
            time_cnt <= 32'd0;
```

4．key_filter.sv 代码

整个 key_filter.sv 设计代码如下。

```
module key_filter(
    input           clk             ,    // 时钟：50MHz
```

```
input              reset_n          ,    // 复位，低电平有效
input              key_in           ,    // 按键状态输入
output logic       key_switch       ,    // 1 代表有效，0 代表无效
output logic       key_out               // 按键状态输出
);
    //-------------------------------------------------
    // 1.按键边沿检测
    //-------------------------------------------------
    logic [1:0]    key_in_reg;
    logic          key_in_pos;               // 按键上升沿
    logic          key_in_neg;               // 按键下降沿

    always_ff@(posedge clk, negedge reset_n)
        if(!reset_n)
            key_in_reg <= 2'b00;
        else
            key_in_reg <= {key_in_reg[0], key_in};

    assign key_in_pos = (key_in_reg == 2'b01) ? 1'b1 : 1'b0;
    assign key_in_neg = (key_in_reg == 2'b10) ? 1'b1 : 1'b0;


    //-------------------------------------------------
    // 2.消抖状态机设计
    //-------------------------------------------------
    /**
        @brief   状态参数定义
    */
    localparam     IDLE                = 4'b0001
                   FILTER_PRESS_STA    = 4'b0010
                   KEY_DOWN_STA        = 4'b0100
                   FILTER_RELEASE_STA  = 4'b1000
    /**
        @brief  参量定义
    */
    parameter   TIME_THRES_PAR = 32'd1_000_000;    // 定时 20ms
    // parameter   TIME_THRES_PAR = 32'd10;         // 10 个时钟周期

    /**变量定义 */
    logic   [ 3:0]  state;        // 状态
    logic   [31:0]  time_cnt;     // 定时器

    /**
        @brief   状态机
    */
    always_ff@(posedge clk, negedge reset_n)
        if(!reset_n)
            begin
                key_switch  <= 1'b0;
```

```
                key_out      <= key_in_reg[1];         // 输出当前采样状态
                state        <= IDLE;
        end
    else
        begin
            case(state)
                IDLE:                                   // 4'b0001
                    begin
                        key_switch <= 1'b0;     // 切换脉冲
                        key_out    <= key_out;  // 输出状态保持
                        if(key_in_neg)
                            state <= FILTER_PRESS_STA;
                        else
                            state <= IDLE;
                    end
                FILTER_PRESS_STA:                       // 4'b0010
                    begin
                        if(time_cnt == TIME_THRES_PAR)
                            key_switch <= 1'b1; //切换有效
                        else
                            key_switch <= 1'b0;

                        if(time_cnt > TIME_THRES_PAR)
                            key_out <= 1'b0;        // 将按键状态赋值为 0
                        else
                            key_out <= key_out;
                        if(key_in_pos)
                            begin
                                if(time_cnt > TIME_THRES_PAR)
                                    state <= KEY_DOWN_STA;
                                else
                                    state <= IDLE;
                            end
                        else
                            begin
                                if(time_cnt > TIME_THRES_PAR)
                                    state <= KEY_DOWN_STA;
                                else
                                    state <= FILTER_PRESS_STA;
                            end
                    end
                KEY_DOWN_STA:                           // 4'b0100
                    begin
                        key_switch <= 1'b0;
                        key_out    <= key_out;
                        if(key_in_pos)
                            state <= FILTER_RELEASE_STA;
                        else
```

```
                          state <= KEY_DOWN_STA;
                   end
               FILTER_RELEASE_STA: // 4'b1000
                   begin
                       if(time_cnt == TIME_THRES_PAR)
                           key_switch <= 1'b1;
                       else
                           key_switch <= 1'b0;

                       if(time_cnt > TIME_THRES_PAR)
                           key_out <= 1'b1;
                       else
                           key_out <= 1'b0;

                       if(key_in_neg)
                           begin
                               if(time_cnt > TIME_THRES_PAR)
                                   state <= IDLE;
                               else
                                   state <= KEY_DOWN_STA;
                           end
                       else
                           begin
                               if(time_cnt > TIME_THRES_PAR)
                                   state <= IDLE;
                               else
                                   state <= FILTER_RELEASE_STA;
                           end
                   end
               default:
                   begin
                       state      <= IDLE;
                       key_out <= key_in_reg[1];     // 采样当前的输入状态
                       key_switch <= 1'b0;           // 状态切换无效
                   end
           endcase
       end


//------------------------------------------------
// 3. 定时器设计
//------------------------------------------------
always_ff@(posedge clk, negedge reset_n)
    if(!reset_n)
        time_cnt <= 32'd0;
    else if((state == FILTER_PRESS_STA) || (state == FILTER_RELEASE_STA))
        time_cnt <= time_cnt + 1'b1;
    else                                            // 其他状态关闭定时器
```

```
        time_cnt <= 32'd0;
endmodule
```

5.3.4　仿真验证

编写仿真文件 key_filter_tb.sv，其内容如下。

```
`timescale  1ns / 1ns
`define      cycle 20
module key_filter_tb;
    logic   clk         ;   // 时钟：50MHz
    logic   reset_n     ;   // 复位，低电平有效
    logic   key_in      ;   // 按键状态输入
    wire    key_switch  ;   // 1 代表有效，0 代表无效
    wire    key_out     ;   // 按键状态输出
    key_filter key_filter(
    .clk        (clk        ),
    .reset_n    (reset_n    ),
    .key_in     (key_in     ),
    .key_switch (key_switch ),
    .key_out    (key_out    )
    );
    initial
        begin
            clk = 1'b1; forever #(`cycle/2) clk = ~clk;
        end
    initial
        begin
            reset_n = 1'b0; key_in = 1'b1; #(`cycle*5);
            reset_n = 1'b1; #(`cycle*5); key_in = 1'b1;
            #(`cycle*30);
            repeat(3)
                begin
                    repeat(7)  // case1: 按下抖动
                        begin
                            key_in = 1'b0; #( ({$random}%10) * `cycle);
                            key_in = 1'b1; #( ({$random}%10) * `cycle);
                        end
                    key_in = 1'b0; #(`cycle*500);

                    repeat(7) // case2: 释放抖动
                        begin
                            key_in = 1'b1; #( ({$random}%10) * `cycle);
                            key_in = 1'b0; #( ({$random}%10) * `cycle);
                        end
                    key_in = 1'b1; #(`cycle*500);
                end
            key_in = 1'b1; #(`cycle*300); $stop;
        end
endmodule
```

　　按照以上仿真代码设计仿真，设计完成后，在 Vivado 中启动仿真，其仿真结果如图 5-9 所示，在 key_in 按下和释放的过程中，key_out 均能输出正确的状态，在按键状态切换的过程中，key_switch 产生一个单周期脉冲，指示按键状态切换，仿真结果表明逻辑功能正确。按键消抖仿真结果细节如图 5-10 所示。

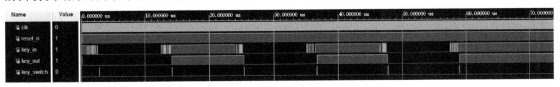

图 5-9　按键消抖整体仿真结果

图 5-10　按键消抖仿真结果细节

5.3.5　实际验证

　　本次实验不单独进行实际验证，其验证将集成到 5.5 节一起验证。

5.4　数码管显示驱动设计

5.4.1　数码管基础

　　数码管有 7 段数码管、8 段数码管、米字型数码管三种，电子设计中常用的数码管为 8 段数码管。数码管由于其价格与性能优势，因此在许多电子产品中仍然广泛使用，因此学习数码管的驱动显示原理依然必要，8 段数码管的结构图如图 5-11 所示。

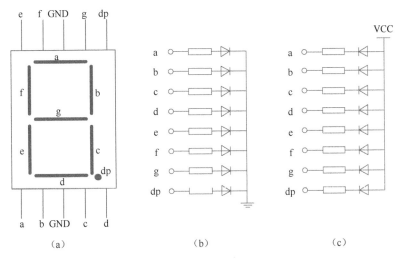

图 5-11　8 段数码管的结构图

　　8 段数码管分为共阴极与共阳极两种，共阴极的结构如图 5-11（b）所示，8 个数码管的阴极全部连在一起并接地,当要点亮其中一个 LED 时,只需要在对应 LED 的阳极输入高电平即可;共阳极数码管如图 5-11 (c) 所示,8 个数码管的阳极连在一起并与电源 VCC 相连,当要点亮其中一个 LED 时,只需要在对应的阴极输入低电平即可。通过控制数码管不同码段 LED 的亮灭,可以实现不同数字的显示,如要让数码管显示 1,只需要点亮 b、c 两段 LED 即可;要显示数字 5,只需要点亮 a、f、g、c、d 对应的 LED 即可。在不显示小数点的情况下,8 段共阳极数码管的显示编码如表 5-6 所示。

表 5-6　8 段共阳极数码管的显示编码(不点亮小数点)

序号	显示内容	段码(二进制)								段码(十六进制) (dp 为高位,a 段为低位)
		dp	g	f	e	d	c	b	a	
1	0	1	1	0	0	0	0	0	0	8'hC0
2	1	1	1	1	1	1	0	0	1	8'hF9
3	2	1	0	1	0	0	1	0	0	8'hA4
4	3	1	0	1	1	0	0	0	0	8'hB0
5	4	1	0	0	1	1	0	0	1	8'h99
6	5	1	0	0	1	0	0	1	0	8'h92
7	6	1	0	0	0	0	0	1	0	8'h82
8	7	1	1	1	1	1	0	0	0	8'hF8
9	8	1	0	0	0	0	0	0	0	8'h80
10	9	1	0	0	1	0	0	0	0	8'h90
11	a	1	0	0	0	1	0	0	0	8'h88
12	b	1	0	0	0	0	0	1	1	8'h83
13	c	1	1	0	0	0	1	1	0	8'hC6
14	d	1	0	1	0	0	0	0	1	8'hA1
15	e	1	0	0	0	0	1	1	0	8'h86
16	f	1	0	0	0	1	1	1	0	8'h8E

5.4.2　数码管的驱动设计原理

数码管的显示驱动方式有静态显示与动态显示两种。静态显示采用每一位数码管中的每一段用一个独立的 I/O 端口进行控制的方式,其输入数据为静态值,当需要修改显示数据时,才会改变输入数码管的显示编码,否则数码管的显示驱动编码将一直保持。动态扫描显示的方式:所有位的数码管的段码全部共用并联在一起,通过位选信号不断循环选中每一位数码管,每次只有一位数码管被选中。对于每一位数码管,只有当该位数码管被选中时,输入的段码才会生效,对于未选中的数码管,段码不会生效,当循环扫描的周期大于 10Hz 时,利用人眼的视觉停留效应,整体看上去数码管就像全部被稳定点亮一样,显示所有数字。

在芯路恒 AXC720 开发板上有两个 4 位 8 段数码管,其电路原理图如图 5-12 所示,采用两片 SN74HC595PWR 芯片对两个 4 位 8 段数码管进行驱动,其中一片用于控制数码管的位选信号 SEL,另一片用于控制数码管的段码 HEX_A~HEX_DP。FPGA 采用动态扫描显示,只需要控制每一次输出的位选信号中只有一位有效,段码驱动输出该位要显示的段码,并不断循环扫描,就可以实现 8 位数据显示。

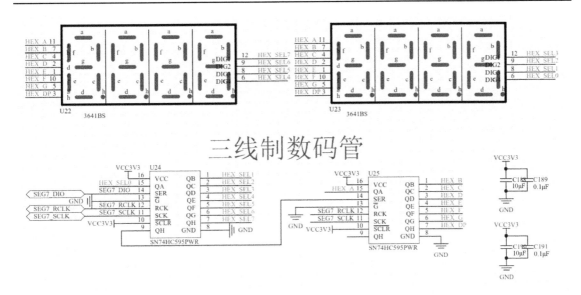

图 5-12　数码管的电路原理图

5.4.3　数码管扫描模块 SystemVerilog 实现

任务描述：在本次设计中，我们将用 FPGA 对数码管驱动芯片进行控制，实现 8 位数据动态扫描显示。根据需求，设计出数码管驱动顶层模块端口，如表 5-7 所示。根据功能实现需求，将数码管扫描模块拆分为扫描周期计数器、位选信号逻辑、段显数据三部分，详细设计讲解如下。

表 5-7　数码管扫描顶层模块端口描述

序号	名称	位宽	I/O	功能描述
1	clk	1bit	I	系统时钟输入，50MHz
2	reset_n	1bit	I	复位输入，低电平有效
3	data_in	32bit	I	待显示数据输入，每 4 位二进制控制一个显示位
4	bit_sel	8bit	O	位选信号输出
5	display_code	8bit	O	段码输出

1．扫描周期计数器设计

扫描周期计数器 scan_cnt 循环计数，当计数到设定值时清零，进行下一轮计数，周期性地产生移位使能脉冲信号 sel_shift_en；代码设计如下。

```
parameter   SCAN_PERIOD_PAR = 32'd5000;  // 输入数据选择 100μs 扫描周期（10kHz）

    logic [31:0]    scan_cnt;
    logic     sel_shift_en;                          // 位选信号移位使能脉冲

    /* 扫描周期控制 */
    always_ff@(posedge clk, negedge reset_n)
        if(!reset_n)
            scan_cnt <= 32'd0;
        else if(scan_cnt < (SCAN_PERIOD_PAR - 1'b1) )
```

```systemverilog
            scan_cnt <= scan_cnt + 1'b1;
        else
            scan_cnt <= 32'd0;

/* 位选移位使能脉冲生成 */
always_ff@(posedge clk, negedge reset_n)
    if(!reset_n)
        sel_shift_en <= 1'b0;
    else if(scan_cnt == (SCAN_PERIOD_PAR - 1'b1) )
        sel_shift_en <= 1'b1;
    else
        sel_shift_en <= 1'b0;
```

2. 位选信号设计

位选信号 bit_sel 在移位使能脉冲的作用下进行循环移位, 每一次移位使能脉冲 sel_shift_en 到来, bit_sel 就循环左移一位, bit_sel 的初始值为 8'h01, 只有一位数值为 1, 其余为 0, 因此在循环移位的过程中, 每一次只有一个数码管的位选信号有效而被点亮, 其余数码管熄灭。位选信号控制代码设计如下。

```systemverilog
always_ff@(posedge clk, negedge reset_n)
    if(!reset_n)
        bit_sel <= 8'h01;                        // 从第一位数码管开始选择(左高右低)
    else if(sel_shift_en)
        bit_sel <= {bit_sel[6:0], bit_sel[7]};  // 循环左移
    else
        bit_sel <= bit_sel;
```

3. 段显数据选择

段显数据选择用于根据输入的 4 位二进制数据, 选择对应的共阳极数码管显示该数字对应的段码输出, 代码设计如下。

```systemverilog
/* @brief 将待显示的 4 位二进制数据译码为段码状态输出*/
    always_comb
        begin
            case(segment_data)
                4'h0: display_code = 8'hC0;
                4'h1: display_code = 8'hF9;
                4'h2: display_code = 8'hA4;
                4'h3: display_code = 8'hB0;
                4'h4: display_code = 8'h99;
                4'h5: display_code = 8'h92;
                4'h6: display_code = 8'h82;
                4'h7: display_code = 8'hF8;
                4'h8: display_code = 8'h80;
                4'h9: display_code = 8'h90;
                4'hA: display_code = 8'h88;
                4'hB: display_code = 8'h83;
                4'hC: display_code = 8'hC6;
```

```
            4'hD: display_code = 8'hA1;
            4'hE: display_code = 8'h86;
            4'hF: display_code = 8'hBF;    // display "-"
            default: display_code = 8'hBF; // display "-"
        endcase
    end
//---------------------------------------------------
// 输出数据使能输出
//---------------------------------------------------
always_ff@(posedge clk, negedge reset_n)
    if(!reset_n)
        data_out_en <= 1'b0;
    else if(sel_shift_en)
        data_out_en <= 1'b1;
    else
        data_out_en <= 1'b0;
```

4. 整个 scan_driver.sv 设计

整个 scan_driver.sv 设计如下。

```
module scan_driver(
    input                    clk         ,  // 时钟：50MHz
    input                    reset_n     ,  // 复位，低电平有效
    input           [31:0]   data_in     ,  // 待显示数据输入，BCD 码输入
    input                    data_in_en  ,  // 待显示数据输入使能，1 代表有效
    output logic    [ 7:0]   bit_sel     ,  // 位选信号输出
    output logic    [ 7:0]   display_code,  // 显示译码输出
    output logic             data_out_en    // 数据输出使能，1 代表有效
);
    //---------------------------------------------------
    // 1. 扫描周期计数器
    //---------------------------------------------------
    parameter    SCAN_PERIOD_PAR = 32'd5000; // 输入数据选择 100μs 扫描周期（10kHz）

    logic [31:0]    scan_cnt;
    logic           sel_shift_en;                // 位选信号移位使能脉冲

    /* 扫描周期控制 */
    always_ff@(posedge clk, negedge reset_n)
        if(!reset_n)
            scan_cnt <= 32'd0;
        else if(scan_cnt < (SCAN_PERIOD_PAR - 1'b1) )
            scan_cnt <= scan_cnt + 1'b1;
        else
            scan_cnt <= 32'd0;

    /* 位选移位使能脉冲生成 */
    always_ff@(posedge clk, negedge reset_n)
```

```systemverilog
        if(!reset_n)
            sel_shift_en <= 1'b0;
        else if(scan_cnt == (SCAN_PERIOD_PAR - 1'b1) )
            sel_shift_en <= 1'b1;
        else
            sel_shift_en <= 1'b0;


//------------------------------------------------
// 2. 位选移位控制
//------------------------------------------------
always_ff@(posedge clk, negedge reset_n)
    if(!reset_n)
        bit_sel <= 8'h01;                        // 从第一位数码管开始选择(左高右低)
    else if(sel_shift_en)
        bit_sel <= {bit_sel[6:0], bit_sel[7]};  // 循环左移
    else
        bit_sel <= bit_sel;
//------------------------------------------------
// 3. data_in[31:0]段显数据选择
//------------------------------------------------
logic [ 3:0]segment_data;                        // 段显数据
logic [31:0]data_in_reg;                         // 显示数据寄存

/* 显示数据锁存 */
always_ff@(posedge clk, negedge reset_n)
    if(!reset_n)
        data_in_reg <= 32'd0;
    else if(data_in_en)
        data_in_reg <= data_in;
    else
        data_in_reg <= data_in_reg;

/* 显示数据按 4 位 BCD 码按位选择 */
always_comb
    begin
        case(bit_sel)
            8'h01: segment_data = data_in_reg[3:0];      // 最低位显示数据
            8'h02: segment_data = data_in_reg[7:4];
            8'h04: segment_data = data_in_reg[11:8];
            8'h08: segment_data = data_in_reg[15:12];
            8'h10: segment_data = data_in_reg[19:16];
            8'h20: segment_data = data_in_reg[23:20];
            8'h40: segment_data = data_in_reg[27:24];
            8'h80: segment_data = data_in_reg[31:28];    // 最高位段显数据
            default: segment_data = 4'h0;
        endcase
```

```
            end

    //------------------------------------------------
    // 4. 显示数据译码
    //------------------------------------------------
    /**
        @brief 将待显示的 4 位二进制数据译码为段码状态输出
    */
    always_comb
        begin
            case(segment_data)
                4'h0: display_code = 8'hC0;
                4'h1: display_code = 8'hF9;
                4'h2: display_code = 8'hA4;
                4'h3: display_code = 8'hB0;
                4'h4: display_code = 8'h99;
                4'h5: display_code = 8'h92;
                4'h6: display_code = 8'h82;
                4'h7: display_code = 8'hF8;
                4'h8: display_code = 8'h80;
                4'h9: display_code = 8'h90;
                4'hA: display_code = 8'h88;
                4'hB: display_code = 8'h83;
                4'hC: display_code = 8'hC6;
                4'hD: display_code = 8'hA1;
                4'hE: display_code = 8'h86;
                4'hF: display_code = 8'h8E;
                default: display_code = 8'hBF; // display "-"
            endcase
        end


    //------------------------------------------------
    // 5. 输出数据使能输出
    //------------------------------------------------
    always_ff@(posedge clk, negedge reset_n)
        if(!reset_n)
            data_out_en <= 1'b0;
        else if(sel_shift_en)
            data_out_en <= 1'b1;
        else
            data_out_en <= 1'b0;
endmodule
```

　　编写 Testbench 对 scan_driver.sv 进行仿真，结果如图 5-13 所示，由图 5-13 可知输入的待显示数据为"01234567"，bit_sel 位选信号不断移位，数值在 01、02、04、08、10、20、40、80 间循环，每选中一位，在 display_code 上就输出该位数字对应的共阳极数码管对应的段码。

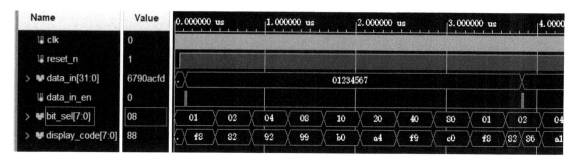

图 5-13   扫描模块仿真结果

5.4.4   SN74HC595 显示驱动设计

SN74HC595 为移位寄存器，为了使 8 位数码管能够显示 8 位数据，在设计中使用两片 SN74HC595 级联的方式驱动 8 位数码管，其中一片移位寄存器控制位选信号输出，另一片 SN74HC595 控制段码输出。整个 SN74HC595_driver.sv 显示驱动设计如下。

```
module SN74HC595_driver(
    input                  clk              ,    // 时钟：50MHz
    input                  reset_n          ,    // 复位，低电平有效
    input        [ 7:0]    bit_sel          ,    // 位选信号输出
    input        [ 7:0]    display_code     ,    // 显示译码输出
    input                  data_en          ,    // 输入数据使能 1: enable 0: disable
    output logic           shift_clk        ,    // 74HC595 移位寄存器时钟输出
    output logic           out_reg_clk      ,    // 74HC595 输出寄存器时钟输出
    output logic           serial_out            // 74HC595 串行数据输出
);
    //--------------------------------------------------------
    // 1. 显示数据锁存
    //--------------------------------------------------------
    logic [15:0]display_data;

    always_ff@(posedge clk, negedge reset_n)
        if(!reset_n)
            display_data <= 16'd0;
        else if(data_en)
            display_data <= {display_code,bit_sel};// 高位为段码，低位为位码
        else
            display_data <= display_data;


    //--------------------------------------------------------
    // 2. 生成 shift_clk 时钟
    //--------------------------------------------------------
    parameter    DIV_CNT_PAR = 32'd6;             // 50MHz 6 分频
    logic [31:0] div_cnt;                         // 分频计数器
    logic        shift_clk_pos;
    logic        shift_clk_neg;
    logic [ 1:0] shift_clk_buf;
```

```
always_ff@(posedge clk, negedge reset_n)
    if(!reset_n)
        div_cnt <= 32'd0;
    else if(div_cnt < (DIV_CNT_PAR/32'd2 - 1'b1) )
        div_cnt <= div_cnt + 32'd1;
    else
        div_cnt <= 32'd0;

always_ff@(posedge clk, negedge reset_n)
    if(!reset_n)
        shift_clk <= 1'b1;
    else if(div_cnt == 32'd0)
        shift_clk <= ~shift_clk;

/* shift_clk 边沿检测 */
always_ff@(posedge clk, negedge reset_n)
    if(!reset_n)
        shift_clk_buf <= 2'b00;
    else
        shift_clk_buf <= {shift_clk_buf[0],shift_clk};

assign shift_clk_pos    = (shift_clk_buf == 2'b01);
assign shift_clk_neg    = (shift_clk_buf == 2'b10);


//-------------------------------------------------------
// 3. 串行移位数据输出
//-------------------------------------------------------
parameter SHIFT_NUM_PAR = 8'd16;                // 移位数据次数
logic [7:0]shift_num_cnt;                       // 移位次数计数器
/* 数据顺序计数 */
always_ff@(posedge clk, negedge reset_n)
    if(!reset_n)
        shift_num_cnt <= 8'd0;
    else if(shift_clk_neg)
        if(shift_num_cnt == (SHIFT_NUM_PAR - 1'b1) )
            shift_num_cnt <= 8'd0;
        else
            shift_num_cnt <= shift_num_cnt + 8'd1;
    else
        shift_num_cnt <= shift_num_cnt;


/* 数据串行输出 */
always_ff@(posedge clk, negedge reset_n)
    if(!reset_n)
        serial_out <= 1'b0;
    else if(shift_clk_neg)                       // 下降沿输出准备数据
        serial_out <= display_data[8'd15 - shift_num_cnt];
```

```
    else
        serial_out <= serial_out;
//------------------------------------------------------
// 4. 输出寄存器时钟输出
//------------------------------------------------------
always_ff@(posedge clk, negedge reset_n)
    if(!reset_n)
        out_reg_clk <= 1'b0;
    else if((shift_num_cnt == 8'd0) && shift_clk_neg )
        out_reg_clk <= 1'b1;
    else if((shift_num_cnt == 8'd1) && shift_clk_neg )
        out_reg_clk <= 1'b0;
    else
        out_reg_clk <= out_reg_clk;
endmodule
```

5.4.5　实际验证

对工程进行引脚分配，编译整个工程并生成 bit 文件，将生成的 bit 文件下载到开发板上的 FPGA 中，数码管显示实际验证如图 5-14 所示。

图 5-14　数码管显示实际验证

5.5　数字时钟设计

在本节我们将利用第 5.4 节和第 5.5 节所学的内容设计一个基本的综合数字系统——数字时钟，通过设计数字时钟，可以加深我们对 FPGA 硬件程序设计的理解，同时也让我们知道怎样进行模块程序的开发设计。数字时钟作为经典电子设备，贯穿于我们的生活，下面将按照一个项目从研制任务下达到设计实现的流程来描述设计过程，培养我们的工程化思维与设计习惯。

5.5.1　任务描述

设计一个数字时钟，用 8 位 8 段数码管依次显示数字时钟的时（hour）、分（minute）、秒（second）数据，并可通过按键对时、分、秒数据进行调节，每按一次，对应的数据就加 1，加满溢出后，自动清零，开始新一轮的设置。

5.5.2　需求分析

1．显示功能分析

将数码管作为数字时钟显示界面，其显示界面示意图如图 5-15 所示，从左向右，第 1、2 个数码管用于显示小时数值，第 3 个数码管用于显示"—"，第 4、5 个数码管用于显示分数值，第 6 个数码管用于显示"—"，第 7、8 个数码管用于显示秒数值。

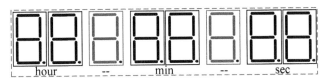

图 5-15　数码管显示界面示意图

2．按键功能分析

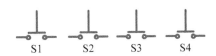

采用 4 个按键对数字时钟进行设置，按键结构示意图如图 5-16 所示，S1 用于对时进行设置，S2 用于对分进行设置，S3 用于对秒进行设置，S1、S2、S3 每被按下一次，对应的数值就加 1。S4 为模式切换按键，第一次被按下进入设置状态，第二次被按下退出设置状态，数字时钟开始正常工作。

图 5-16　按键结构示意图

3．逻辑分析

根据实际需求，设计出数字时钟的逻辑结构框图，如图 5-17 所示。

图 5-17　数字时钟的逻辑结构框图

（1）按键滤波模块：用于对独立按键的输入进行滤波，消除抖动。

（2）按键控制模块：用于接收滤波模块产生的按键输出，检测输出的下降沿，并产生单周期脉冲输出。

（3）时钟处理模块：处于正常模式时完成正常的走时功能，当按下模式切换按键 S4 时，进入配置状态，此时数字时钟停止走时，通过 S1、S2、S3 可对时、分、秒的数值进行设置；当处于正常走时模式时，即使按下 S1、S2、S3，也无法设置时、分、秒数值，只有进入配置模式才能设置。

（4）BCD 码转换模块：用于实现将十进制格式下的各位数字转换为对应的 BCD 码。

（5）数码管显示模块：用于将 BCD 码转换模块的输出在数码管上显示输出。

5.5.3　逻辑功能实现

1．按键控制模块实现

按键控制模块用于接收按键滤波模块的输出，并对按键滤波模块输出信号的下降沿进行检测，生成单周期脉冲信号，当相应按键被按下时，按键控制模块对应端口输出一次单周期高脉冲信号，按键控制模块的顶层端口描述如表 5-8 所示。

表 5-8   按键控制模块的顶层端口描述

序号	名称	位宽	I/O	功能描述
1	clk	1bit	I	系统时钟输入，50MHz
2	reset_n	1bit	I	复位输入，低电平有效
3	s1_key_in	1bit	I	S1 按键滤波后输入
4	s2_key_in	1bit	I	S2 按键滤波后输入
5	s3_key_in	1bit	I	S3 按键滤波后输入
6	s4_key_in	1bit	I	S4 按键滤波后输入
7	s1_pulse_neg	1bit	O	S1 按键被按下后单周期高脉冲输出
8	s2_pulse_neg	1bit	O	S2 按键被按下后单周期高脉冲输出
9	s3_pulse_neg	1bit	O	S3 按键被按下后单周期高脉冲输出
10	s4_pulse_neg	1bit	O	S4 按键被按下后单周期高脉冲输出

    首先对滤波模块的输出缓存三拍同步化，然后取 sx_key_in_buf 的最高两位对滤波输出的下降沿进行检测，当下降沿到来时，sx_pulse_neg 信号就输出一个单周期的高脉冲，表示按键被按下一次。按键控制模块 key_ctrl.sv 的代码设计如下。

```systemverilog
module key_ctrl(
    input         clk          ,   // 时钟:50MHz
    input         reset_n      ,   // 复位,低电平有效
    input         s1_key_in    ,   // key1 输入
    input         s2_key_in    ,   // key2 输入
    input         s3_key_in    ,   // key3 输入
    input         s4_key_in    ,   // key4 输入
    output logic  s1_pulse_neg ,   // 单周期高电平脉冲
    output logic  s2_pulse_neg ,   // 单周期高电平脉冲
    output logic  s3_pulse_neg ,   // 单周期高电平脉冲
    output logic  s4_pulse_neg     // 单周期高电平脉冲
);
    //-----------------------------------------------
    // 1. 按键输入状态缓存
    //-----------------------------------------------
    logic [2:0] s1_key_in_buf;
    logic [2:0] s2_key_in_buf;
    logic [2:0] s3_key_in_buf;
    logic [2:0] s4_key_in_buf;
    always_ff@(posedge clk, negedge reset_n)
        if(!reset_n)
            begin
                s1_key_in_buf <= 3'd0;
                s2_key_in_buf <= 3'd0;
                s3_key_in_buf <= 3'd0;
                s4_key_in_buf <= 3'd0;
            end
        else
            begin
                s1_key_in_buf <= {s1_key_in_buf[1:0],s1_key_in};
```

```
            s2_key_in_buf <= {s2_key_in_buf[1:0],s2_key_in};
            s3_key_in_buf <= {s3_key_in_buf[1:0],s3_key_in};
            s4_key_in_buf <= {s4_key_in_buf[1:0],s4_key_in};
        end
//------------------------------------------------
// 2．按键下降沿脉冲检测产生
//------------------------------------------------
assign s1_pulse_neg = (s1_key_in_buf[2:1] == 2'b10) ? 1'b1 : 1'b0;
assign s2_pulse_neg = (s2_key_in_buf[2:1] == 2'b10) ? 1'b1 : 1'b0;
assign s3_pulse_neg = (s3_key_in_buf[2:1] == 2'b10) ? 1'b1 : 1'b0;
assign s4_pulse_neg = (s4_key_in_buf[2:1] == 2'b10) ? 1'b1 : 1'b0;
endmodule
```

2．时钟控制模块实现

时钟控制模块用于实现数字时钟的自动走时控制，以及按键对时、分、秒调节的控制逻辑。在正常工作模式下，按下时、分、秒、设置按键无法对时间进行设置调节，要对时、分、秒进行调节，需要先按下模式设置按键，进入配置模式，复位后系统默认为正常模式。当进入配置模式后，数字时钟停止走时，按时、分、秒设置按键可以对时、分、秒进行调节，每按下一次时、分、秒设置按键，相应的数值加 1，加满后溢出回到 0，继续按设置按键，又从 1开始加 1，时钟控制模块的顶层端口描述如表 5-9 所示。

表 5-9　时钟控制模块的顶层端口描述

序号	名称	位宽	I/O	功能描述
1	clk	1bit	I	系统时钟输入，50MHz
2	reset_n	1bit	I	复位输入，低电平有效
3	hour_set	1bit	I	时设置输入，单周期脉冲信号，高电平有效
4	min_set	1bit	I	分设置输入，单周期脉冲信号，高电平有效
5	sec_set	1bit	I	秒设置输入，单周期脉冲信号，高电平有效
6	mode_set	1bit	I	模式设置输入，单周期脉冲信号，高电平有效
7	hour	5bit	O	时数值输出
8	minute	8bit	O	分数值输出
9	second	8bit	O	秒数值输出

下面对时钟控制模块 time_ctrl.sv 的代码按设计思路进行逐一讲解。

（1）模式控制设计。

系统上电或复位后默认处于工作模式：cfg_mode = 1'b0，模式设置按键 mode_set 每被按下一次，时钟控制模块就在工作模式与配置模式之间切换一次。

```
logic cfg_mode = 1'b0;  // 0 代表 work_mode, 1 代表 cfg_mode

always_ff@(posedge clk, negedge reset_n)
    if(!reset_n)
        cfg_mode <= 1'b0;
    else if(mode_set)
        cfg_mode <= ~cfg_mode;
    else
        cfg_mode <= cfg_mode;
```

（2）秒脉冲生成设计。

使用秒计数器 second_cnt 不断循环定时 1s，当其加到设定的 1s 时，自动清零，不断循环计数。秒脉冲信号 second_pulse 在每一秒定时满的时刻，产生一个单周期高脉冲。

```
logic [31:0] second_cnt;           // 秒计数器
logic        second_pulse;         // 秒脉冲

always_ff@(posedge clk, negedge reset_n)
    if(!reset_n)
        second_cnt <= 32'd0;
    else if(second_cnt < ONE_SECOND_PAR - 1'b1)
        second_cnt <= second_cnt + 1'b1;
    else
        second_cnt <= 32'd0;

always_ff@(posedge clk, negedge reset_n)
    if(!reset_n)
        second_pulse <= 1'b0;
    else if( (second_cnt == ONE_SECOND_PAR - 1'b1) && (~cfg_mode) )
        second_pulse <= 1'b1;
    else
        second_pulse <= 1'b0;
```

（3）秒数值控制。

当系统处于配置模式 cfg_mode = 1'b1 时，秒脉冲 second_pulse 不再产生，此时秒数值的修改受控于 sec_set 控制，sec_set 的值每等于一次 1，second 的值就加 1，时钟控制模块回到正常工作模式，second 的值在每一次秒脉冲 second_pulse 有效时就加 1。

```
always_ff@(posedge clk,negedge reset_n)
    if(!reset_n)
        second <= 8'd0;
    else if(sec_set && cfg_mode)        // 配置模式设置
        begin
            if(second == 8'd59)
                second <= 8'd0;
            else
                second <= second + 1'b1;
        end
    else if(second_pulse)               // 正常模式走时
        begin
            if(second == 8'd59)
                second <= 8'd0;
            else
                second <= second + 1'b1;
        end
    else
        second <= second;
```

（4）分数值控制。

当 cfg_mode = 1'b1 时，时钟处于配置模式，minute 值的改变受控于 min_set，min_set 每有效一次，minute 的值就加 1；cfg_mode = 1'b0 时，时钟处于正常模式，当 second = 8'd59 且 second_pulse = 1'b1 时，minute 加 1。

```
always_ff@(posedge clk, negedge reset_n)
      if(!reset_n)
          minute <= 8'd0;
      else if(min_set && cfg_mode)                    // 配置模式设置
          begin
              if(minute == 8'd59)
                  minute <= 8'd0;
              else
                  minute <= minute + 1'b1;
          end
      else if( (second == 8'd59) && second_pulse)// 正常模式走时
          begin
              if(minute == 8'd59)
                  minute <= 8'd0;
              else
                  minute <= minute + 1'b1;
          end
      else
          minute <= minute;
```

（5）时数值控制。

当 cfg_mode = 1'b1 时，时钟处于配置模式，hour 值的改变受控于 hour_set，hour_set 每有效一次，hour 的值就加 1；cfg_mode = 1'b0 时，时钟处于正常模式，当 minute ==8'd59、second = 8'd59 且 second_pulse = 1'b1 时，hour 加 1。

```
always_ff@(posedge clk, negedge reset_n)
      if(!reset_n)
          hour <= 5'd0;
      else if(hour_set && cfg_mode)
          begin
              if(hour == 5'd23)
                  hour <= 5'd0;
              else
                  hour <= hour + 1'b1;
          end
      else if( (minute == 8'd59) && (second == 8'd59) && second_pulse)
          begin
              if(hour == 5'd23)
                  hour <= 5'd0;
              else
                  hour <= hour + 1'b1;
          end
      else
          hour <= hour;
```

整个 time_ctrl.sv 设计如下。

```systemverilog
module time_ctrl #(
parameter   ONE_SECOND_PAR = 50_000_000 // 定时：1s
) (
    input           clk         ,       // 时钟：50MHz
    input           reset_n     ,       // 复位，低电平有效
    input           hour_set    ,       // 单周期信号，高电平有效
    input           min_set     ,       // 单周期信号，高电平有效
    input           sec_set     ,       // 单周期信号，高电平有效
    input           mode_set    ,       // 单周期信号，高电平有效
    output logic [4:0]  hour    ,       // 时数值输出
    output logic [7:0]  minute  ,       // 分数值输出
    output logic [7:0]  second          // 秒数值输出
);
    //--------------------------------------------------
    // 1. 模式控制
    //--------------------------------------------------
    logic cfg_mode = 1'b0;  // 0: work_mode      1:cfg_mode
    always_ff@(posedge clk, negedge reset_n)
        if(!reset_n)
            cfg_mode <= 1'b0;
        else if(mode_set)
            cfg_mode <= ~cfg_mode;
        else
            cfg_mode <= cfg_mode;


    //--------------------------------------------------
    // 2. 生成1s脉冲
    //--------------------------------------------------
    logic [31:0]second_cnt;             // 秒计数器
    logic       second_pulse;           // 秒脉冲
    always_ff@(posedge clk, negedge reset_n)
        if(!reset_n)
            second_cnt <= 32'd0;
        else if(second_cnt < ONE_SECOND_PAR - 1'b1)
            second_cnt <= second_cnt + 1'b1;
        else
            second_cnt <= 32'd0;

    always_ff@(posedge clk, negedge reset_n)
        if(!reset_n)
            second_pulse <= 1'b0;
        else if( (second_cnt == ONE_SECOND_PAR - 1'b1) && (~cfg_mode) )
            second_pulse <= 1'b1;
        else
            second_pulse <= 1'b0;


    //--------------------------------------------------
```

```systemverilog
// 3. 秒控制
//----------------------------------------------------
always_ff@(posedge clk,negedge reset_n)
    if(!reset_n)
        second <= 8'd0;
    else if(sec_set && cfg_mode)
        begin
            if(second == 8'd59)
                second <= 8'd0;
            else
                second <= second + 1'b1;
        end
    else if(second_pulse)
        begin
            if(second == 8'd59)
                second <= 8'd0;
            else
                second <= second + 1'b1;
        end
    else
        second <= second;


//----------------------------------------------------
// 4. 分控制
//----------------------------------------------------
always_ff@(posedge clk, negedge reset_n)
    if(!reset_n)
        minute <= 8'd0;
    else if(min_set && cfg_mode)                        // 配置模式设置
        begin
            if(minute == 8'd59)
                minute <= 8'd0;
            else
                minute <= minute + 1'b1;
        end
    else if( (second == 8'd59) && second_pulse)// 正常模式走时
        begin
            if(minute == 8'd59)
                minute <= 8'd0;
            else
                minute <= minute + 1'b1;
        end
    else
        minute <= minute;


//----------------------------------------------------
// 5. 时控制
//----------------------------------------------------
```

```
    always_ff@(posedge clk, negedge reset_n)
        if(!reset_n)
            hour <= 5'd0;
        else if(hour_set && cfg_mode)          // 配置模式设置
            begin
                if(hour == 5'd23)
                    hour <= 5'd0;
                else
                    hour <= hour + 1'b1;
            end
        else if( (minute == 8'd59) && (second == 8'd59) && second_pulse)
            begin
                if(hour == 5'd23)
                    hour <= 5'd0;
                else
                    hour <= hour + 1'b1;
            end
        else
            hour <= hour;
endmodule
```

编写 Testbench：time_ctrl_tb.sv 对 time_ctrl 模块进行仿真，Testbench 的内容如下所示，仿真时，将 ONE_SECOND_PAR 参数值设置为 5。

```
`timescale 1ns / 1ns
`define cycle 10

module time_ctrl_tb;
    logic           clk         ;    // 时钟：50MHz
    logic           reset_n     ;    // 复位，低电平有效
    logic           hour_set    ;    // 单周期脉冲信号
    logic           min_set     ;    // 单周期脉冲信号
    logic           sec_set     ;    // 单周期脉冲信号
    logic           mode_set    ;    // 单周期脉冲信号
    wire    [4:0]   hour        ;    // 时数值输出
    wire    [7:0]   minute      ;
    wire    [7:0]   second      ;

time_ctrl #(.ONE_SECOND_PAR(5)        // 定时：1s
    ) time_ctrl(
    .clk        (clk        ),
    .reset_n    (reset_n    ),
    .hour_set   (hour_set   ),
    .min_set    (min_set    ),
    .sec_set    (sec_set    ),
    .mode_set   (mode_set   ),
    .hour       (hour       ),
    .minute     (minute     ),
    .second     (second     )
```

```
    );
    initial
        begin
            clk = 1'b1;
            forever #(`cycle/2) clk = ~clk;
        end


    initial
        begin
            reset_n = 1'b0;
            hour_set = 1'b0; min_set = 1'b0; sec_set = 1'b0;
            mode_set = 1'b0; #(`cycle*5);
            reset_n = 1'b1; #(`cycle*200);
            mode_set = 1'b1; #(`cycle*1); mode_set = 1'b0;
            #(`cycle*15);

            repeat(23)
                begin
                    hour_set = 1'b1; #(`cycle*1);
                    hour_set = 1'b0; #(`cycle*7);
                end
            repeat(56)
                begin
                    min_set = 1'b1; #(`cycle*1);
                    min_set = 1'b0; #(`cycle*7);
                end
            #(`cycle*30); mode_set  = 1'b1;
            #(`cycle*1); mode_set   = 1'b0;
            #(`cycle*200);

            $stop;
        end
endmodule
```

　　仿真结果如图 5-18、图 5-19 和图 5-20 所示，由图 5-18 可知，正常模式下，秒自动走时功能正确；当按下模式切换按键后，进入配置模式，由图 5-19 和图 5-20 可知，小时、分设置功能正确。

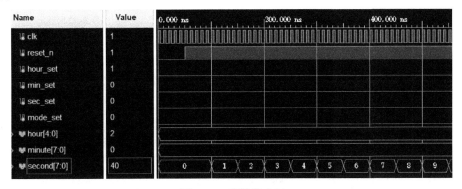

图 5-18　秒数值走时

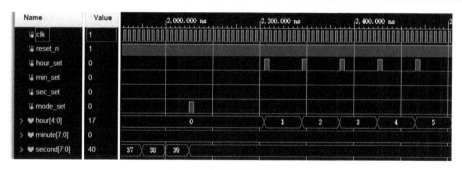

图 5-19　时数值按键加 1

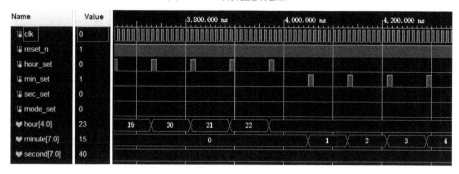

图 5-20　分数值按键加 1

3. BCD 码转换模块实现

BCD 码转换模块 BCD_code.sv 用于将十进制表示的每一位数据转换为 4 位二进制数据，便于给数码管显示驱动模块 scan_driver.sv 提供数据输入，BCD 码转换模块的顶层端口描述如表 5-10 所示。

表 5-10　BCD 码转换模块的顶层端口描述

序号	名称	位宽	I/O	功能描述
1	clk	1bit	I	系统时钟输入，50MHz
2	reset_n	1bit	I	复位输入，低电平有效
3	hour	5bit	I	时数值输入
4	minute	8bit	I	分数值输入
5	second	8bit	I	秒数值输入
6	hour_BCD	8bit	O	时 BCD 码输出
7	minute_BCD	8bit	O	分 BCD 码输出
8	second_BCD	8bit	O	秒 BCD 码输出

整个 BCD_code.sv 设计如下。

```
module BCD_code(
    input              clk     ,    // 时钟：50MHz
    input              reset_n ,    // 复位，低电平有效
    input        [4:0] hour    ,    // 时数值输入
    input        [7:0] minute  ,    // 分数值输入
    input        [7:0] second  ,    // 秒数值输入
    output logic [7:0] hour_BCD   , // 时 BCD 码输出
    output logic [7:0] minute_BCD , // 分 BCD 码输出
```

```
    output logic [7:0]  second_BCD              // 秒 BCD 码输出
);
//------------------------------------------------
// 1. 分离出十位、个位
//------------------------------------------------
logic [4:0]hour_bit_1;
logic [4:0]hour_bit_0;
logic [7:0]minute_bit_1;
logic [7:0]minute_bit_0;
logic [7:0]second_bit_1;
logic [7:0]second_bit_0;

always_ff@(posedge clk, negedge reset_n)
    if(!reset_n)
        begin
            hour_bit_1 <= 5'd0; hour_bit_0 <= 5'd0;
            minute_bit_1 <= 8'd0; minute_bit_0 <= 8'd0;
            second_bit_1 <= 8'd0; second_bit_0 <= 8'd0;
        end
    else
        begin
            hour_bit_1  <= hour / 32'd10;
            hour_bit_0  <= hour % 32'd10;
            minute_bit_1   <= minute/32'd10;
            minute_bit_0   <= minute%32'd10;
            second_bit_1   <= second/32'd10;
            second_bit_0   <= second%32'd10;
        end

//------------------------------------------------
// 2.BCD 码输出
//------------------------------------------------
assign hour_BCD    = {hour_bit_1[3:0],hour_bit_0[3:0]};
assign minute_BCD  = {minute_bit_1[3:0],minute_bit_0[3:0]};
assign second_BCD  = {second_bit_1[3:0],second_bit_0[3:0]};
endmodule
```

编写 Testbench：BCD_code_tb.sv 对 BCD_code 模块进行仿真，Testbench 的内容如下所示。

```
module BCD_code_tb;
    logic          clk        ;        // 时钟：50MHz
    logic          reset_n    ;        // 复位，低电平有效
    logic   [4:0]  hour       ;        // 时数值输入
    logic   [7:0]  minute     ;        // 分数值输入
    logic   [7:0]  second     ;        // 秒数值输入
    wire    [7:0]  hour_BCD   ;        // 时 BCD 码输出
    wire    [7:0]  minute_BCD ;        // 分 BCD 码输出
    wire    [7:0]  second_BCD ;        // 秒 BCD 码输出
```

```
BCD_code BCD_code(
.clk            (clk            ),
.reset_n        (reset_n        ),
.hour           (hour           ),
.minute         (minute         ),
.second         (second         ),
.hour_BCD       (hour_BCD       ),
.minute_BCD     (minute_BCD     ),
.second_BCD     (second_BCD     )
);

initial
    begin
        clk = 1'b1; forever #(`cycle/2) clk = ~clk;
    end
initial
    begin
        reset_n = 1'b0;
        hour = 5'd5; minute = 8'd6; second = 8'd15; #(`cycle*5);
        reset_n = 1'b1; #(`cycle*5);
        hour = 5'd4;    minute = 8'd21;    second = 8'd25; #(`cycle*5);
        hour = 5'd23; minute = 8'd45;    second = 8'd27; #(`cycle*5);
        hour = 5'd10; minute = 8'd59;    second = 8'd55; #(`cycle*5);
        $stop;
    end
```

在仿真后的结果中，将 hour[4:0]、minute[7:0]、second[7:0]设置为十进制显示格式，将 hour_BCD[7:0]、minute_BCD[7:0]、second_BCD[7:0]设置为十六进制显示格式，从图 5-21 可知，时、分、秒的各位数字在十进制格式下与十六进制格式对应相同，这说明 BCD 码转换设计逻辑正确。

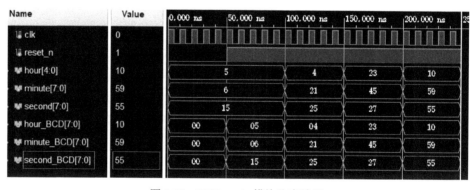

图 5-21   BCD_code 模块仿真结果

4．数字时钟顶层实现

数字时钟的顶层模块用于将各个功能模块进行连接，实现各个子模块之间交互数据的传输与整合，其端口描述如表 5-11 所示。

表 5-11 数字时钟顶层模块端口描述

序号	名称	位宽	I/O	功能描述
1	clk	1bit	I	系统时钟输入，50MHz
2	reset_n	1bit	I	复位输入，低电平有效
3	key_in	4bit	I	4 个按键输入
4	shift_clk	1bit	O	SN74HC595 移位寄存器时钟输出
5	out_reg_clk	1bit	O	SN74HC595 输出寄存器时钟输出
6	serial_out	1bit	O	SN74HC595 串行数据输出

按照模块化分层设计的思想，对功能模块进行拆分，整个数字时钟的顶层模块 digital_clock_top.sv 设计如下，其中 key_filter 模块、scan_driver 模块、SN74HC595_driver 模块的设计在第 5.3 节和 5.4 节中已经给出，这里不再描述。

```
module digital_clock_top(
    input           clk      ,    // 时钟:50MHz
    input           reset_n ,     // 复位，低电平有效
    input    [3:0]  key_in  ,     // 按键输入
    output          shift_clk  ,  // 移位寄存器时钟输出
    output          out_reg_clk , // 输出寄存器时钟输出
    output          serial_out    // 串行数据输出
);
    // key control
    wire [3:0]  key_out     ;
    wire [3:0]  key_pulse   ;

    // time variable
    wire [4:0]  hour        ;
    wire [7:0]  minute      ;
    wire [7:0]  second      ;

    // BCD code
    wire [7:0]  hour_BCD    ;
    wire [7:0]  minute_BCD  ;
    wire [7:0]  second_BCD  ;

    // 显示数据二进制输入
    wire [31:0] data_in         ;
    wire        data_in_en      ;
    wire [ 7:0] bit_sel         ;
    wire [ 7:0] display_code    ;
    wire        data_out_en     ;

    //-----------------------------------------------
    // 1. 按键控制模块例化
```

```
//-------------------------------------------------
genvar i;
generate for(i=0; i<4; i=i+1)
    begin: u0_key_filter
        key_filter key_filter(
        .clk            (clk                ),
        .reset_n        (reset_n            ),
        .key_in         (key_in[i]          ),
        .key_switch     (                   ),
        .key_out        (key_out[i]         )
        );
    end
endgenerate


key_ctrl u1_key_ctrl(
.clk            (clk                ),
.reset_n        (reset_n            ),
.s1_key_in      (key_out[0]         ),
.s1_key_in      (key_out[0]         ),
.s2_key_in      (key_out[1]         ),
.s3_key_in      (key_out[2]         ),
.s4_key_in      (key_out[3]         ),
.s1_pulse_neg   (key_pulse[0]       ),
.s2_pulse_neg   (key_pulse[1]       ),
.s3_pulse_neg   (key_pulse[2]       ),
.s4_pulse_neg   (key_pulse[3]       )
);
//-------------------------------------------------
// 2. 时间控制模块例化
//-------------------------------------------------
time_ctrl #(
.ONE_SECOND_PAR(32'd50_000_000) // 定时: 1s
)
u2_time_ctrl(
.clk        (clk            ),
.reset_n    (reset_n        ),
.hour_set   (key_pulse[0]   ),
.min_set    (key_pulse[1]   ),
.sec_set    (key_pulse[2]   ),
.mode_set   (key_pulse[3]   ),
.hour       (hour           ),
.minute     (minute         ),
.second     (second         )
);
```

```
//------------------------------------------------
// 3. BCD 码模块例化
//------------------------------------------------
BCD_code u3_BCD_code(
    .clk            (clk            ),
    .reset_n        (reset_n        ),
    .hour           (hour           ),
    .minute         (minute         ),
    .second         (second         ),
    .hour_BCD       (hour_BCD       ),
    .minute_BCD     (minute_BCD     ),
    .second_BCD     (second_BCD     )
);

assign data_in = {hour_BCD, 4'hF, minute_BCD, 4'hF, second_BCD};


//------------------------------------------------
// 4. 显示模块例化
//------------------------------------------------
scan_driver u4_scan_driver(
    .clk            (clk            ),
    .reset_n        (reset_n        ),
    .data_in        (data_in        ),
    .data_in_en     (1'b1           ),
    .bit_sel        (bit_sel        ),
    .display_code   (display_code   ),
    .data_out_en    (data_out_en    )
);
SN74HC595_driver u5_SN74HC595_driver(
    .clk            (clk            ),
    .reset_n        (reset_n        ),
    .bit_sel        (bit_sel        ),
    .display_code   (display_code   ),
    .data_en        (data_out_en    ),
    .shift_clk      (shift_clk      ),
    .out_reg_clk    (out_reg_clk    ),
    .serial_out     (serial_out     )
);
endmodule
```

5.5.4 实际验证

对整个工程进行编译，按照开发板的硬件引脚对工程进行引脚分配，如图 5-22 所示，编译后将程序下载到 FPGA 中，数字时钟的实际运行结果如图 5-23 所示。

e	Direction	Neg Diff Pair	Package Pin	Fixed	Bank	I/O Std
All ports (9)						
key_in (4)	IN			✓	16	LVCMOS33*
key_in[3]	IN		A21	✓	16	LVCMOS33*
key_in[2]	IN		B20	✓	16	LVCMOS33*
key_in[1]	IN		A20	✓	16	LVCMOS33*
key_in[0]	IN		F15	✓	16	LVCMOS33*
Scalar ports (5)						
clk	IN		Y18	✓	14	LVCMOS33*
out_reg_clk	OUT		C2	✓	35	LVCMOS33*
reset_n	IN		B21	✓	16	LVCMOS33*
serial_out	OUT		M18	✓	15	LVCMOS33*
shift_clk	OUT		F4	✓	35	LVCMOS33*

图 5-22   引脚分配

图 5-23   数字时钟的实际运行结果

第 6 章　FPGA 常用的设计规范与方法

本章将讲解 FPGA 常用的设计规范与方法，作为 FPGA 开发设计的初学者或工程师，掌握基本的设计规范可以降低设计出错的概率，提高程序稳定性。任何一个工程领域，设计规范与方法都有很多，掌握其中最基本、最重要的部分，对我们以后的学习与设计工作有很大的帮助。下面我们将对 FPGA 设计中重要的规范与方法进行讲解。

6.1　复位设计

数字电子系统都是由基本的触发器（Flip-Flop）、寄存器（Register）等构成的，电子系统在开始运行时，基本都需要从一个确定的初始状态开始运行，而这个初始状态的设定，通常通过复位电路实现；当 CPU、ASIC、FPGA 等数字芯片在运行过程中进入异常状态后，需要将芯片纠正回正常的工作状态，也需要借助复位电路实现，因此复位电路是数字系统的重要组成部分。根据是否依赖于时钟信号控制进行分类，将复位分为同步复位与异步复位两种，下面对这两个概念进行解释。

（1）同步复位：当复位信号有效时，系统并不能立即复位，只有当同步时钟的有效沿（可以是上升沿或下降沿）到来时，系统才能复位。

（2）异步复位：当复位信号有效时，系统立即复位，不需要同步时钟有效沿到来。

6.1.1　同步复位设计

同步复位且复位信号低电平有效的设计代码如下，其复位信号不能放在敏感信号列表中，否则就成了异步复位了。

```
module sync_reset(
    input           clk     ,
    input           reset_n ,
    input           din     ,
    output logic    d_out_1 ,
);
    //--------------------------------
    // 同步复位输出
    //--------------------------------
    always_ff@(posedge clk)      // 复位信号没有在敏感信号列表中
        if(!reset_n)
            d_out_1 <= 1'b0;
        else
            d_out_1 <= din;
endmodule
```

同步复位的优点如下。

（1）确保电路为纯时序电路，可以轻松地被静态时序分析工具分析。

（2）电路状态变化受控于时钟信号，易于进行逻辑仿真。

同步复位的缺点如下。

（1）对复位脉冲的宽度有一定的要求，以保证复位信号到来时能够被工作时钟有效采样，因此对于窄复位脉冲，可能需要脉冲扩展器，消耗额外的逻辑资源。

（2）相对于异步复位，同步复位到达同一个寄存器的速度相对较慢。

（3）当系统工作时钟出现故障时，即使复位信号有效，也可能导致系统无法正常复位。

6.1.2　异步复位设计

异步复位且复位信号低电平有效的设计代码如下，复位信号出现在敏感信号列表中。

```
module async_reset(
    input           clk     ,
    input           reset_n ,
    input           din     ,
    output logic    d_out_1
);
    //--------------------------------
    // 异步复位输出
    //--------------------------------
    always_ff@(posedge clk, negedge reset_n)  // 复位信号在敏感列表中
        if(!reset_n)
            d_out_1 <= 1'b0;
        else
            d_out_1 <= din;
endmodule
```

异步复位的优点如下。

（1）由于异步复位与系统时钟信号无关，因此异步复位对复位脉冲的宽度无要求。

（2）与同步复位不同，对于异步复位，只要复位信号到来，即可生效，没有任何等待延迟。

（3）系统时钟出现故障时，异步复位仍然可以正常复位。

异步复位的缺点如下。

当异步复位信号释放（release）时，由于复位信号延迟路径与同步时钟延迟路径的不同，因此导致不同的寄存器对复位信号采样的结果不同，致使复位释放瞬间，有的寄存器处于复位状态，有的寄存器进入正常工作状态，从而出现亚稳态现象；如果设计中含有状态机，那么亚稳态的出现可能导致状态机进入异常状态卡死。

亚稳态：对同一个输入信号，后级的触发器对其采样为 0 或 1，我们并不关心，只要采样到的结果相同即可，因为采样结果相同，我们后续的计算才会正确，若出现亚稳态，则会导致后级触发器有的采样到 0，有的采样到 1，从而出现同一个信号的采样结果不同的现象。

6.1.3　异步复位同步释放

针对复位释放时异步复位存在的缺点，在设计中使用异步复位同步释放的方式消除异步复位在释放时产生的亚稳态现象，异步复位同步释放且复位为低电平有效的代码设计如下。

```
module async_sync_reset(
    input                   clk     ,
    input                   reset_n ,
    input           [7:0]   d_in    ,
    output logic    [7:0]   d_out
);
    //-----------------------------------------
    // 1.异步复位信号同步化
    //-----------------------------------------
    logic   reset_n_0   ;
    logic   reset_n_1   ;
    wire    sys_reset_n ;

    always_ff@(posedge clk, negedge reset_n)
        if(!reset_n)                        // 异步进入复位
            begin
                reset_n_0 <= 1'b0;
                reset_n_1 <= 1'b0;
            end
        else
            begin
                reset_n_0 <= 1'b1;          // 同步释放复位
                reset_n_1 <= reset_n_0;
            end
    assign sys_reset_n = reset_n_1;

    //-------------------------------------------------
    // 2. 将同步后的复位信号 sys_reset_n 作为系统异步复位输入
    //-------------------------------------------------
    always_ff@(posedge clk, negedge sys_reset_n)
        if(!sys_reset_n)
            d_out <= 8'd0;
        else
            d_out <= d_in;
endmodule
```

对输入的复位信号 reset_n 进行处理，使进入复位时异步的信号复位，释放复位时同步的
信号释放，并将 reset_n 同步处理之后的信号赋值给 sys_reset_n，将 sys_reset_n 作为系统的复
位控制信号。编写 Testbench，对 async_sync_reset 模块进行仿真，Testbench 的内容如下。

```
`timescale 1ns / 1ns
`define     cycle 20
module async_sync_reset_tb;
    logic           clk     ;
    logic           reset_n ;
    logic   [7:0]   d_in    ;
    wire    [7:0]   d_out   ;
    async_sync_reset async_sync_reset(
    .clk        (clk            ),
```

```
    .reset_n    (reset_n    ),
    .d_in       (d_in       ),
    .d_out      (d_out      )
    );
initial
    begin
        clk = 1'b1; forever #(`cycle/2) clk = ~clk;
    end

    initial
    begin
        repeat(10)
            begin
                d_in = {$random} % 8'd100; #(`cycle*2);
            end
    end

    initial
    begin
        reset_n = 1'b0; #(`cycle*2.3); reset_n = 1'b1;
        #(`cycle*4); reset_n = 1'b0; #(`cycle*3.2)
        reset_n = 1'b1; #(`cycle*20);
        $stop;
    end
endmodule
```

异步复位同步释放仿真结果如图 6-1 所示，当复位输入 reset_n 产生下降沿跳变时，同步后的复位信号立刻产生下降沿跳变产生复位，此时输出信号 d_out 立刻被复位到 0；当复位输入 reset_n 释放时，同步后的复位并没有立刻释放，而是等待时钟 clk 的有效沿第二次采样到 reset_n 为 1 时，sys_reset_n 才同步地变为高电平，实现了复位"异步进入同步释放"的控制效果。

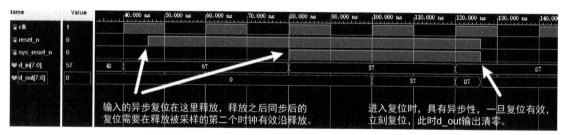

图 6-1   异步复位同步释放仿真结果

6.1.4   AMD（Xilinx）FPGA 推荐复位设计

在进行 FPGA 开发设计时，采用什么样的复位方式（异步、同步），以及复位电平的极性（高电平、低电平）并没有固定的标准，具体采用什么样的复位设计更优，应该根据所使用 FPGA 器件的物理特性决定，对于 AMD FPGA 的复位设计，有以下推荐原则。

（1）对于不需要复位的逻辑，建议不使用复位控制，因为使用复位会消耗逻辑布线资源，增加布线拥塞。

（2）复位方式建议使用同步复位而不是异步复位，因为同步复位可以更好地支持 AMD FPGA 器件。例如，AMD 7 系列及 Ultrascale 系列 FPGA 中的 DSP48、Block RAM、UltraRAM 等逻辑资源中的寄存器只支持同步复位，不支持异步复位，如果使用异步复位的方式，那么将无法将寄存器放置在 DSP48、Block RAM 及 UltraRAM 资源内部。

（3）复位信号的有效极性，建议采用高电平有效的复位方式，因为 AMD FPGA 器件 D 触发器的复位端和置位端为高电平有效，采用低电平复位方式会额外消耗 LUT 资源。

（4）如果复位信号只起上电复位的作用，那么这样的复位在设计中可以去除，因为不必要的复位会增大布线拥塞程度。

6.2　跨时钟域处理

在 FPGA 设计中，除了特别简单的逻辑设计，很少看到仅有单一时钟域的设计，实际数字系统设计中常涉及多个时钟域之间进行数据交换与传输，不同时钟域之间的数据在时序上呈现异步关系，若不处理，则会在数据交互过程中产生亚稳态；在不同时钟域之间要保证数据可靠传输，就需要对信号进行跨时钟域（Clock Domain Crossing，CDC）处理，保证数据正确可靠交互。

6.2.1　单比特信号跨时钟域处理

1. 从慢时钟域到快时钟域

在单比特信号从慢时钟域到快时钟域过程中，不用考虑快时钟域中信号采样丢失的情况，常用的处理方法有两级触发器同步、边沿检测法、握手机制三种，可以根据待同步信号的特征与需求选择对应的处理方法。

（1）两级触发器同步。

两级触发器同步适用于信号从慢时钟域传递到快时钟域的过程中，在只对慢时钟域中信号的当前高低状态进行采样而不对信号的个数进行统计识别的情况下，可以直接使用两级触发器进行直接同步。

（2）边沿检测法。

边沿检测法适用于将慢时钟域中的高脉冲信号或低脉冲信号同步到快时钟域，并需要对脉冲个数进行统计的情况，可采用此方法对慢时钟域中的高低脉冲进行统计。

（3）握手机制。

握手机制适用于从慢时钟域到快时钟域的数据传递，快时钟域需要按位切分出数据个数和数据值，对于这种需求，可以采用握手机制实现。握手机制实现的方式有多种，下面讲解一种电平握手机制，通过增加发送域、接收域中的控制信号，实现从慢时钟域到快时钟域的数据同步。电平握手机制的示意图如图 6-2 所示，Data 为慢时钟域输出的数据信号，Request 为慢时钟域的请求标志，Acknowledge 为快时钟域的应答标志。握手过程如下。

① 发送时钟域检测接收时钟域的 Acknowledge 信号是否为低电平，若为低电平，则发送数据，否则继续等待。

② 发送时钟域在 t_1 时刻发出数据 Data，同时拉高 Request 请求信号。

③ 接收时钟域在 t_2 时刻检测到 Request = 1'b1 时，采样发送时钟域的数据信号 Data，同时拉高 Acknowledge 信号。

④ 发送时钟域在 t_3 时刻检测到接收时钟域的 Acknowledge = 1'b1 时，将 Request 信号拉低。

⑤ 接收时钟域在 t_4 时刻检测到 Request = 1'b0 时，将 Acknowledg 拉低，完成一次传输。

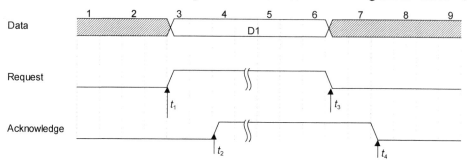

图 6-2　电平握手机制的示意图

2. 从快时钟域到慢时钟域

在单比特信号从快时钟域到慢时钟域的过程中，需要考虑快时钟域中的脉冲信号被慢时钟域漏采丢失的情况，常用处理方法有脉冲延展和握手机制两种，根据待同步信号的特征与需求选择对应的处理方法。

（1）脉冲延展。

脉冲延展就是将快时钟域中产生的单周期脉冲（高脉冲或低脉冲）进行延展，使其脉冲宽度变为能够被慢时钟域有效采样的宽度。脉冲延展的方法有很多，下面讲解一种采用移位寄存器的方式实现脉冲延展最简单的方法，其代码设计如下。

```
module pulse_expan(
    input       clk        ,   // 系统时钟
    input       reset_n    ,   // 复位，低电平有效
    input       pulse_in   ,   // 单周期脉冲输入
    output logic pulse_out     // 多周期脉冲输入
);
    //----------------------------------
    // 脉冲延展
    //----------------------------------
    /**
        @brief  将输入的单周期高脉冲信号延展为 8 个时钟宽度
    */
    logic [7:0]pulse_in_reg;

    always_ff@(posedge clk, negedge reset_n)
        if(!reset_n)
            pulse_in_reg <= 8'd0;
        else
            pulse_in_reg <= {pulse_in_reg[6:0], pulse_in};
```

```
    assign pulse_out = (pulse_in_reg != 8'd0) ? 1'b1 : 1'b0;
endmodule
```

编写 Testbench，对 pulse_expan.sv 模块进行仿真，Testbench 代码如下。

```
`timescale  1ns / 1ns
`define     cycle   20
module pulse_expan_tb;
    logic       clk         ;   // 系统时钟
    logic       reset_n     ;   // 复位，低电平有效
    logic       pulse_in    ;   // 单周期脉冲输入
    wire        pulse_out   ;   // 多周期脉冲输入

    pulse_expan pulse_expan(
    .clk        (clk        ),
    .reset_n    (reset_n    ),
    .pulse_in   (pulse_in   ),
    .pulse_out(pulse_out)
    );
    initial
        begin
            clk = 1'b1; forever #(`cycle/2) clk = ~clk;
        end
    initial
        begin
            reset_n = 1'b0; pulse_in = 1'b0; #(`cycle*5);
            reset_n = 1'b1; #(`cycle*5);
            repeat(5)
                begin
                    pulse_in = 1'b1; #(`cycle*1);
                    pulse_in = 1'b0; #(`cycle*20);
                end
            $stop;
        end
endmodule
```

pulse_expan 模块仿真结果如图 6-3 所示。

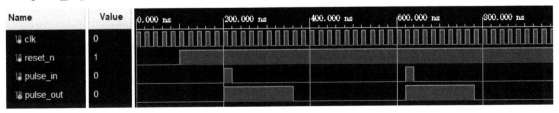

图 6-3　pulse_expan 模块仿真结果

（2）握手机制。

与从慢时钟域到快时钟域的同步方式一样，这里的握手机制同样需要 Request 和

Acknowledge 两个辅助信号帮助通信同步过程，其原理可以参见 6.2.1 节中讲解的握手机制原理，这里不再赘述，其原理与从慢时钟域到快时钟域的握手处理机制一样。

6.2.2 多比特信号跨时钟域处理

多比特信号跨时钟域常用的处理方法有格雷码编码、异步 FIFO（双时钟 FIFO）、握手机制三种，根据待同步多比特数据的类型与需求，选择对应的处理方法。由于在实际中格雷码编码的方式用得比较少，因此下面重点讲解异步 FIFO（First In First Out，先进先出）与握手机制两种方法。对于多比特数据跨时钟域采用异步 FIFO 与握手机制两种处理方式中，从慢时钟域到快时钟域或从快时钟域到慢时钟域的处理方法相同，因此在下面的讲解中，对于多比特数据跨时钟域处理，不区分快慢时钟域之间的方向问题。

1．异步 FIFO

异步 FIFO 用于解决两个时钟域之间的批量数据传输，实现数据速率转换与数据缓存。在数据采集侧与数据传输侧时钟频率不对等的情况下，采用异步 FIFO 实现数据跨时钟域传输，是目前主流的设计方法，采用异步 FIFO 实现数据跨时钟域传输需要解决 FIFO 深度计算与读写控制信号生成控制两个问题。

（1）FIFO 深度计算。

在写入速率大于读取速率的情况下，突发写入的数据量减去突发时间内读出的数据量，剩余的数据需要能够缓存下来，让接收端在余下的空闲时间内能将数据读取出来。例如，FIFO 读写位宽均为 32bit，写入时钟频率 w_clk 为 100MHz，读取时钟频率 r_clk 为 75MHz，一次突发传输的数据量为 2Mbit，则 FIFO 深度的计算如下。

突发长度：$burst\_length = 2Mbit/32bit = 65536$；

突发写入时间：$T\_write = burst\_length/w\_clk = 65536/100MHz = 655.36\mu s$；

突发写入期间读出的数据个数：$read\_number = T\_write \times r\_clk = 655.36\mu s \times 75MHz = 49152$；

FIFO 深度：$fifo\_depth = burst\_length - read\_number = 65536 - 49152 = 16384$。

因此在此应用场景中，读写数据位宽均为 32bit 的情况下，FIFO 的深度应该至少设置为 16384。

（2）读写控制信号生成控制。

异步 FIFO 写入侧需要控制的信号为写使能 wr_en、FIFO 满信号 full、FIFO 当前写入数据的个数 wr_data_count 等，这些信号都在写时钟域，因此不需要进行跨时钟域的同步。同理，异步 FIFO 读取侧需要控制的信号为读使能 rd_en、FIFO 空信号 empty、FIFO 当前可读取数据个数 rd_data_count 等，这些信号也都在读取时钟域不需要进行跨时钟域同步。

2．握手机制

多比特信号的握手机制是指通信双方将约定的控制信号作为数据传输状态的指示，实现不同时钟域之间数据的可靠传输，与 6.2.1 节一样，图 6-4 所示的握手机制同样为电平方式的握手机制，其中 ADDR 为需要跨越时钟域的地址信号、DATA 为数据信号、CMD 为控制信号，握手过程详细如下。

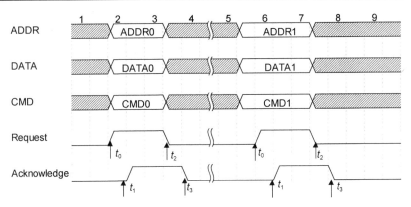

图 6-4　多比特数据握手机制

① 发送时钟域检测接收时钟域输出的 Acknowledge 信号是否为低电平，若为低电平，则将 ADDR、DATA、CMD 发送到总线上，否则继续等待。

② 当 Acknowledge 信号为低时，在 t_0 时刻，发送时钟域输出 ADDR、DATA、CMD 信号，同时拉高 Request 请求信号，随后等待 Acknowledge = 1'b1。

③ 接收时钟域在 t_1 时刻检测到 Request = 1'b1 时，采样 ADDR、DATA、CMD 总线上的信号，同时拉高 Acknowledge 信号。

④ 发送时钟域在 t_2 时刻检测到接收时钟域的 Acknowledge = 1'b1 时，将 Request 信号拉低。

⑤ 接收时钟域在 t_3 时刻检测到 Request = 1'b0 时，将 Acknowledge 拉低，完成一次传输。

6.3　状态机设计

在 FPGA 开发或逻辑设计中，只要是进行通信协议设计、闭环控制算法实现、显示驱动程序设计等涉及流程控制的逻辑设计都需要状态机（State Machine）的参与。标准的状态机分为摩尔（Moore）状态机与米勒（Mealy）状态机两种，摩尔状态机如图 6-5（a）所示，米勒状态机如图 6-5（b）所示。状态机在 FPGA 程序设计中之所以比较受欢迎，是因为状态机运行稳定可靠，运行模式类似于 CPU 的顺序工作模式且易于控制，因此在 FPGA 程序设计中得到广泛应用。

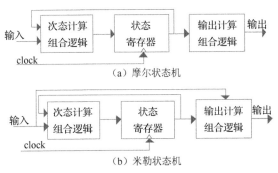

图 6-5　状态机的结构框图

6.3.1 状态编码形式选择

状态机的编码形式有二进制编码、格雷码、独热码三种。

1. 二进制编码

二进制编码（Binary Code）也称顺序二进制编码，即将状态编码为顺序二进制数，顺序二进制编码是最紧密的编码。其优点为状态变量使用向量的位数最少，编码方式简单；缺点为在状态切换的过程中，触发器反转次数多，容易出现亚稳态，在设计中不建议使用顺序二进制码对状态进行编码。

2. 格雷码

格雷码（Gray Code）的特点是相邻两个编码之间只有一位不同，格雷码在发生状态跳转时，状态向量只有一位发生变化。格雷码的优点是，若在状态跳转的过程中，现态与次态之间的状态编码为格雷码中的一组相邻编码，则状态机在状态跳转的过程中不会出现过渡态；格雷码的缺点是，在状态机很复杂，并且在状态跳转的过程中有许多跳转分支的情况下，要合理分配状态编码，以保证每个状态之间的跳转仅有一位发生变化，这是比较困难的。因此，在实际的开发设计中，使用格雷码对状态进行编码并不常用。

3. 独热码

独热码（One-Hot Code）又称一位有效编码，其每个码元值中只有一位为 1，其余位均为 0，对于 N 个状态编码，需要 N 个触发器，相对于二进制编码和格雷码消耗的触发器数量较多。虽然独热码多使用了触发器，但其状态译码简单，因此简化了组合逻辑电路，从而使电路的速度与可靠性显著提高，而总的单元数并无显著增加。对于 FPGA 器件，其寄存器数量多而逻辑门资源相对较少，采用独热码可以提高 FPGA 资源的利用率，提高电路速度，易于静态时序分析，因此在 FPGA 开发与逻辑设计中，推荐使用独热码对状态机的状态进行编码。

6.3.2 单进程、多进程（多段）状态机设计

状态机在设计中根据 RTL 代码的编写风格分为一段式状态机、两段式状态机和三段式状态机三种。下面用状态机实现对字符序列 "Lisen" 的连续检测，以此介绍三种状态机的设计方式，当序列检测成功后输出检测成功脉冲。

1. 一段式状态机

一段式状态机是指整个状态机写在一个 always_ff 模块中，在该模块中既描述状态的转移，又描述状态机的输入与输出的状态机。例如，"Lisen" 序列检测，一段式状态机实现如下。

```
module detect_sequence(
    input               clk             ,
    input               reset_n         ,
    input       [7:0]   char_in         ,
    output logic        detec_success
);
    //--------------------------------------
    // "Lisen" 序列检测状态机
    //--------------------------------------
```

```verilog
// 状态枚举类型与取值空间声明
typedef enum logic [4:0] {
    IDLE        = 5'b00001 ,        // 空闲状态
    WAIT_I_STA  = 5'b00010 ,        // 等待 "i" 状态
    WAIT_S_STA  = 5'b00100 ,        // 等待 "s" 状态
    WAIT_E_STA  = 5'b01000 ,        // 等待 "e" 状态
    WAIT_N_STA  = 5'b10000         // 等待 "n" 状态
} state_def;

state_def state;                    // 状态变量定义
always_ff@(posedge clk, negedge reset_n)
    if(!reset_n)
        begin
            detec_success       <= 1'b0;
            state               <= IDLE;
        end
    else
        begin
            case(state)
                IDLE:                   // 5'b00001
                    begin
                        if(char_in == "L" )
                            state <= WAIT_I_STA;
                        else
                            state <= IDLE;
                        detec_success <= 1'b0;
                    end
                WAIT_I_STA:             // 5'b00010
                    begin
                        if(char_in == "i")
                            state <= WAIT_S_STA;
                        else
                            state <= IDLE;
                        detec_success <= 1'b0;
                    end
                WAIT_S_STA:             // 5'b00100
                    begin
                        if(char_in == "s")
                            state <= WAIT_E_STA;
                        else
                            state <= IDLE;
                        detec_success <= 1'b0;
                    end
                WAIT_E_STA:             // 5'b01000
                    begin
                        if(char_in == "e")
                            state <= WAIT_N_STA;
```

```
                else
                    state <= IDLE;
                detec_success <= 1'b0;
            end
        WAIT_N_STA:             // 5'b10000
            begin
                if(char_in == "n")
                    begin
                        state <= IDLE;
                        detec_success <= 1'b1;
                    end
                else
                    begin
                        state <= IDLE;
                        detec_success <= 1'b0;
                    end
            end
        default: state <= IDLE;
    endcase
    end
endmodule
```

一段式状态机的优点是描述逻辑设计接近 C 语言程序设计的思维，便于程序设计与开发；缺点是大部分综合器对一段式状态机的识别与提取还不是很容易。

2. 两段式状态机

两段式状态机是指状态机的现态与次态的更新放在一个 always_ff 模块中完成，次态计算及当前状态对应的输出放在一个 always_comb 模块中完成的状态机。例如，"Lisen"序列检测，两段式状态机实现如下。

```
module detect_sequence(
    input               clk         ,
    input               reset_n     ,
    input       [7:0]   char_in     ,
    output logic        detec_success
);
    //-----------------------------------
    // "Lisen" 序列检测状态机
    //-----------------------------------

    // 状态枚举类型与取值空间声明
    typedef enum logic [4:0] {
        IDLE        = 5'b00001  ,       // 空闲状态
        WAIT_I_STA  = 5'b00010  ,       // 等待 "i" 状态
        WAIT_S_STA  = 5'b00100  ,       // 等待 "s" 状态
        WAIT_E_STA  = 5'b01000  ,       // 等待 "e" 状态
        WAIT_N_STA  = 5'b10000          // 等待 "n" 状态
    } state_def;
```

```
state_def current_state;                // 现态定义
state_def next_state;                   // 次态定义

// 次态与现态的更替
always_ff@(posedge clk, negedge reset_n)
    if(!reset_n)
        current_state <= IDLE;
    else
        current_state <= next_state;


// 次态与输出组合计算
always_comb
    if(!reset_n)
        begin
            detec_success   = 1'b0;
            next_state      = IDLE;
        end
    else
        begin
            case(current_state)
                IDLE:        // 5'b00001
                    begin
                        if(char_in == "L" )
                            next_state = WAIT_I_STA;
                        else
                            next_state = IDLE;
                        detec_success = 1'b0;
                    end
                WAIT_I_STA: // 5'b00010
                    begin
                        if(char_in == "i")
                            next_state = WAIT_S_STA;
                        else
                            next_state = IDLE;
                        detec_success = 1'b0;
                    end
                WAIT_S_STA: // 5'b00100
                    begin
                        if(char_in == "s")
                            next_state = WAIT_E_STA;
                        else
                            next_state = IDLE;
                        detec_success = 1'b0;
                    end
                WAIT_E_STA: // 5'b01000
                    begin
                        if(char_in == "e")
                            next_state = WAIT_N_STA;
```

```
                    else
                        next_state = IDLE;
                        detec_success = 1'b0;
                    end
                WAIT_N_STA: // 5'b10000
                    begin
                        if(char_in == "n")
                            begin
                                next_state = IDLE;
                                detec_success = 1'b1;
                            end
                        else
                            begin
                                next_state = IDLE;
                                detec_success = 1'b0;
                            end
                    end
                default: next_state = IDLE;
            endcase
        end
endmodule
```

两段式状态机的优点是将次态与现态之间转移的时序逻辑提出来，单独用一个 always_ff 模块进行实现，使用组合逻辑 always_comb 模块单独计算次态与输出，便于用综合工具提取出状态机结构，由于采用组合逻辑输出，因此降低了触发器的消耗量。

3．三段式状态机

三段式状态机是指在设计上采用三个 always 块对状态机进行描述的状态机。一个 always_ff 模块描述状态转移，一个 always_comb 模块计算次态，一个 always_comb 模块计算当前输出。例如，"Lisen" 序列检测，三段式状态机实现如下。

```
module detect_sequence(
    input                   clk             ,
    input                   reset_n         ,
    input           [7:0]   char_in         ,
    output logic            detec_success
);
    //-----------------------------------
    // "Lisen" 序列检测状态机
    //-----------------------------------

    // 状态枚举类型与取值空间声明
    typedef enum logic [4:0] {
        IDLE        = 5'b00001 ,        // 空闲状态
        WAIT_I_STA  = 5'b00010 ,        // 等待"i"状态
        WAIT_S_STA  = 5'b00100 ,        // 等待"s"状态
        WAIT_E_STA  = 5'b01000 ,        // 等待"e"状态
        WAIT_N_STA  = 5'b10000          // 等待"n"状态
```

```systemverilog
    } state_def;

state_def current_state;                    // 现态定义
    state_def next_state;                    // 次态定义

    // 现态与次态之间的更替
    always_ff@(posedge clk, negedge reset_n)
        if(!reset_n)
            current_state <= IDLE;
        else
            current_state <= next_state;

    // 计算次态
    always_comb
        if(!reset_n)
            next_state = IDLE;
        else
            begin
                case(current_state)
                    IDLE:        // 5'b00001
                        begin
                            if(char_in == "L" )
                                next_state = WAIT_I_STA;
                            else
                                next_state = IDLE;
                        end
                    WAIT_I_STA: // 5'b00010
                        begin
                            if(char_in == "i")
                                next_state = WAIT_S_STA;
                            else
                                next_state = IDLE;
                        end
                    WAIT_S_STA: // 5'b00100
                        begin
                            if(char_in == "s")
                                next_state = WAIT_E_STA;
                            else
                                next_state = IDLE;
                        end
                    WAIT_E_STA: // 5'b01000
                        begin
                            if(char_in == "e")
                                next_state = WAIT_N_STA;
                            else
                                next_state = IDLE;
                        end
                    WAIT_N_STA: // 5'b10000
```

```
                        begin
                            next_state = IDLE;
                        end
                    default: next_state = IDLE;
                endcase
            end

    // 计算输出
    always_comb
        begin
            if(!reset_n)
                detec_success <= 1'b0;
            else if( (char_in == "n") &&  (current_state == WAIT_N_STA) )
                detec_success <= 1'b1;
            else
                detec_success <= 1'b0;
        end
endmodule
```

　　三段式状态机的优点是将次态与现态之间转移的时序逻辑提出来，单独用一个时序块 always_ff 进行实现，同时采用两个 always_comb 模块分别计算次态逻辑与输出逻辑，使程序结构完全符合 Moore 与 Mealy 状态机中的结构，使综合工具非常容易地提取出状态机结构，便于综合，三段式状态机是最接近数字逻辑设计架构的一种状态机编写方式。

　　注：在以上三种状态机的实现过程中，对状态机的状态编码采用"typedef enum"枚举类型定义，而不是使用"localparam、parameter"定义，这是因为在 SystemVerilog 中，对于状态机状态编码的定义推荐使用枚举类型，在 Vivado 中仿真时可以直接看到枚举变量取值名称，以便我们分析状态转移过程，大家在以后的设计中可以尝试使用。

6.3.3　三种状态机的比较

　　三种格式的状态机设计比较如表 6-1 所示，由表 6-1 可知，按照数字系统的设计习惯，推荐使用两段式状态机与三段式状态机，但是对于问题查找与需要快速设计复杂的状态机，一段式状态机的设计快捷性相对其他两种更高效，特别是采用流程图的方式画出设计流程图时，一段式状态机的思维更加高效、直接。

表 6-1　三种格式的状态机设计比较

序号	内容	一段式状态机	两段式状态机	三段式状态机
1	推荐等级	不推荐	推荐	推荐
2	代码简洁性	冗长	最简洁	简洁
3	代码可靠性、维护便捷性	低	较高	高
4	代码规范性	低	规范	规范
5	进程个数	1	2	3
6	是否组合逻辑输出	否	是	是
7	是否利于综合与布局布线	不利于	利于	利于
8	编程思维	符合 C 方式，更高效	接近状态机架构	完全符合状态机结构

6.4　时序优化的基本方法

进行 FPGA 开发设计时，我们经常会遇到设计的时序结果不满足实际要求的情况，在代码综合和实现之后，对时序结果进行查询，可以看到建立时间或保持时间余量为负值的情况，在这种情况下，我们需要对设计进行时序优化，常用的时序优化方法有插入寄存器、重定时、并行化设计、均衡设计等，下面对其中最重要的两种优化方式——插入寄存器、重定时进行讲解。

6.4.1　时序基础

1．时序分析基本模型

FPGA 内部寄存器到寄存器的基本时序模型如图 6-6 所示，图 6-6 中描述的是内部两个相邻寄存器之间的时序路径，Reg1 为源寄存器，Reg2 为目的寄存器。

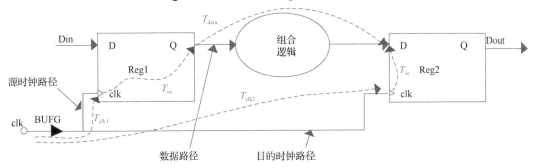

图 6-6　FPGA 内部寄存器到寄存器的基本时序模型

其中，

（1）T_{clk1} 表示时钟从时钟源到源寄存器 Reg1 时钟端口上的延迟。

（2）T_{clk2} 表示时钟从时钟源到目的寄存器 Reg2 时钟端口上的延迟。

（3）T_{co} 表示从时钟有效沿到达时钟端口后，寄存器的输出数据（从 Q 端）更新所需的延迟时间。

（4）T_{data} 表示数据从源寄存器 Reg1 的 Q 端传递到目的寄存器 Reg2 的 D 端产生的延迟。

（5）T_{su} 表示目的寄存器 Reg2 的建立时间。

2．时序分析基本概念

（1）建立时间（Setup Time）：在时钟有效沿到达触发器的时钟端口之前，数据必须保持稳定的最小时间，即数据相对于时钟有效沿必须提前到达的最小时间，用符号 T_{su} 表示。

（2）保持时间（Hold Time）：在时钟有效沿到达触发器的时钟端口之后，数据必须保持稳定的最小时间，即时钟有效沿到达触发器的时钟端口之后，数据端口上的数据还需要保持不变的最小时间，用符号 T_{h} 表示。

（3）发送沿（Launch Edge）：源端寄存器用于发送数据的时钟有效沿。

（4）捕获沿（Capture Edge）：目的端寄存器用于捕获数据的时钟有效沿。

发射沿和捕获沿的示意图如图 6-7 所示。

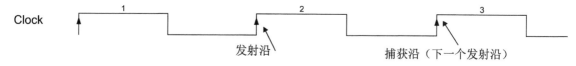

图 6-7　发射沿和捕获沿的示意图

注：在同步时序电路中，发射沿之后相邻的时钟沿为捕获沿，发射沿与捕获沿通常相差一个时钟周期。

（5）时钟偏斜（Clock Skew）：同一个时钟边沿，从时钟源发出的那一刻与到达目的寄存器时钟端口所对应的时刻，这两个时刻之间的差叫作时钟偏斜。时钟偏斜强调的是时钟相位上的变化。

（6）时钟抖动（Clock Jitter）：时钟源的周期相对于额定值随时间发生变化的现象叫作时钟抖动，时钟抖动强调的是时钟周期的变化。

（7）数据到达时间（Arrive Time）：将时钟发射沿作为分析计算的原点，数据从源寄存器的数据输出端口到达目的寄存器的输入端口所需的时间叫作数据到达时间，根据图 6-6 所示，其计算公式为 Arrive Time = Launch Edge + T_{clk1} + T_{co} + T_{data}。

（8）数据需求时间（Request Time）：数据需求时间分为建立时间关系分析与保持时间关系分析两种情况。在建立时间关系分析中，数据需求时间是指数据满足建立时间要求的情况下的最晚到达时间，其计算公式为 Request Time = Capture Edge + T_{clk2} − T_{su}；在保持时间关系分析中，数据需求时间是指数据满足保持时间要求的情况下，数据最早撤销的时间，其计算公式为 Request Time = Capture Edge + T_h。（注：Capture Edge = Launch Edge + T_{period}，T_{period} 为时钟周期。）

（9）建立时间余量（Setup Slack）：Setup Slack = Request Time − Arrive Time。

（10）保持时间余量（Hold Slack）：Hold Slack = Next Data Arrive Time − Request Time。（注：Next Data Arrive Time 为下一个数据的到达时间。）

6.4.2　插入寄存器

我们已经知道，FPGA 内部典型的时序路径如图 6-6 所示，在时序分析中，时序路径不满足要求往往是因为建立时间不能满足要求，即建立时间余量小于 0。将 Arrive Time 和 Request Time 的表达式代入建立时间余量计算公式，可得

Setup Slack = Request Time − Arrive Time = T_{period} + （T_{clk2} − T_{clk1}）−（T_{su} + T_{co}）− T_{data}

由于 $T_{clk2} \approx T_{clk1}$，因此，Setup Slack = T_{period} −（T_{su} + T_{co}）− T_{data}，对于一个确定的器件，其 T_{su}、T_{co} 为固定值，无法改变，因此对于建立时间的优化就只能降低 T_{data}。插入寄存器的优化方式就是将复杂组合电路切断为两个小的组合逻辑降低 T_{data} 的值，从而增大 Setup Slack 的值。

下面以一个例子说明用插入寄存的方式优化时序，原始代码设计如下。

```
module insert_register(
    input                   clk         ,
    input                   reset_n     ,
    input           [ 7:0] data_a       ,
```

```
    input                   [ 7:0] data_b          ,
    output  logic           [31:0] data_out
);
    logic [7:0]data_a_reg;
    logic [7:0]data_b_reg;
    always_ff@(posedge clk, negedge reset_n)
        if(!reset_n)
            begin
                data_a_reg <= 8'd0;
                data_b_reg <= 8'd0;
            end
        else
            begin
                data_a_reg <= data_a;
                data_b_reg <= data_b;
            end

    always_ff@(posedge clk, negedge reset_n)
        if(!reset_n)
            data_out <= 32'd0;
        else
            data_out <= data_a_reg * data_b_reg + data_a_reg/10 + data_b_reg%10;
endmodule
```

设计中的时钟约束频率为 100MHz，采用 Vivado2022.2 进行综合，原始设计综合后的时序结果如图 6-8 所示。

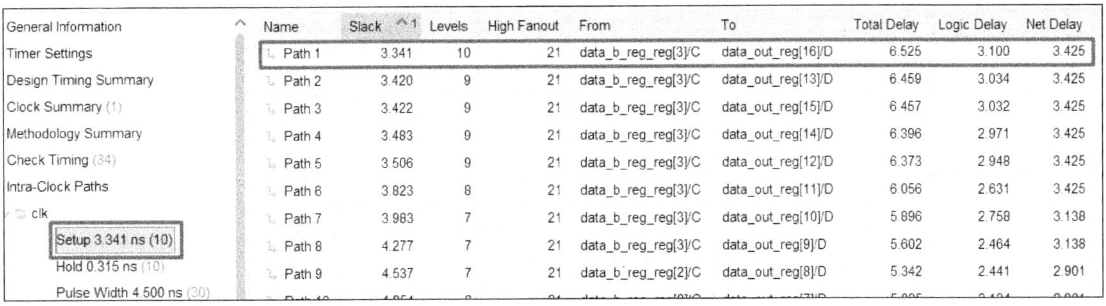

General Information		Name	Slack ^1	Levels	High Fanout	From	To	Total Delay	Logic Delay	Net Delay
Timer Settings		Path 1	3.341	10	21	data_b_reg_reg[3]/C	data_out_reg[16]/D	6.525	3.100	3.425
Design Timing Summary		Path 2	3.420	9	21	data_b_reg_reg[3]/C	data_out_reg[13]/D	6.459	3.034	3.425
Clock Summary (1)		Path 3	3.422	9	21	data_b_reg_reg[3]/C	data_out_reg[15]/D	6.457	3.032	3.425
Methodology Summary		Path 4	3.483	9	21	data_b_reg_reg[3]/C	data_out_reg[14]/D	6.396	2.971	3.425
Check Timing (34)		Path 5	3.506	9	21	data_b_reg_reg[3]/C	data_out_reg[12]/D	6.373	2.948	3.425
Intra-Clock Paths		Path 6	3.823	8	21	data_b_reg_reg[3]/C	data_out_reg[11]/D	6.056	2.631	3.425
⌐ clk		Path 7	3.983	7	21	data_b_reg_reg[3]/C	data_out_reg[10]/D	5.896	2.758	3.138
Setup 3.341 ns (10)		Path 8	4.277	7	21	data_b_reg_reg[3]/C	data_out_reg[9]/D	5.602	2.464	3.138
Hold 0.315 ns (10)		Path 9	4.537	7	21	data_b_reg_reg[2]/C	data_out_reg[8]/D	5.342	2.441	2.901
Pulse Width 4.500 ns (30)		Path 10	4.854					5.805	2.424	3.004

图 6-8　原始设计综合后的时序结果

采用插入寄存器的方式，将原有的复杂计算拆分为两级运算，代码修改如下。

```
module insert_register(
    input                   clk             ,
    input                   reset_n         ,
    input           [ 7:0] data_a           ,
    input           [ 7:0] data_b           ,
    output  logic   [31:0] data_out
);
    logic [7:0]data_a_reg;
    logic [7:0]data_b_reg;
    always_ff@(posedge clk, negedge reset_n)
```

```
        if(!reset_n)
            begin
                data_a_reg <= 8'd0;
                data_b_reg <= 8'd0;
            end
        else
            begin
                data_a_reg <= data_a;
                data_b_reg <= data_b;
            end
// 插入一级寄存器
logic [31:0] data_out_0;
always_ff@(posedge clk, negedge reset_n)
    if(!reset_n)
        data_out_0 <= 32'd0;
    else
        data_out_0 <= data_a_reg * data_b_reg;

always_ff@(posedge clk, negedge reset_n)
    if(!reset_n)
        data_out <= 32'd0;
    else
        data_out <= data_out_0 + data_a_reg/10 + data_b_reg%10;
endmodule
```

插入寄存器优化后的时序结果如图 6-9 所示。

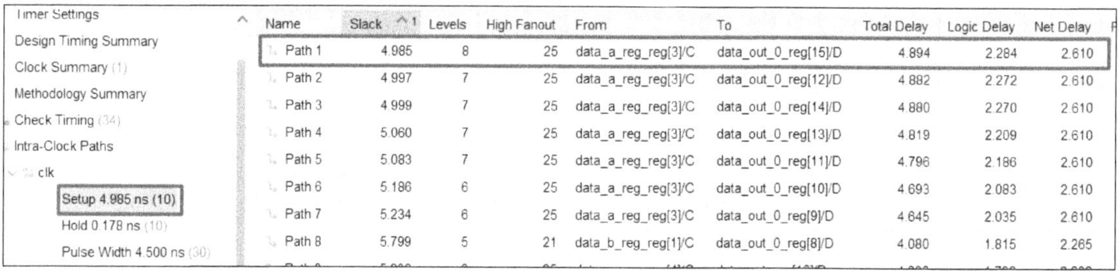

Timer Settings		Name	Slack ∧1	Levels	High Fanout	From	To	Total Delay	Logic Delay	Net Delay	
Design Timing Summary		Path 1	4.985	8	25	data_a_reg_reg[3]/C	data_out_0_reg[15]/D	4.894	2.284	2.610	
Clock Summary (1)		Path 2	4.997	7	25	data_a_reg_reg[3]/C	data_out_0_reg[12]/D	4.882	2.272	2.610	
Methodology Summary		Path 3	4.999	7	25	data_a_reg_reg[3]/C	data_out_0_reg[14]/D	4.880	2.270	2.610	
Check Timing (34)		Path 4	5.060	7	25	data_a_reg_reg[3]/C	data_out_0_reg[13]/D	4.819	2.209	2.610	
Intra-Clock Paths		Path 5	5.083	7	25	data_a_reg_reg[3]/C	data_out_0_reg[11]/D	4.796	2.186	2.610	
∨ clk		Path 6	5.186	6	25	data_a_reg_reg[3]/C	data_out_0_reg[10]/D	4.693	2.083	2.610	
Setup 4.985 ns (10)		Path 7	5.234	6	25	data_a_reg_reg[3]/C	data_out_0_reg[9]/D	4.645	2.035	2.610	
Hold 0.178 ns (10)		Path 8	5.799	5	21	data_b_reg_reg[1]/C	data_out_0_reg[8]/D	4.080	1.815	2.265	
Pulse Width 4.500 ns (30)											

图 6-9　插入寄存器优化后的时序结果

从图 6-8 和图 6-9 中可以看出，在原始设计中，最差的建立时间余量为 3.341ns，插入寄存器优化后最坏的建立时间余量为 4.985ns，因此整个设计的时序得到改善。

6.4.3　重定时

重定时是一种强大的提高时序电路性能的方法，广泛应用于 FPGA 综合工具中，重定时分为向前重定时与向后重定时两种操作。向前重定时是跨组合路径向前移动寄存器的操作，向后重定时是跨组合路径向后移动寄存器的操作。图 6-10 所示为原始电路结构，在该电路中，Reg1 向前移动一个组合逻辑后的结果如图 6-11 所示，Reg2 寄存器向后移动一个组合逻辑后的结果如图 6-12 所示。

重定时操作可以改善电路的时序性能，重定时技术需要依靠综合工具实现，不同 FPGA

厂商的集成开发环境中启用重定时的方式不同，大家在以后的开发设计中，如果需要使用重定时，那么可以根据具体的开发环境进行实现，这里不再讲述。

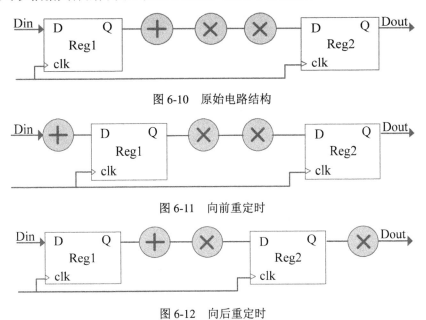

图 6-10 原始电路结构

图 6-11 向前重定时

图 6-12 向后重定时

第 7 章　Vivado IP 核使用基础

Vivado 集成开发环境中自带丰富的 IP 设计资源，设计者可以调用集成开发环境中的 IP 核进行设计开发，使我们快速完成工程设计。Vivado 中的 IP 核有很多，包括调试、通信接口设计、算法处理等 IP 核，下面我们对 Vivado 中使用频率较高的 IP 核进行系统讲解，让大家快速掌握相关 IP 核的使用方法。

7.1　ILA IP 核

ILA（Integrated Logic Analyzer，集成逻辑分析仪）在 FPGA 开发过程中用于对信号进行抓取调试，以便对问题进行查找定位，与 Quartus Prime 中的 SignalTapII 的作用相同。

7.1.1　ILA IP 核创建

（1）如图 7-1 所示，单击 Vivado 工程窗口左侧"PROJECT MANAGER"下的"IP Catalog"，会在窗口的右侧弹出"IP Catalog"界面，在"IP Catalog"界面的搜索栏中输入 ILA 进行搜索，在结果栏中选择"ILA"，如图 7-2 所示，接着双击 ILA IP 核选项进入 IP 核配置界面。

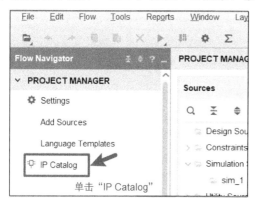

图 7-1　打开"IP Catalog"界面

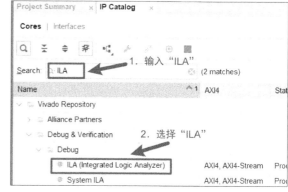

图 7-2　ILA IP 核搜索

（2）进入 IP 核配置界面，如图 7-3 所示，首先对"General Options"中的内容进行配置。

① Monitor Type：监视器类型有 Native、AXI 两种选择，Native 用于普通端口信号抓取，若选择 AXI 类型，则 ILA IP 核会自动生成抓取 AXI 总线接口的探针组，用于 AXI 端口抓取，这里选择"Native"。

② Number of Probes：用于对探针的数量进行配置，即设置 ILA IP 核抓取数据的输入端口数，这里设置为 2。

③ Sample Data Depth：采样数据深度设置，用于配置数据的采样深度，根据需要进行配

置，这里选择"1024"。

该选项卡中的其他配置保持默认配置不变。

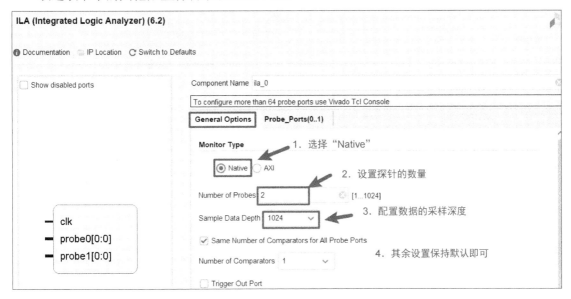

图 7-3　配置"General Options"

（3）如图 7-4 所示，对"Probe_Ports"中的内容进行设置，主要是对每个探针（Probe）的位宽进行设置，这里将探针 0 的位宽设置为 8，将探针 1 的位宽设置为 1，设置完毕后单击"OK"以结束设置。

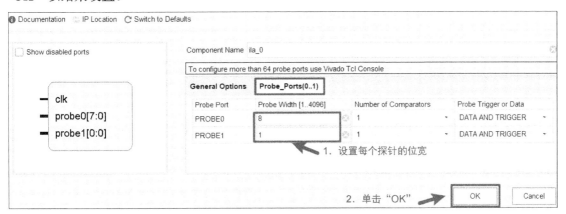

图 7-4　设置探针的位宽

（4）弹出如图 7-5 所示的界面，直接单击"Generate"，开始生成 IP 核，IP 核生成完成后弹出如图 7-6 所示的确认界面，单击"OK"完成 IP 核生成。

（5）回到 Vivado 主界面，如图 7-7 所示，在 Sources 栏中选择"IP Sources"，可以看到在 IP 列表中有名为 ila_0 的 IP 核，打开"Instantiation Template"可以看到 IP 核的例化模板文件 ila_0.veo，双击"ila_0.veo"，弹出如图 7-8 所示的例化模板内容，可以直接将其在应用中例化调用。

图 7-5　生成 IP 核

图 7-6　IP 核生成完成

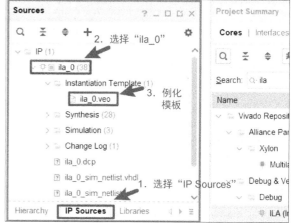

图 7-7　ila_0 IP 文件

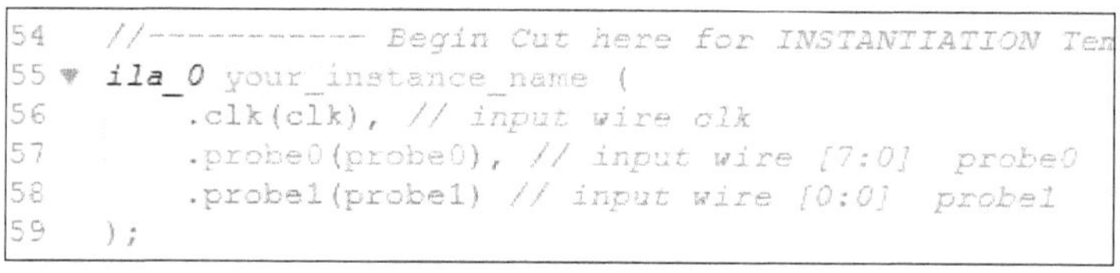

```
54    //----------- Begin Cut here for INSTANTIATION Tem
55 ▼  ila_0 your_instance_name (
56       .clk(clk), // input wire clk
57       .probe0(probe0), // input wire [7:0]  probe0
58       .probe1(probe1) // input wire [0:0]  probe1
59    );
```

图 7-8　ila_0 IP 例化模板

7.1.2　ILA IP 核实际应用举例

为了对 ila_0 IP 核进行调用，接下来我们设计一个 8 位计数器模块 counter.sv 作为示例进行设计，该计数器模块具有进位输出信号 carry，当计数器模块中的 cnt[7:0]计数器加到 255 时，在下一个时钟的上升沿到来时，产生进位输出，此时 carry = 1'b1，在其他情况下，carry = 1'b0，为了验证计数器模块设计的正确性，将 ila_0 IP 核例化在计数器模块中，对 cnt、carry 两个变量进行抓取，其 RTL 代码详细设计如下。

```
module counter(
    input       clk       // 时钟:50MHz
);
    //--------------------------------
    // 1. 8 位计数器
    //--------------------------------
    logic [7:0] cnt      = 8'd0; // 计数器
    logic       carry    = 1'b0; // 进位标志

    always_ff@(posedge clk)
```

```
        cnt <= cnt + 1'b1;
    always_ff@(posedge clk)
        if(cnt == 8'd255)
            carry <= 1'b1;
        else
            carry <= 1'b0;
    //----------------------------------
    // 2. ILA 抓取数据
    //----------------------------------
    ila_0 ila_0 (
    .clk    (clk    ),  // input wire clk
    .probe0 (cnt    ),  // input wire [7:0]  计数器抓取
    .probe1 (carry  )   // input wire [0:0]  进位脉冲抓取
    );
endmodule
```

对工程进行引脚分配，对工程进行编译，编译完成后将开发板与计算机连接并接通开发板电源，在 Vivado 界面中依次单击"Open Target"→"Auto Connect"进行连接，连接完毕后弹出"Hardware"窗口，如图 7-9 所示；选中"xc7a35t_0"，单击右键，在弹出的菜单中选择"Program Device"，弹出如图 7-10 所示的窗口，该窗口中的 Bitstream file、Debug probes file 中会自动添加 bit 文件、.ltx 文件，单击"Program"开始编程下载；如果在该窗口中没有自动添加 bit 文件、.ltx 文件，那么需要单击后面的"…"进行手动添加。

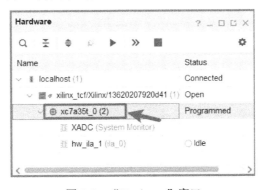

图 7-9　"Hardware"窗口

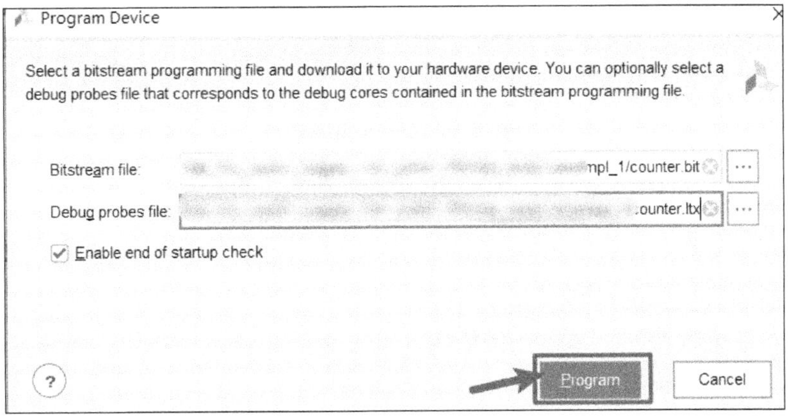

图 7-10　"Program Device"窗口

程序下载完毕后自动弹出"hw_ila_1"窗口，该窗口为 ILA 抓取数据的显示窗口，如图 7-11 所示。单击窗口中的单次触发按钮，如图 7-12 所示，开始对数据进行抓取，ILA 抓取结果如图 7-13 所示，由图 7-13 可知，当 cnt = 255 时，在时钟的上升沿到来时，cnt 溢出清零，同时 carry = 1'b1。

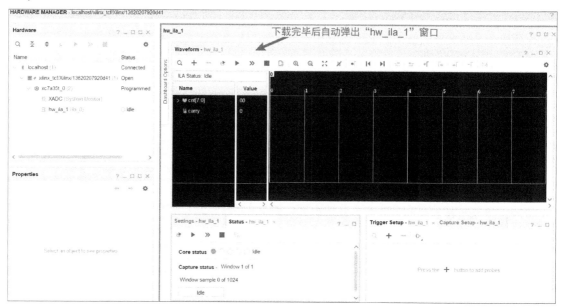

图 7-11   "hw_ila_1"窗口

图 7-12   单次触发

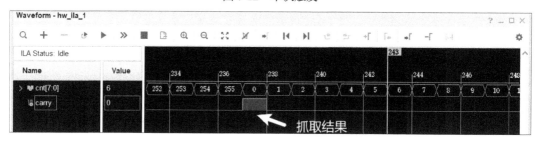

图 7-13   ILA 抓取结果

7.1.3   ILA 抓取窗口按钮说明

ILA 抓取窗口上方的工具栏有许多按钮，如图 7-14 所示，下面对这些按钮中常用按钮的功能按照图中的编号一一进行解释。

（1）重复自动触发按钮，单击该按钮后，单击 2 号单次触发按钮开始触发，ILA 窗口中的数据将重复自动采集刷新。

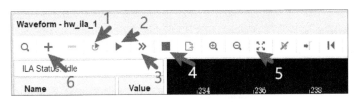

图 7-14　ILA 窗口工具栏按钮

（2）单次触发按钮，在重复触发按钮没有被选中时，单击该按钮，ILA 数据抓取执行一次。

（3）强制执行按钮，单击该按钮后，当触发条件没有到来时，本次触发也会强制执行。

（4）停止触发按钮，单击后将会结束触发操作。

（5）窗口显示调整，将波形整体显示出来，匹配窗口大小进行显示。

（6）添加抓取信号，单击一次该按钮，在弹出的下拉框中添加要抓取显示的信号。

7.2　VIO IP 核

VIO（Virtual Input/Output，虚拟输入输出）IP 核是一种用于调试 AMD FPGA 的 IP 核。它支持设计开发人员直接通过 JTAG 接口对其进行控制，实现对 FPGA 内部寄存器的读写访问，从而确认设计的运行状态与问题定位。此外，VIO 还可以与其他 IP 核配合使用，帮助开发人员更高效地调试整个系统。

7.2.1　VIO IP 核创建

在 Vivado 的"IP Catalog"界面中，输入"VIO"进行搜索，在结果栏中选择"VIO"，如图 7-15 所示，双击 IP 核进入 IP 核配置界面。

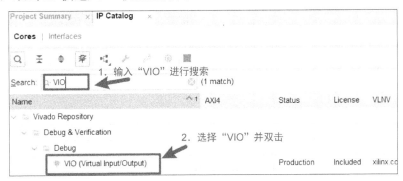

图 7-15　VIO 搜索结果

下面对 VIO 的整个配置进行详细讲解。

（1）General Options 配置选项：该配置选项主要设置 VIO IP 核输入输出探针的数目。

① Input Probe Count：用于设置输入探针的数量，也就是 VIO IP 核有几个输入端口。

② Output Probe Count：用于设置输出探针的数量，也就是 VIO IP 核有几个输出端口。这里将输入探针数量设置为 3，将输出探针数量设置为 1，如图 7-16 所示。

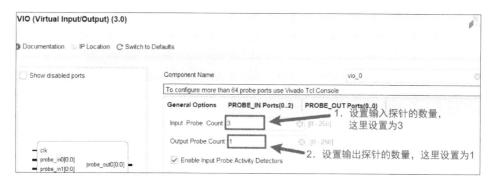

图 7-16　General Options 配置

（2）PROBE_IN Ports 配置选项：用于设置各个输入探针的数据位宽，如图 7-17 所示。

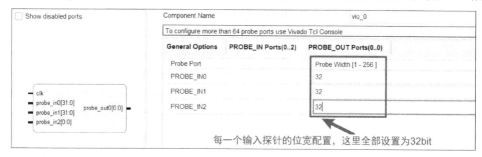

图 7-17　PROBE_IN Ports 配置

（3）PROBE_OUT Ports 配置选项：用于配置各个输出探针的数据位宽，如图 7-18 所示，配置完成后单击"OK"。

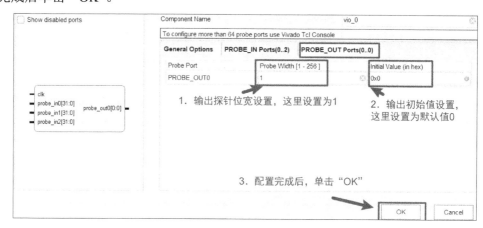

图 7-18　PROBE_OUT Ports 配置

（4）进入生成界面，单击"Generate"开始生成，如图 7-19 所示，生成完成后弹出如图 7-20 所示的对话框，单击"OK"完成。

IP 核生成完成后，回到工程窗口的 Sources 栏，单击"IP Sources"，可以看到刚生成的 vio_0 IP 核，如图 7-21 所示；单击 vio_0 的分层列表，其中的 vio_0.veo 为 verilog 的例化模板，其内容如图 7-22 所示。

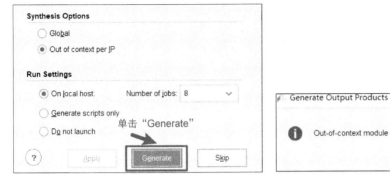

图 7-19　生成 IP 核

图 7-20　IP 核生成完成确认

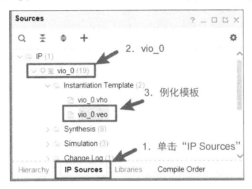

图 7-21　单击"IP Sources"

```
//----------- Begin Cut here for INSTANTIATION Template ---/
vio_0 your_instance_name (    ◄──例化模板内容
  .clk(clk),                  // input wire clk
  .probe_in0(probe_in0),      // input wire [31 : 0] probe_in0
  .probe_in1(probe_in1),      // input wire [31 : 0] probe_in1
  .probe_in2(probe_in2),      // input wire [31 : 0] probe_in2
  .probe_out0(probe_out0)     // output wire [0 : 0] probe_out0
);
// INST_TAG_END ------ End INSTANTIATION Template ---------
```

图 7-22　vio_0.veo 例化模板内容

7.2.2　VIO IP 核实际应用举例

将上面例化的 VIO 模块应用于 5.6.3 节中的数字时钟顶层实现模块中，对时、分、秒的十进制数据及时、分、秒的 BCD 码进行监测，digital_clock_top 模块添加 vio_0 模块后的顶层设计如下，vio_0 对 hour、minute、second、hour_BCD、minute_BCD、second_BCD 变量值进行监视。

```
module digital_clock_top(
    input          clk         ,    // 时钟：50MHz
    input          reset_n     ,    // 复位，低电平有效
    input    [3:0] key_in      ,
    output         shift_clk   ,
    output         out_reg_clk ,
    output         serial_out
);
    // 按键控制
    wire [3:0] key_out    ;
```

```systemverilog
wire [3:0]  key_pulse    ;
// time variable
wire [4:0]  hour         ;
wire [7:0]  minute       ;
wire [7:0]  second       ;
// BCD 码
wire [7:0]  hour_BCD     ;
wire [7:0]  minute_BCD   ;
wire [7:0]  second_BCD   ;
// 显示数据二进制输入
wire [31:0] data_in      ;
wire        data_in_en   ;
wire [ 7:0] bit_sel      ;
wire [ 7:0] display_code ;
wire        data_out_en  ;


//------------------------------------------------
// 按键控制模块例化
//------------------------------------------------
genvar i;
generate for(i=0; i<4; i=i+1)
    begin: u0_key_filter
        key_filter key_filter(
            .clk            (clk          ),  // 时钟：50MHz
            .reset_n        (reset_n      ),  // 复位，低电平有效
            .key_in         (key_in[i]    ),  // 按键输入
            .key_switch     (             ),  // 1 代表有效, 0 代表无效
            .key_out        (key_out[i]   )   // 按键输出
            );
    end
endgenerate


key_ctrl u1_key_ctrl(
.clk            (clk            ),
.reset_n        (reset_n        ),
.s1_key_in      (key_out[0]     ),  // s1 按键输入
.s2_key_in      (key_out[1]     ),  // s2 按键输入
.s3_key_in      (key_out[2]     ),  // s3 按键输入
.s4_key_in      (key_out[3]     ),  // s4 按键输入
.s1_pulse_neg   (key_pulse[0]   ),  // s1 按键脉冲输出
.s2_pulse_neg   (key_pulse[1]   ),  // s2 按键脉冲输出
.s3_pulse_neg   (key_pulse[2]   ),  // s3 按键脉冲输出
.s4_pulse_neg   (key_pulse[3]   )   // s4 按键脉冲输出
);


//------------------------------------------------
// 时间控制模块例化
//------------------------------------------------
```

```
time_ctrl #(
.ONE_SECOND_PAR(32'd50_000_000)           // 定时：1s
)
u2_time_ctrl(
.clk           (clk            ),       // 时钟：50MHz
.reset_n       (reset_n        ),       // 复位，低电平有效
.hour_set      (key_pulse[0]   ),       // 单周期脉冲信号
.min_set       (key_pulse[1]   ),       // 单周期脉冲信号
.sec_set       (key_pulse[2]   ),       // 单周期脉冲信号
.mode_set      (key_pulse[3]   ),       // 单周期脉冲信号
.hour          (hour           ),       // 时数值输出
.minute        (minute         ),       // 分数值输出
.second        (second         )        // 秒数值输出
);


//------------------------------------------------
// BCD 码模块例化
//------------------------------------------------
BCD_code u3_BCD_code(
.clk           (clk          ),       // 时钟：50MHz
.reset_n       (reset_n      ),       // 复位，低电平有效
.hour          (hour         ),       // 时数值输入
.minute        (minute       ),       // 分数值输入
.second        (second       ),       // 秒数值输入
.hour_BCD      (hour_BCD     ),       // 时 BCD 码输出
.minute_BCD    (minute_BCD   ),       // 分 BCD 码输出
.second_BCD    (second_BCD   )        // 秒 BCD 码输出
);
assign data_in = {hour_BCD, 4'hF, minute_BCD, 4'hF, second_BCD};


vio_0 vio_0 (
.clk           (clk                                      ), // input wire clk
.probe_in0({11'd0,hour, minute, second}                  ), // input wire
.probe_in1({8'd0, hour_BCD,minute_BCD,second_BCD}        ),
.probe_in2(data_in                                       ),
.probe_out0(data_in_en                                   )
);


//------------------------------------------------
// BCD 码模块例化
//------------------------------------------------
scan_driver u4_scan_driver(
.clk           (clk            ),  // 时钟：50MHz
.reset_n       (reset_n        ),  // 复位，低电平有效
.data_in       (data_in        ),  // 待显示数据输入，BCD 码输入
.data_in_en    (1'b1           ),  // 待显示数据输入使能
.bit_sel       (bit_sel        ),  // 位选信号输出
.display_code  (display_code   ),  // 显示译码输出
```

```
    .data_out_en    (data_out_en   )   //   数据输出使能
    );


    SN74HC595_driver u5_SN74HC595_driver(
    .clk            (clk           ),  //  时钟：50MHz
    .reset_n        (reset_n       ),  //  复位，低电平有效
    .bit_sel        (bit_sel       ),  //  位选信号输出
    .display_code   (display_code  ),  //  显示译码输出
    .data_en        (data_out_en   ),  //  输入数据使能，1 代表使能，0 代表禁用
    .shift_clk      (shift_clk     ),  //  74HC595 移位寄存器时钟输出
    .out_reg_clk    (out_reg_clk   ),  //  74HC595 输出寄存器时钟输出
    .serial_out     (serial_out    )   //  74HC595 串行数据输出
    );
endmodule
```

对修改后的工程进行重新编译，编译完成后，将生成的 bit 文件、.ltx 文件下载到开发板上的 FPGA 芯片中，下载完成后，在 Vivado 界面自动弹出"hw_vios"窗口，单击"＋"，将需要查看的信号添加到窗口中，如图 7-23 所示。在"hw_vios"窗口中将 hour、minute、second 设置为十进制无符号显示形式，将 hour_BCD、minute_BCD、second_BCD 设置为十六进制显示形式，设置完成后可以看到 Value 列中的数字前有[U]、[H]的字样，其中，[U]表示无符号十进制，[H]表示十六进制，由图 7-23 可知，十进制与 BCD 码的输出显示结果一致。

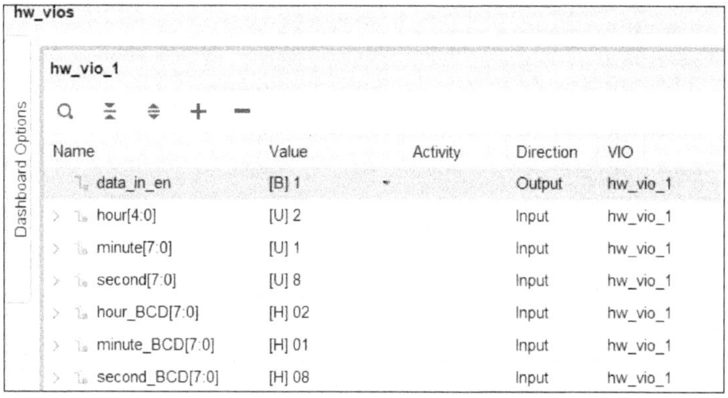

图 7-23　vio 输入、输出变量显示窗口

程序在 FPGA 芯片上运行，输出到数码管的显示结果如图 7-24 所示，该显示结果与 VIO 监测数据一致。

图 7-24　输出到数码管的显示结果

7.3　锁相环——Clocking Wizard IP 核

锁相环（Phase Locked Loop）是 FPGA 开发中常用的 IP 核之一，它本质上是一种频率反

馈电路，用于对输入的时钟进行分频、倍频、相位偏移，产生我们需要的时钟频率与相位。在 Vivado 中，锁相环由专用的 IP 核 Clocking Wizard 实现。下面我们将对 Vivado 中 Clocking Wizard IP 核的基本用法进行讲解。

7.3.1　Clocking Wizard IP 核创建

如图 7-25 所示，在 IP Catalog 搜索栏中输入"clocking wizard"，在结果界面选择"Clocking Wizard"，并双击进入配置界面。

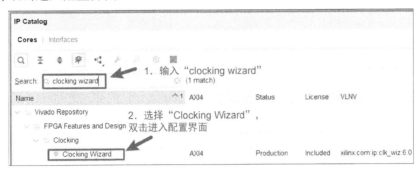

图 7-25　clocking wizard 搜索

下面对 Clocking Wizard IP 核的配置进行详细讲解。

（1）"Clocking Options"配置界面：主要对输入时钟的时钟频率进行配置。如图 7-26 所示，在下方的"Input Clock Information"栏中的"Primary"行中设置输入时钟的频率，在"Input Frequency"中输入输入时钟的频率，根据实际情况进行设置，这里设置为 50MHz，该界面中的其他配置项保持不变。

图 7-26　"Clocking Options"配置界面

（2）"Output Clocks"配置界面：用于对输出时钟的频率和使能几路输出时钟进行配置。

① 如图 7-27 所示，在"Output Clock"列勾选需要启用的时钟输出，实际情况中需要几路就勾选几路，这里为了仿真 IP 核的特性，选择全部勾选上，并在"Output Freq"列中的

"Requested"列中输入需要输出的频率。

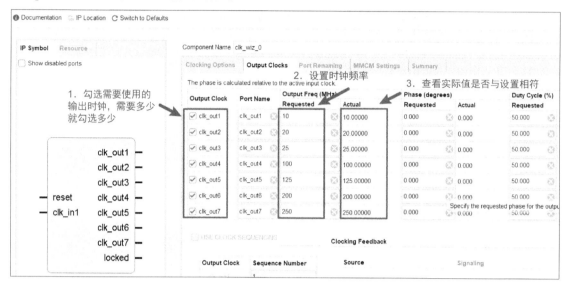

图 7-27 　"Output Clocks"配置界面 01

② 如图 7-28 所示，在"Enable Optional Inputs/Outputs for MMCM/PLL"中根据需要进行勾选，这里勾选复位，并将其有效电平极性设置为"Active Low"，取消勾选"locked"。

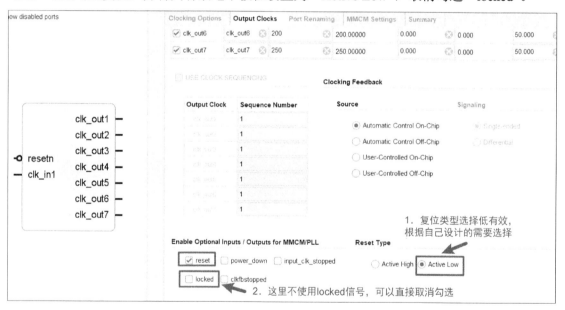

图 7-28 　"Output Clocks"配置界面 02

（3）如图 7-29、图 7-30 和图 7-31 所示，这些界面中的配置项不需要修改，保持默认即可，直接单击右下角的"OK"，在弹出的对话框中选择"generate"，开始 IP 核的生成；生成完成后弹出生成完成的提示信息，如图 7-32 所示，单击"OK"结束；随后在 IP Sources 栏中可以看到刚生成完成的 clk_wiz_0 IP 核及例化模板，如图 7-33 所示。

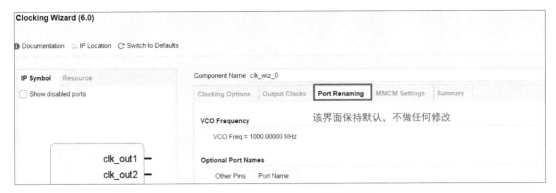

图 7-29　"Port Renaming" 配置界面

图 7-30　"MMCM Settings" 配置界面

图 7-31　"Summary" 配置界面

图 7-32　IP 生成完成提示

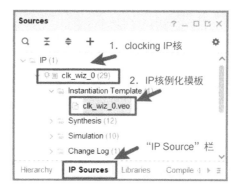

图 7-33　clk_wiz_0 IP 核及例化模板

7.3.2　Clocking Wizard IP 核仿真验证

为了验证 clk_wiz_0 IP 核各个时钟输出端输出的时钟频率与预期设定值是否相同，我们编写 Testbench 模块 clocking_wizard_tb.sv 对 clk_wiz_0 IP 核的特性进行仿真，仿真激励文件 clocking_wizard_tb.sv 的设计如下。

```
`timescale  1ns / 1ns
`define     cycle 20
module clocking_wizard_tb;
    wire    clk_out1    ;
    wire    clk_out2    ;
    wire    clk_out3    ;
    wire    clk_out4    ;
    wire    clk_out5    ;
    wire    clk_out6    ;
    wire    clk_out7    ;
    logic   clk_in1     ;
    logic   resetn      ;   // active low

    /* clk_wiz_0 实体例化 */
    clk_wiz_0 clk_wiz_0     (
    .clk_out1   (clk_out1   ),      // output clk_out1__10.00000
    .clk_out2   (clk_out2   ),      // output clk_out2__20.00000
    .clk_out3   (clk_out3   ),      // output clk_out3__25.00000
    .clk_out4   (clk_out4   ),      // output clk_out4__100.00000
    .clk_out5   (clk_out5   ),      // output clk_out5__125.00000
    .clk_out6   (clk_out6   ),      // output clk_out6__200.00000
    .clk_out7   (clk_out7   ),      // output clk_out7__250.00000
    .resetn     (resetn     ),      // input resetn
    .clk_in1    (clk_in1    )       // input clk_in1__50.00
    );
    /* 产生时钟激励 */
    initial
        begin
            clk_in1 = 1'b1; forever #(`cycle/2) clk_in1 = ~clk_in1;
        end
```

```
initial
    begin
        resetn = 1'b0; #(`cycle*5); resetn = 1'b1;
        #(`cycle*80);
        $stop;
    end
endmodule
```

在 Vivado 中运行仿真，其结果如图 7-34 所示，可以看到在复位释放后的一段时间内，所有时钟的输出均为低电平，这是因为复位刚释放后，锁相环处于失锁状态还未锁住，此时 IP 核不输出，当锁相环锁住后，开始输出分频、倍频的时钟。

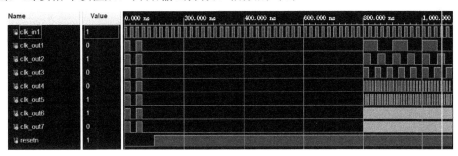

图 7-34　clk_wiz_0 IP 核仿真结果 01

如图 7-35 所示，clk_out1 时钟周期为 clk_in1 时钟周期的 5 倍，clk_out2 时钟周期为 clk_in1 时钟周期的 2.5 倍，clk_out3 时钟周期为 clk_in1 时钟周期的 2 倍，clk_out4 时钟周期为 clk_in1 时钟周期的 0.5 倍，与预期设计的时钟频率相符，说明 clk_wiz_0 IP 核实现了对应时钟的分频和倍频功能；同理，对图 7-36 进行分析，可知功能正确。

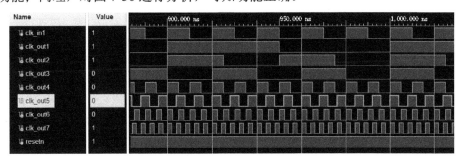

图 7-35　clk_wiz_0 IP 核仿真结果 02

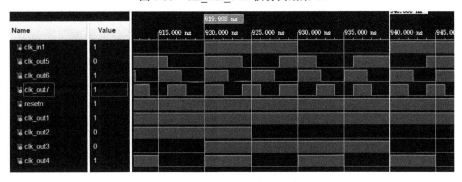

图 7-36　clk_wiz_0 IP 核仿真结果 03

7.4 块 RAM 使用——双端口 RAM IP 核

双端口 RAM 是指拥有两个读写端口的 RAM，双端口 RAM 分为真双端口 RAM 与伪双端口 RAM（一个端口只能读，另一个端口只能写）。双端口 RAM 在异构系统中广泛应用，通过双端口 RAM 可以实现异构芯片的数据交互，下面将对 AMD FPGA 的双端口 RAM IP 进行讲解。

7.4.1 双端口 RAM IP 核的创建

（1）新建一个名为 RAM_IP_study 的工程，进入工程主界面，单击 Vivado 工程窗口左侧"PROJECT MANAGER"下的"IP Catalog"，在右侧弹出"IP Catalog"窗口，在搜索栏中输入"block memory"进行搜索，在结果栏中选择"Block Memory Generator"，如图 7-37 所示，双击"Block Memory Generator"IP 核选项进入配置界面。

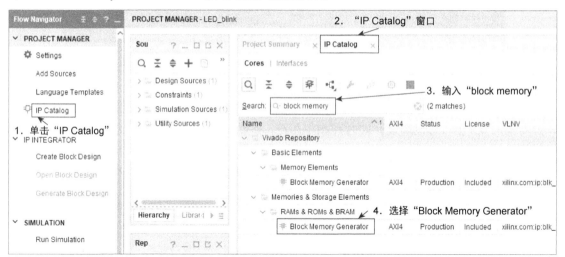

图 7-37　Block Memory Generator 搜索

（2）进入如图 7-38 所示的"Basic"配置界面，详细配置如下。

① Interface Type：接口类型有 Native 与 AXI 接口两种，AXI 类型用于采用 AXI 接口对 RAM 进行访问，Native 接口为简单的"读写使能 + 地址 + 数据"形式的接口，只要在每个 clk 有效沿到来时，使能有效，就将数据写入 RAM 或从 RAM 读取出数据。

② Memory Type：存储器的类型选择，有 Single Port RAM、Simple Dual Port RAM、True Dual Port RAM、Single Port ROM、Dual Port ROM 这 5 种类型可供选择，这里选择"Simple Dual Port RAM"简单双端口 RAM。

对于其余配置项，如 ECC Options（ECC 纠错配置）、Write Enable（写使能配置）、Algorithm Options（RAM 实现算法配置）等，保持默认配置。

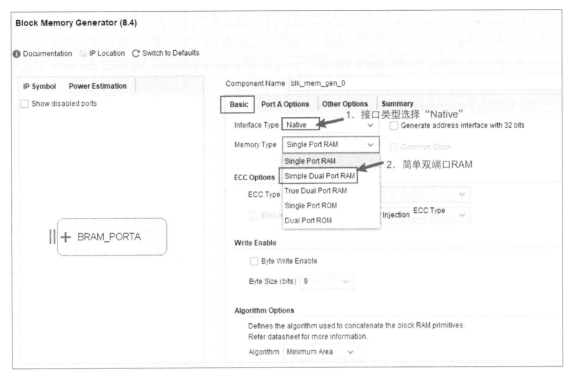

图 7-38　"Basic"配置界面

（3）进入如图 7-39 所示的"Port A Options"配置界面，详细配置如下。

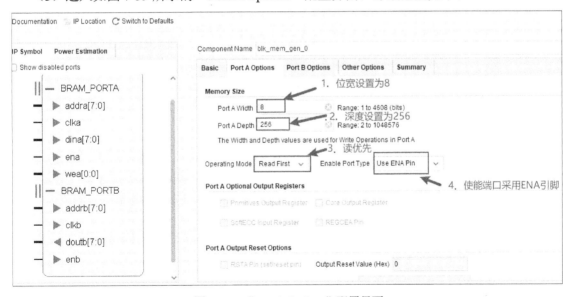

图 7-39　"Port A Options"配置界面

① Port A Width：用于配置端口 A 的位宽，用户可以根据自己的需要选择位宽，这里设置为 8。

② Port A Depth：用于配置端口 A 的访问深度，用户可根据自己的需要选择，这里设置为 256。

③ Operating Mode：有 Write First、Read First、No Change 三种配置可选。Write First 模

式，当异步时钟导致在同一端口地址上可能同时进行读写操作时，建议选用此模式；Read First 模式，此模式保证不会发生冲突（读取将安全地访问先前的内存内容），但会增加 BRAM 的功耗；No Change 模式，此模式确保最低功耗，但不保证当两个端口在同一时钟周期访问同一地址时不会发生冲突。此处选择 Read First 模式。

④ Enable Port Type：使能端口类型有 Use ENA Pin、Always Enabled 两种，选择 Always Enabled 时，ENA 端口将一直被赋值为 1，在 IP 核的端口上将不再显示 ENA 端口，这里选择 Use ENA Pin。

其余配置保持默认。

（4）进入如图 7-40 所示的"Port B Options"配置界面，详细配置如下。

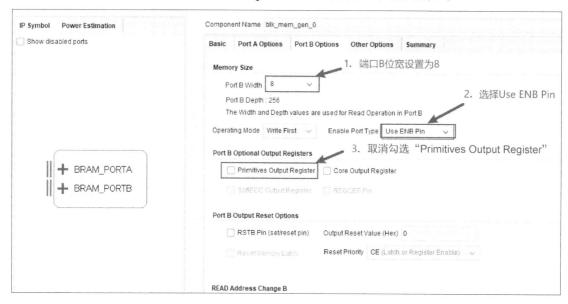

图 7-40   "Port B Options"配置界面

① Port B Width：用于配置端口 B 的位宽，这里设置为 8。

② Enable Port Type：这里选择 Use ENB Pin。

③ Primitives Output Register：原语输出寄存器，勾选该选项后，RAM IP 核在每个时钟沿到来时，采样到 addrb 地址端口对应的输出数据将延迟一个周期输出，而不会在当前时钟沿立即输出，这里不勾选，保证每一个时钟沿到来时，输出当前 addrb 地址对应的数据。

Port B Options 选项中的其他配置保持默认不变。

（5）进入如图 7-41 所示的"Other Options"配置界面，该界面主要用于添加初始化文件，这里不对 RAM 初始化，因此不添加初始化文件，在后面的 ROM 使用中，我们会讲解初始化文件的添加使用。

（6）进入如图 7-42 所示的"Summary"配置界面，该界面为双端口 RAM 配置的总结界面，直接单击"OK"开始生成双端口 RAM IP 核，生成完成后回到 Vivado 主界面，blk_mem_gen_0 将自动添加到工程的"IP Sources"栏中，如图 7-43 所示。

以上操作采用 Block Memory Generator 完成了整个简单双端口 RAM IP 核的生成，下面将对双端口 RAM 的访问特性进行仿真验证。

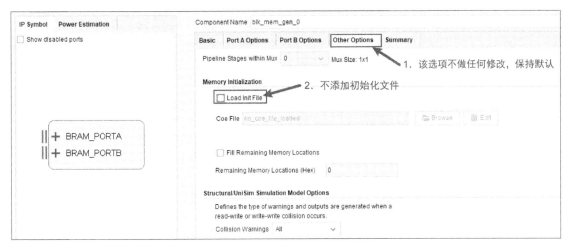

图 7-41　"Other Options"选项配置

图 7-42　"Summary"配置界面

图 7-43　"IP Sources"栏中的双端口 RAM IP 核

7.4.2　双端口 RAM IP 核读写仿真

为了对简单双端口 RAM 的读写时序特性进行学习,编写 Testbench 模块 ram_ip_tb.sv 对 IP 核进行仿真,该测试激励先向双端口 RAM 中写入 0～11 这 12 个数据,再从 RAM 中依次读取数据,在 Testbench 中写入时钟频率 clka 为读取时钟频率 clkb 的两倍,ram_ip_tb.sv 的内容如下。

```
`timescale  1ns / 1ns
`define     cycle 20
```

```
module ram_ip_tb;
    logic              clka    ;
    logic              ena     ;
    logic              wea     ;
    logic   [7 : 0]    addra   ;
    logic   [7 : 0]    dina    ;
    logic              clkb    ;
    logic              enb     ;
    logic   [7 : 0]    addrb   ;
    wire    [7 : 0]    doutb   ;


    blk_mem_gen_0 blk_mem_gen_0 (
    .clka    (clka    ),        // A 端口时钟
    .ena     (ena     ),        // A 端口使能
    .wea     (wea     ),        // A 端口写使能
    .addra   (addra   ),        // A 端口地址
    .dina    (dina    ),        // A 端口数据输入
    .clkb    (clkb    ),        // B 端口时钟
    .enb     (enb     ),        // B 端口使能
    .addrb   (addrb   ),        // B 端口地址
    .doutb   (doutb   )         // B 端口数据输出
    );
    //------------------------------
    // 1.产生 A、B 端口时钟
    //------------------------------
    initial
        begin
            clka = 1'b1; forever #(`cycle/2) clka = ~clka;
        end
    initial
        begin
            clkb = 1'b1; forever #(`cycle*1) clkb = ~clkb;
        end
    //------------------------------
    // 2. 读写激励产生
    //------------------------------
    integer i;                  // 循环操作次数
    initial
        begin
            ena = 1'b0; wea = 1'b0;
            addra = 8'd100; dina = 8'd100; i = 0;
            enb = 1'b0; addrb = 8'd5; #(`cycle*3.2);
            //case1: 写数据到 RAM
            //-------------------
            for(i=0; i<12; i=i+1)
                begin
                    ena = 1'b1; wea = 1'b1;
                    addra = i; dina = i; #(`cycle*1);
```

```
                end
            ena = 1'b0; wea = 1'b0;
            addra = 8'd0; dina = 8'd0;
            #(`cycle*5);
            //case2: 读取 RAM 数据
            //-------------------
            for(i=0; i<15; i=i+1)    // 读取 RAM 循环
                begin
                    enb = 1'b1; addrb = i;
                    #(`cycle*2);              // 两倍时钟周期
                end
            enb = 1'b0; addrb = 8'd0; #(`cycle*5);
            $stop;
        end
endmodule
```

　　双端口 RAM 的写操作仿真时序如图 7-44 所示，在使能 ena、wea 有效时，在 clka 的上升沿依次将数据端口的数据写入地址端口所指的存储单元中，由图 7-44 可知，依次将数据 0 写入地址 0，将数据 1 写入地址 1，以此类推，直到数据 11 写入地址 11，完成这 12 个数据的写入操作。

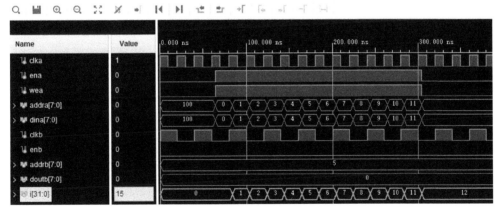

图 7-44　双端口 RAM 的写操作仿真时序

　　双端口 RAM 的读操作仿真时序如图 7-45 所示，当读使能 enb=1'b1 时，在 clkb 的上升沿输出 addrb 地址中对应的数据，由仿真可知，地址 0 输出 0，地址 1 输出 1，直到地址 11 输出数据 11，继续读取地址 12、13、14 时，由于在写入时并未写入数据，因此这些地址读取输出的值为 0。

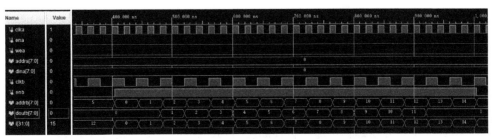

图 7-45　双端口 RAM 的读操作仿真时序

7.5 块 RAM 的使用——单端口 ROM

在 FPGA 开发设计中，有时我们需要存储初始化配置数据或者波形数据，而存储这些数据的方式有两种，一种是采用寄存器的方式进行存储，这种方式的缺点是，若配置数据量巨大，则需要消耗大量的寄存器，实现的可能性较小；另外一种方式是将配置数据存储在 ROM 中，当需要时，从对应地址中读取出对应的数据，这种实现方式在 FPGA 中为主要实现方式，而 ROM 的实现则采用 ROM IP 核。下面将用 ROM 存储三角波数据的方式对 ROM IP 的使用进行讲解。

7.5.1 ROM IP 核的创建

（1）新建一个名为 ROM_IP_study 的工程，进入工程主界面，单击 Vivado 工程窗口左侧"PROJECT MANAGER"下的"IP Catalog"，在右侧弹出"IP Catalog"窗口，在搜索栏中输入"block memory"进行搜索，在结果栏中选择"Block Memory Generator"，如图 7-46 所示，双击"Block Memory Generator"IP 核选项，进入配置界面。

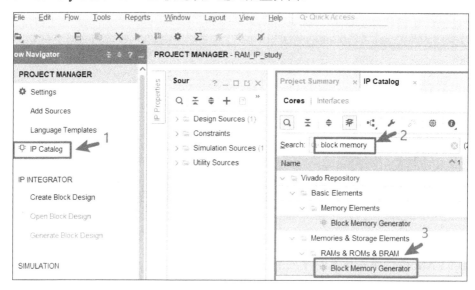

图 7-46 Block Memory Generator 搜索

（2）进入如图 7-47 所示的"Basic"配置界面，详细配置如下。

① Interface Type：接口类型有 Native 与 AXI 接口两种，AXI 类型用于采用 AXI 接口对 RAM 进行访问，Native 接口为简单的"读使能 + 地址"形式的接口，只要在每个 clk 有效沿到来时，使能有效，就从 ROM 中读取数据。

② Memory Type：存储器的类型选择，有 Single Port RAM、Simple Dual Port RAM、True Dual Port RAM、Single Port ROM、Dual Port ROM 这 5 种类型可供选择，这里选择"Single Port ROM"（单端口 ROM）。

Basic 配置选项中其余配置项保持默认配置不变。

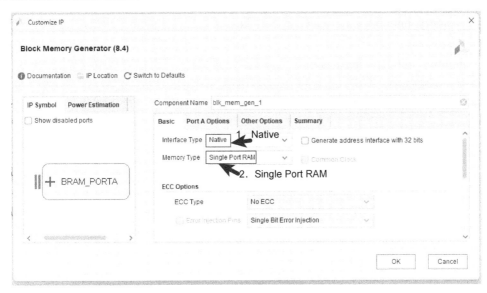

图 7-47　"Basic"配置界面

（3）进入如图 7-48 所示的"Port A Options"配置界面，详细配置如下。

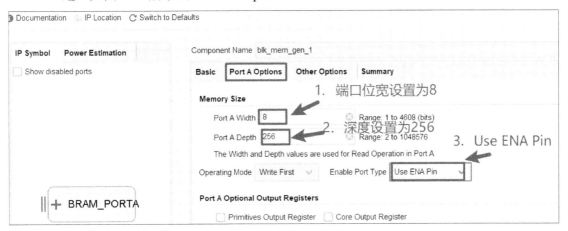

图 7-48　"Port A Options"配置界面

① Port A Width：用于配置端口 A 的位宽，用户可以根据自己的需要进行配置，这里设置为 8。

② Port A Depth：用于配置端口 A 的深度，用户可以根据需要进行设置，这里设置为 256。

③ Enable Port Type：用于配置使能端口类型，使能端口类型有 Use ENA Pin、Always Enabled 两种，选择 Always Enabled 时，ENA 端口将一直被赋值为 1，在 IP 核的端口上将不再显示 ENA 端口，此时 IP 核在每一个 clka 的上升沿都输出当前地址端口输入地址对应的存储数据；为了使 ROM 输出数据受使能信号控制，这里选择 Use ENA Pin，当 ena＝1'b1 时，ROM 输出使能，否则 ROM 在 clka 上升沿到来时不输出数据。

其余配置项保持默认不变。

（4）进入如图 7-49 所示的"Other Options"配置界面，详细配置如下。

① 勾选"Load Init File"，使能加载初始化配置文件。

② 单击"Edit"，弹出"COE File Editor"窗口。

③ "memory_initialization_radix" 表示存储初始化文件中数据采用的进制，这里输入 10，表示采用十进制。

④ "memory_initialization_vector" 为存储初始化向量，这里可以直接先在 Excel 的某一列输入数据，再粘贴过来即可，这里在 Excel 中输入 1～128、127～0 共 256 个数据，如图 7-50 所示。该数据为三角波形的初始化数据，随后粘贴到这里，依次单击 "Save" → "Close" 即可完成。

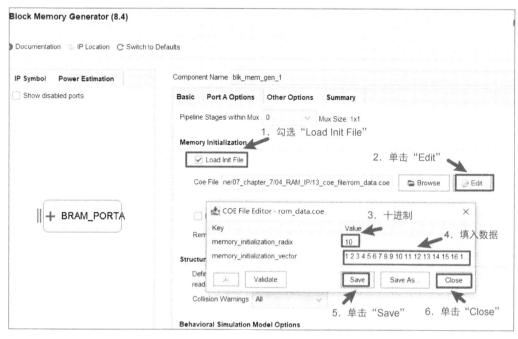

图 7-49　　"Other Options" 配置界面

（5）进入如图 7-51 所示的 "Summary" 配置界面，该界面为 Block Memory Generator 生成单端口 ROM 的总结信息，直接单击 "OK" 开始生成 ROM IP 核，生成完成后，在 Vivado 主界面的 "IP Sources" 栏中可以看到名为 blk_mem_gen_1 的 IP 核。

图 7-50　Excel 数据写入　　　　　　　图 7-51　　"Summary" 配置界面

7.5.2　单端口 ROM 读写仿真

为了对单端口 ROM 的读写时序特性进行学习，编写 Testbench 模块 rom_ip_tb.sv，对 IP 核进行仿真，在 Testbench 中，使能端口 ENA 赋固定值 1，即一直使能 ROM IP 核的地址与数据端口，通过不断循环改变 addra 地址端口的地址，使其数据端口循环输出数据，Testbench 的内容如下。

```
`timescale  1ns / 1ns
`define      cycle 10
module rom_ip_tb;
    logic            clka    ;
    logic            ena     ;
    logic   [7:0]    addra   ;
    wire    [7:0]    douta   ;

    blk_mem_gen_1 blk_mem_gen_1 (
    .clka   (clka   ),      // 时钟输入
    .ena    (ena    ),      // 使能输入
    .addra  (addra  ),      // 地址输入
    .douta  (douta  )       // 数据输出
    );
    initial
        begin
            clka = 1'b1; forever #(`cycle/2) clka = ~clka;
        end
    integer i;
    initial
        begin
            ena = 1'b1; addra = 8'd0; i = 0; #(`cycle*10);
            repeat(10)
                begin
                    for(i=0; i<256; i=i+1)
                        begin
                            addra = i; #(`cycle*1);
                        end
                end
            $stop;
        end
endmodule
```

在 Vivado 中运行仿真，其读取结果如图 7-52 所示，当 addra 地址为 0 时，当前输出数据为 1；当 addra 地址为 1 时，当前输出数据为 2，因此我们存储的初始化文件从数字 1 开始，因此 1 存在地址 0 上，仿真结果对应关系正确。查看地址 128 存储的数据是否为 127，如图 7-53 所示，可以看到地址 128 输出的数据为 127，说明数据 127~0 对应存储于地址 128~255 上，存储正确。将 douta 变量的显示形式修改为"Analog"（模拟显示），观察其输出波形，结果如图 7-54 所示，可以看到输出三角波形，说明 ROM 存储的三角波形数据正确。

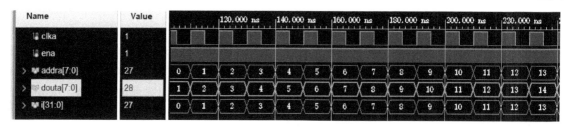

图 7-52　ROM IP 核数据读取结果 01

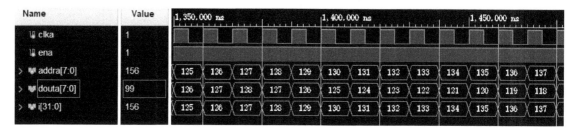

图 7-53　ROM IP 核数据读取结果 02

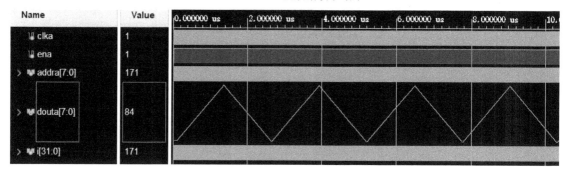

图 7-54　ROM IP 核数据读取整体仿真结果

7.6　块 RAM 使用——FIFO

在 FPGA 开发设计中，FIFO 是一种常用的结构，在高速通信接口设计中，FIFO 常作为缓存单元。在 FPGA 中，FIFO 可由寄存器或块 RAM 构成。FIFO 有两个重要的参数，即宽度与深度，其中宽度是指一次读写操作能够处理的数据位数，深度是指 FIFO 能够存储多少个这种位宽的数据，此外 FIFO 还具有空满标志信号与当前数据个数端口信号，用于指示 FIFO 中当前的数据个数。AMD FPGA 中的 FIFO 有单时钟 FIFO 与双时钟 FIFO 两种，下面将分别进行讲解。

7.6.1　单时钟 FIFO IP 核

1. 单时钟 FIFO IP 例化

（1）新建一个名为 FIFO_IP_study 的工程，进入工程主界面，单击 Vivado 工程窗口左侧"PROJECT MANAGER"下的"IP Catalog"，在右侧弹出"IP Catalog"窗口，在搜索栏中输入"FIFO"进行搜索，在结果栏中选择"FIFO Generator"，如图 7-55 所示，双击"FIFO Generator"IP 核选项，进入配置界面。

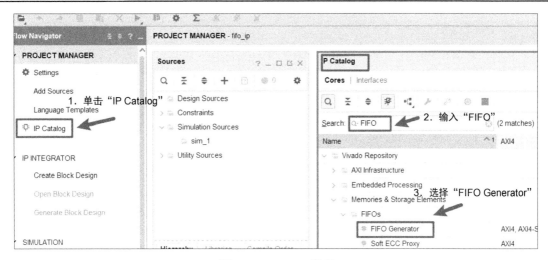

图 7-55　FIFO IP 搜索

（2）进入如图 7-56 所示的"Basic"配置界面，详细配置如下。

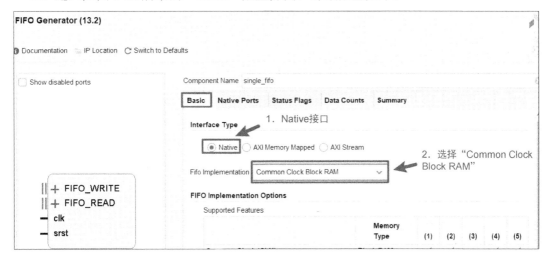

图 7-56　"Basic"配置界面

① Interface Type：接口类型支持 Native、AXI Memory Mapped、AXI Stream 三种，AXI 类型的接口适用于采用 AXI 接口的模块对 FIFO 进行读写访问；本地（Native）接口为缓冲、数据位宽转换和时钟域去耦等应用提供最优方案，这里选择 Native 接口类型。

② Fifo Implementation：FIFO 实现类型有 Block RAM、Distributed RAM、Shift Register、Builtin FIFO 这 4 种，这里选择"Common Clock Block RAM"。

其余配置项保持默认配置。

（3）进入如图 7-57 所示的"Native Ports"配置界面，详细配置如下。

① Read Mode：选择"Standard FIFO"模式。

② Write Width：用于配置 FIFO 写入数据位宽，用户根据需要进行配置，这里设置为 8。

③ Write Depth：用于配置 FIFO 数据深度，用户根据需要进行配置，这里设置为 256。

④ Read Width：用于配置 FIFO 读取数据位宽，用户根据需要进行配置，这里设置为 8。

⑤ Reset Pin：勾选复位引脚，并且复位的模式为同步复位"Synchronous Reset"。

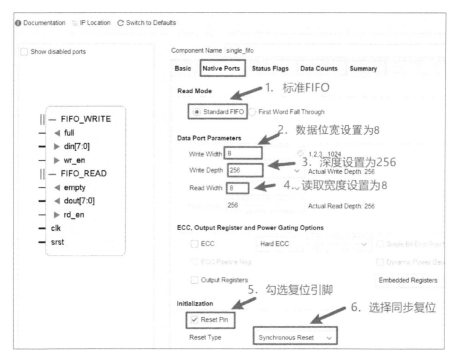

图 7-57　"Native Ports"配置界面

（4）进入如图 7-58 所示的"Status Flags"配置界面，在该界面勾选"Read Port Handshaking"下的"Valid Flag"，并将有效属性设置为高电平有效。

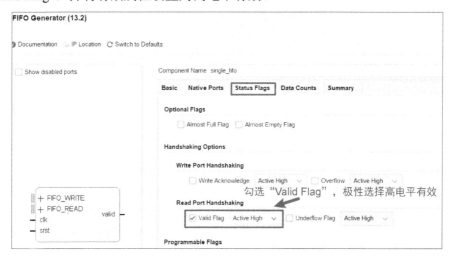

图 7-58　"Status Flags"配置界面

（5）进入如图 7-59 所示的"Data Counts"配置界面，在该界面只需要勾选"Data Count"，用于输出显示当前 FIFO 中数据的个数，该界面中其余配置项保持默认。

（6）进入如图 7-60 所示的"Summary"配置界面，该界面为总结信息界面，用于显示单时钟 FIFO 的配置信息，直接单击"OK"，开始 FIFO IP 的生成，生成完毕后，IP 核自动添加到工程中。

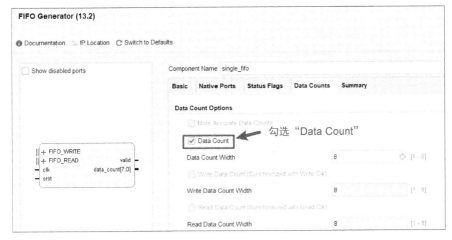

图 7-59　"Data Counts"配置界面

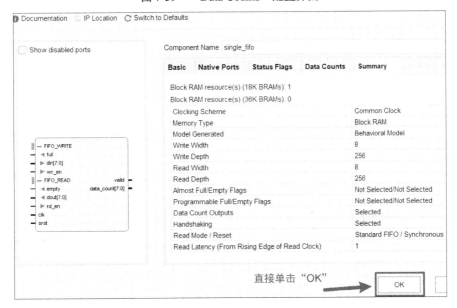

图 7-60　"Summary"配置界面

2. 单时钟 FIFO 读写仿真

为了对单时钟 FIFO 的读写时序特性进行学习,编写 Testbench 模块 single_fifo_tb.sv 对 IP 核进行仿真,FIFO 读写使能为高电平有效,在读写使能信号有效的情况下,每个 clk 的上升沿到来时进行一次读写操作,Testbench 的内容如下。

```
`timescale  1ns / 1ns
`define     cycle 10
module single_fifo_tb;
    logic           clk      ;
    logic           srst     ;
    logic   [7 :0]  din      ;
    logic           wr_en    ;
    logic           rd_en    ;
    wire    [7 :0]  dout     ;
```

```verilog
wire                full        ;
wire                empty       ;
wire                valid       ;
wire      [7 :0]    data_count  ;

single_fifo single_fifo (
    .clk          (clk          ),   // input    wire clk
    .srst         (srst         ),   // input    wire srst
    .din          (din          ),   // input    wire [7 : 0] din
    .wr_en        (wr_en        ),   // input    wire wr_en
    .rd_en        (rd_en        ),   // input    wire rd_en
    .dout         (dout         ),   // output   wire [7 : 0] dout
    .full         (full         ),   // output   wire full
    .empty        (empty        ),   // output   wire empty
    .valid        (valid        ),   // output   wire valid
    .data_count   (data_count   )    // output   wire [7 : 0] data_count
    );

initial
    begin
        clk = 1'b1; forever #(`cycle/2) clk = ~clk;
    end
integer i;
initial
    begin
        srst = 1'b1; din = 8'd0; wr_en = 1'b0;
        rd_en = 1'b0; #(`cycle*4.1); srst   = 1'b0;
        for(i=0; i<257; i=i+1)
            begin
                din = i+3; wr_en = 1'b1; #(`cycle*1);
            end
        wr_en = 1'b0; #(`cycle*5);
        for(i=0; i<257; i=i+1)
            begin
                rd_en = 1'b1; #(`cycle*1);
            end
        #(`cycle*3); rd_en = 1'b1; #(`cycle*10); $stop;
    end
endmodule
```

在 Vivado 中运行 Testbench，运行完毕后弹出仿真结果。对数据写入过程进行分析，当 wr_en=1'b1 时，在 clk 上升沿到来时，将数据端口 din 上的数据写入 FIFO，同时 data_count 的值立刻加 1，如图 7-61 所示，当第一个数据 din = 8'd3 在 clk 上升沿到来时写入 FIFO，此刻 data_count 的值由 0 变为 1，同时 empty 信号立刻拉低，标志 FIFO 非空。如图 7-62 所示，当第 256 个数据 din = 8'd3 写入 FIFO 时，满（full）信号立刻拉高，同时 data_count 溢出变为 0；如果继续写入数据 data_count，保持 8'd0 不变，同时 full 信号保持高电平不变，那么此时无法写入数据。

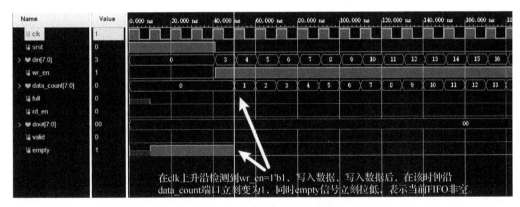

图 7-61　FIFO 写操作仿真结果 01

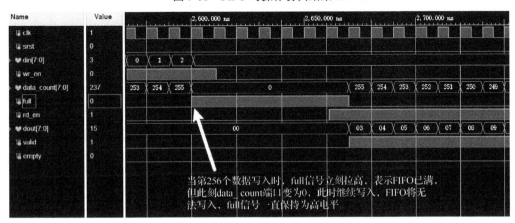

图 7-62　FIFO 写操作仿真结果 02

当 FIFO 处于满状态时，在 clk 的上升沿检测到 rd_en = 1'b1 时，如图 7-63 所示，从 FIFO 中读取数据，此时 full 信号立刻变低，dout 输出第一次写入的数据 8'd3，此刻读取数据有效标志 valid 信号变高，同时 data_count 变为 8'd255；继续读取 FIFO 中的数据，当最后一个数据读出时，如图 7-64 所示，empty 信号立刻变高，此时 data_count 立刻变为 0，当 FIFO 为空时，继续读取 FIFO，此时 FIFO 数据输出端口 dout 上的数据保持不变，valid 信号为 0，表示此时输出数据无效。

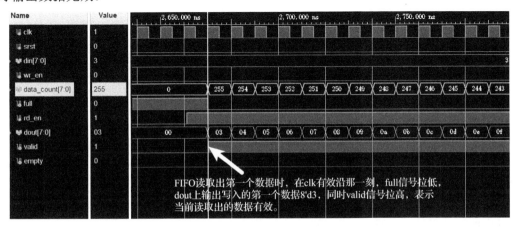

图 7-63　FIFO 读操作仿真结果 01

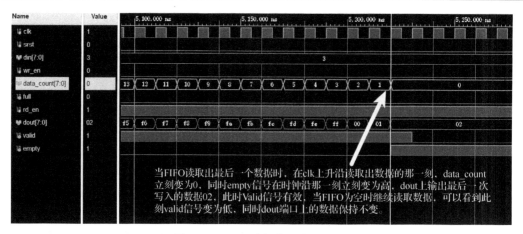

图 7-64　FIFO 读操作仿真结果 02

7.6.2　双时钟 FIFO IP 核

1．双时钟 FIFO IP 核例化

（1）新建一个名为"FIFO_IP_study"的工程，进入工程主界面，单击 Vivado 工程窗口左侧"PROJECT MANAGER"下的"IP Catalog"，在右侧弹出"IP Catalog"窗口，在搜索栏中输入"FIFO"进行搜索，在结果栏中选择"FIFO Generator"，如图 7-65 所示，双击"FIFO Generator"IP 核选项进入配置界面。

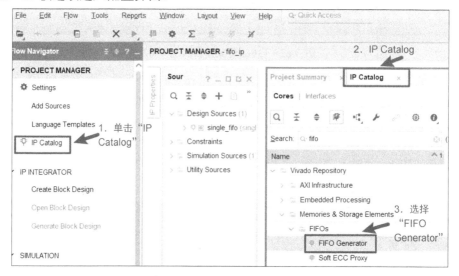

图 7-65　FIFO Generator 搜索

（2）进入如图 7-66 所示的"Basic"配置界面，详细配置如下。

① Interface Type：接口类型选择"Native"。

② Fifo Implementation：FIFO 实现类型选择"Independent Clocks Block RAM"（独立时钟块 RAM）。

③ Synchronization Stages：同步化级数设置为"2"。

其余配置项保持默认配置。

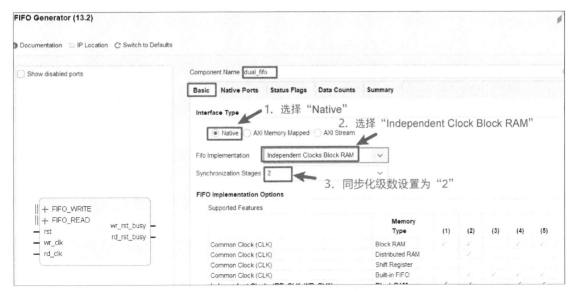

图 7-66　"Basic"配置界面

（3）进入如图 7-67 所示的"Native Ports"配置界面，详细配置如下。

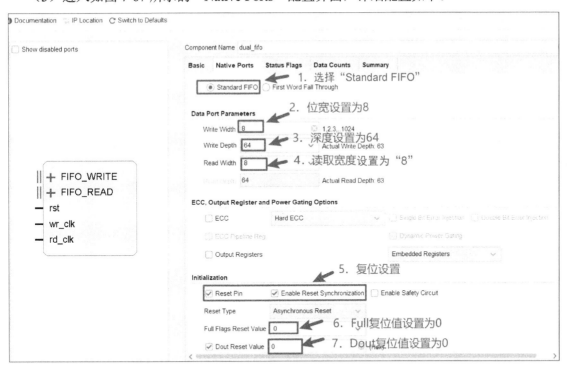

图 7-67　"Native Ports"配置界面

① Read Mode：读取模式有 Standard FIFO 和 First Word Fall Through 两种，First Word Fall Through 模式不需要读命令，可以自动将数据放在 dout 上，相当于数据输入进去就会漏出来，这里选择 Standard FIFO 模式，使数据在读使能的控制下输出。

② Write Width：写入数据宽度，用户可以根据自己的需要进行配置，这里设置为 8。

③ Write Depth：FIFO 写入深度配置，用户可以根据自己的需要进行配置，这里设置为 64。

④ Read Width：FIFO 读取宽度，可以设置为与写入宽度一致，也可以不一致，这里选择

相同设置为 8。

⑤ Reset Pin、Enable Reset Synchronization：使能复位，并且将 FIFO 设置为同步复位。

⑥ Full Flags Reset Value：满标志复位值，可以设置为 0 或 1，这里设置为 0。

⑦ Dout Reset Value：Dout 复位值，这里设置为 0。

（4）进入如图 7-68 所示的 "Status Flags" 配置界面，详细配置如下。

图 7-68　　"Status Flags" 配置界面

① Write Port Handshaking：写端口握手，勾选 "Write Acknowledge"，并且应答有效设置为高电平有效（Active High）。

② Read Port Handshaking：读端口握手，勾选 "Valid Flag"，并且应答有效设置为高电平有效（Active High）。

其余配置保持默认不变。

（5）进入如图 7-69 所示的 "Data Counts" 配置界面，详细配置如下。

① Write Data Count：写入数据计数，它输出的是已经写入 FIFO 的数据个数，这里勾选该选项，用于指示当前 FIFO 写入的数据个数。

② Read Data Count：读取数据计数，用于指示 FIFO 中可供读取的数据个数，这里勾选该选项，用于指示当前 FIFO 可供读取的数据个数。

其余配置保持默认不变。

（6）进入如图 7-70 所示的 "Summary" 配置界面，该界面用于显示双时钟 FIFO 的配置信息，直接单击 "OK"，弹出如图 7-71 所示的窗口，单击 "Generate" 开始 IP 核生成，等待生成完毕。

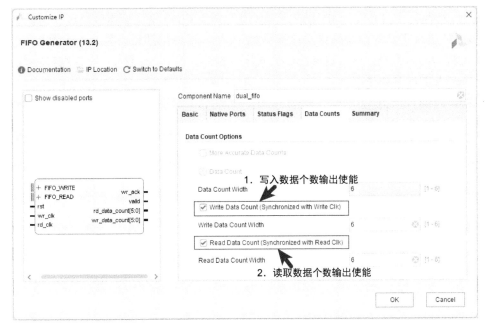

图 7-69　"Data Counts"配置界面

图 7-70　"Summary"配置界面

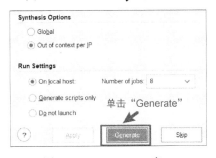

图 7-71　Generate IP 窗口

2．双时钟 FIFO IP 核读写仿真

为了对双端口 FIFO 的读写时序特性进行学习，编写 Testbench 模块 dual_fifo_tb.sv 对 IP 核进行仿真。仿真操作如下：对 IP 核进行复位，将 rst 拉高 3 个写时钟周期，对 IP 核进行复

位，等待一段时间，由 FIFO 的 IP 手册可知，因为异步 FIFO 复位后需要经过一定数量的时钟周期之后才能进行正常的读写操作，这里等待 70 个写时钟周期后，将 wr_en 置为 1，开始从 FIFO 的 A 端口写入数据，写入数据完毕后关闭写操作，将 rd_en 置 1，从 B 端口将数据读出，整个 Testbench 的内容如下。

```verilog
`timescale  1ns / 1ns
`define     cycle 10
module dual_fifo_tb;
    logic                   rst             ;
    logic                   wr_clk          ;
    logic                   rd_clk          ;
    logic     [7 : 0]       din             ;
    logic                   wr_en           ;
    logic                   rd_en           ;
    wire      [7 : 0]       dout            ;
    wire                    full            ;
    wire                    wr_ack          ;
    wire                    empty           ;
    wire                    valid           ;
    wire      [5 : 0]       rd_data_count   ;
    wire      [5 : 0]       wr_data_count   ;
    dual_fifo dual_fifo (
    .rst            (rst            ),      // 复位，高电平有效
    .wr_clk         (wr_clk         ),      // 写端口时钟输入
    .rd_clk         (rd_clk         ),      // 读端口时钟输入
    .din            (din            ),      // 写数据输入
    .wr_en          (wr_en          ),      // 写使能
    .rd_en          (rd_en          ),      // 读使能
    .dout           (dout           ),      // 读数据输出
    .full           (full           ),      // 满标志输出，高电平有效
    .wr_ack         (wr_ack         ),      // 写操作确认信号
    .empty          (empty          ),      // 空标志输出，高电平有效
    .valid          (valid          ),      // 数据输出，高电平有效
    .rd_data_count  (rd_data_count  ),      // 读取侧数据个数输出
    .wr_data_count  (wr_data_count  )       // 写入侧数据个数输出
    );
    initial
        begin
            wr_clk = 1'b1; forever #(`cycle/2) wr_clk = ~wr_clk;
        end
    initial
        begin
            rd_clk = 1'b1; forever #(`cycle*1.5) rd_clk = ~rd_clk;
        end
    integer i;
    initial
        begin
            rst = 1'b1; din = 8'd0; wr_en = 1'b0; rd_en= 1'b0; #(`cycle*3);
```

```
                    rst = 1'b0; #(`cycle*70.1);
                    // 写入数据
                    for(i=0; i<68; i=i+1)
                        begin
                            din = i; wr_en = 1'b1; #(`cycle*1);
                        end
                    din = 8'd0; wr_en = 1'b0; #(`cycle*10);
                    // 读取数据
                    for(i=0; i<68; i=i+1)
                        begin
                            rd_en   = 1'b1; #(`cycle*3);
                        end
                    rd_en = 1'b0; #(`cycle*20); $stop;
                end
endmodule
```

如图 7-72 所示，在 wr_clk 的上升沿到来时检测到 wr_en=1'b1 时，将 din 端口上的数据写入 FIFO 中，此时写应答有效信号 wr_ack 变为高电平，写入数据个数计数器端口 wr_data_count 并未立即加 1，而是延迟一个周期后加 1，即写入数据个数变化并未与写操作的时钟沿严格同步对齐，此时观察到 empty 信号与单时钟 FIFO 的特性不同，并未在写入一个数据后立刻变低，而是在 A 端口写入 14 个数据后变为低电平，表示 FIFO 非空，因此，在写入数据的过程中并不能通过 empty 信号来准确地判断 FIFO 是否为空。继续写入数据，如图 7-73 所示，当第 63 个数据（该配置下的最后一个数据）到来时，检测到 wr_en= 1'b1，在 wr_clk 的上升沿将数据写入 FIFO，并且在该时钟沿，full 立刻拉高，wr_data_count 延迟一个周期后变为 63，可以知道在写入数据过程中，full 信号的跳变与 FIFO 真实满状态是严格对齐的，没有任何延迟。因为我们在写入的过程中主要关心 FIFO 是否写满，并不关心 empty 信号，所以对于双时钟 FIFO（异步 FIFO）的写入过程，我们只需要关心 full 信号就可以精确判断 FIFO 此刻是否已满。在写入过程中，当 full 信号为高时，说明 FIFO 已满，不能再写入新的数据，因此对 FIFO 进行写操作时，判断是否继续写入下一个数据，应以 full 标志信号作为参考。当 FIFO 写满后，继续保持 wr_en 为 1，在 wr_clk 的上升沿到来时可以看到 wr_ack 变为 0，标志写操作无效，说明当 FIFO 写满后将无法继续写入新的数据。

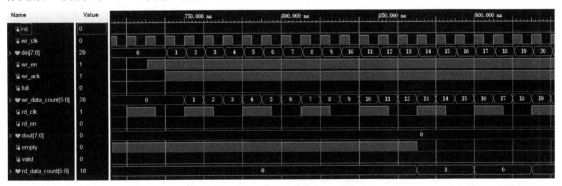

图 7-72   双时钟 FIFO 写入数据 01

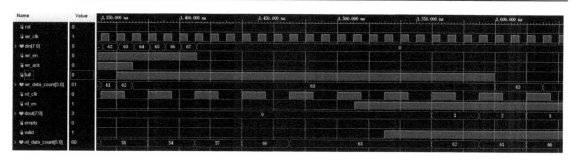

图 7-73　双时钟 FIFO 写入数据 02

如图 7-74 所示，当 FIFO 处于满状态时，在 rd_clk 的上升沿到来时，检测到 rd_en = 1'b1 时，将数据从 FIFO 读出，此时读有效标志 valid 立刻变为 1，能够读取的数据个数 rd_data_count 的值并未立即更新改变，而是延迟一个时钟周期再减 1，同时读出一个数据后 FIFO 将不再是满状态，但此时 FIFO 的 full 标志依然为高，并未立刻拉低，而是读取几个数据之后才拉低，这一点与单时钟 FIFO 的特性不一致，因此在读取数据过程中，full 信号并不能真实地反映 FIFO 的满状态。随后一直读取数据，如图 7-75 所示，当最后一个数据读出时，empty 信号立刻拉高，此时 valid 信号继续为高，rd_data_count 的值延迟一个时钟周期后变为 0，由此可以知道在数据读取的过程中，empty 信号的跳变与 FIFO 真实空状态是严格对齐的，没有任何延迟。在读取数据的过程中，我们只关心 FIFO 什么时候为空，而读取数据时，empty 的空状态可以精确地描述 FIFO 当前的状态，因此，在读取数据时，可以通过判断 empty 信号的状态来决定是否进行下一次读取，当检测到 empty 信号为高时，说明 FIFO 已经读空，无法继续读取。

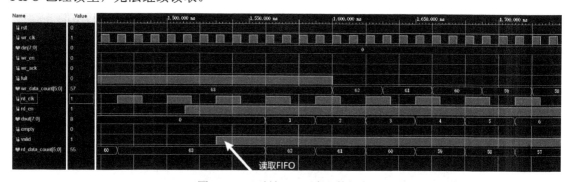

图 7-74　双时钟 FIFO 读取数据 01

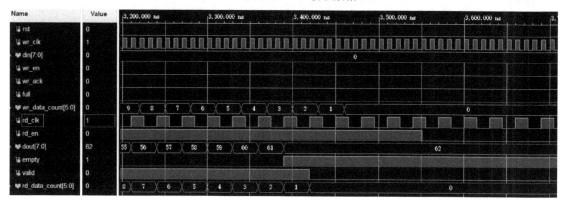

图 7-75　双时钟 FIFO 读取数据 02

第8章 基本波形发生器

在电子测量、通信、功率控制、逆变电源驱动设计中经常会用到各种各样的数字驱动信号，如方波、脉冲波、三角波、正弦波等，这些基本信号常通过模拟或数字方式产生。下面将逐一介绍使用 FPGA 设计 PWM 脉冲控制器、三角波发生器、正弦波发生器的方法。

8.1 PWM 控制器设计

PWM（Pulse Width Modulation，脉冲宽度调制）在实际使用时简称"脉宽调制"，它是一种利用 MCU、DSP、FPGA、CPLD 等控制器的数字输出对模拟电路进行控制的数字控制技术。PWM 控制技术广泛应用于测量、通信、功率控制等领域。PWM 波的两个重要参数是周期与占空比，周期是指 PWM 波输出一个完整波形所占用的时间，占空比是指一个 PWM 波周期内，高电平时间占整个周期时间的比例，其示意图如图 8-1 所示，图 8-1（a）、图 8-1（b）和图 8-1（c）分别为占空比为 20%、60% 与 80% 的 PWM 波。在功率控制领域，常用 PWM 波作为 MOS 管、IGBT、碳化硅器件的驱动信号，通过调节 PWM 信号的占空比，从而调节电路中的平均电流，实现功率控制。

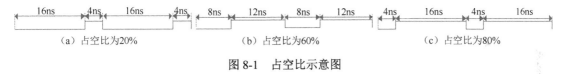

（a）占空比为20%　　　　　（b）占空比为60%　　　　　（c）占空比为80%

图 8-1　占空比示意图

通过以上介绍可以知道，PWM 波具有周期与占空比两个参数，因此要设计一个 PWM 控制器，就需要具备周期与占空比可调的功能，在我们学习单片机时就知道，单片机采用定时器可以实现 PWM 波，通过调节定时器的定时周期可以对 PWM 波的周期进行控制，通过设定比较器的比较值可以实现对占空比的调节，其原理图如图 8-2 所示。

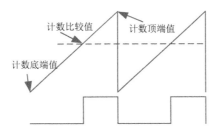

图 8-2　定时器生成 PWM 的原理图

8.1.1 PWM 控制器模块设计

通过对 PWM 控制器的需求进行分析，可以采用 FPGA 对 PWM 控制器模块进行实现，该模块的端口描述如表 8-1 所示。在设计中，定时计数器采用递增计数的方式从 0 开始计数，计数到设定的周期值 period_set − 1 时，清零计数器，开始下一轮计数，当计数器的值大于设定的比较值 pulse_width_set 时，输出高电平 1，否则输出低电平 0。

表 8-1   PWM 控制器模块的端口描述

序号	名称	位宽	I/O	功能描述
1	clk	1bit	I	系统时钟输入，50MHz
2	reset_n	1bit	I	复位输入，低电平有效
3	period_set	32bit	I	PWM 周期控制输入
4	pulse_width_set	32bit	I	PWM 脉宽控制输入（比较值）
5	config_en	1bit	I	配置使能信号，高电平有效
6	pwm_out	1bit	O	PWM 信号输出

按照以上模块设计，则 PWM 波的频率为

$$f_{\text{pwm}} = \frac{f_{\text{clk}}}{\text{period\_set}}$$

因此，当 PWM 的输出频率确定时，周期控制输入的配置值为

$$\text{period\_set} = \frac{f_{\text{clk}}}{f_{\text{pwm}}}$$

式中，f_{clk} 为模块输入时钟端口 clk 的时钟频率，单位为 Hz。

占空比的计算公式为

$$\text{PW} = \frac{\text{period\_set} - \text{pulse\_width\_set}}{\text{period\_set}}$$

当知道占空比 PW 时，脉宽控制输入 pulse_width_set 的配置值为

$$\text{pulse\_width\_set} = (1 - \text{PW}) \times \text{period\_set}$$

8.1.2   PWM 控制器 SystemVerilog 实现

根据以上原理，PWM 控制器模块 pwm_control.sv 的代码设计如下。

```
module pwm_controller(
    input               clk             ,   // 时钟：50MHz
    input               reset_n         ,   // 复位，低电平有效
    input   [31:0]      period_set      ,   // 32bit 配置输入
    input   [31:0]      pulse_width_set ,   // 32bit 配置输入
    input               config_en       ,   // 配置使能，高电平有效
    output              pwm_out             // PWM 输出
);
    //-------------------------------------------
    // 1.锁存配置参数
    //-------------------------------------------
    logic [31:0]period_set_reg;
    logic [31:0]pulse_width_set_reg;
    /**
        @brief 利用使能信号锁存配置参数
    */
    always_ff@(posedge clk, negedge reset_n)
```

```verilog
    if(!reset_n)
        begin
            period_set_reg <= 32'd0;
            pulse_width_set_reg <= 32'd0;
        end
    else if(config_en)
        begin
            period_set_reg <= period_set;
            pulse_width_set_reg <= pulse_width_set;
        end
    else
        begin
            period_set_reg <= period_set_reg;
            pulse_width_set_reg <= pulse_width_set_reg;
        end
```

```verilog
//--------------------------------------------------
// 2.定时计数器自动计数
//--------------------------------------------------
logic [31:0]time_cnt;   // 定时器
/**
    @brief  （1）定时自动递增计数，配置数据使能到来时计数器清零，消除脉冲的顿挫；
            （2）计数器计数到设定的最大值时清零
*/
always_ff@(posedge clk, negedge reset_n)
    if(!reset_n)
        time_cnt <= 32'd0;
    else if(config_en)
        time_cnt <= 32'd0;
    else if(time_cnt < (period_set_reg - 1'b1) )
        time_cnt <= time_cnt + 1'b1;
    else
        time_cnt <= 32'd0;
```

```verilog
//--------------------------------------------------
// 3.比较器
//--------------------------------------------------
logic pwm_out_reg;  // PWM 输出
/**
    @brief  当定时值大于设定比较值时，pwm_out 输出 1，否则输出 0
*/
always_ff@(posedge clk, negedge reset_n)
    if(!reset_n)
        pwm_out_reg <= 1'b0;
    else if(time_cnt > (pulse_width_set_reg - 1'b1) )
        pwm_out_reg <= 1'b1;
```

```
        else
            pwm_out_reg <= 1'b0;
        assign pwm_out = pwm_out_reg;
endmodule
```

8.1.3　PWM 控制器仿真验证

为了对 pwm_controller 模块的功能进行仿真，编写 Testbench 模块 pwm_controller_tb，并在 Vivado 中对其进行仿真，pwm_controller_tb 激励文件如下。

```
`timescale 1ns / 1ns
`define cycle  20
module pwm_controller_tb;
    logic         clk              ;   // 时钟：50MHz
    logic         reset_n          ;   // 复位，低电平有效
    logic [31:0]  period_set       ;   // 32bit 配置输入
    logic [31:0]  pulse_width_set  ;   // 32bit 配置输入
    logic         config_en        ;   // 配置使能，高电平有效
    wire          pwm_out          ;   // PWM 输出

    pwm_controller pwm_controller(
    .clk             (clk             ),
    .reset_n         (reset_n         ),
    .period_set      (period_set      ),
    .pulse_width_set (pulse_width_set ),
    .config_en       (config_en       ),
    .pwm_out         (pwm_out         )
    );
    initial
        begin
            clk = 1'b1; forever #(`cycle/2) clk = ~clk;
        end
    initial
        begin
            reset_n = 1'b0;
            period_set = 32'd0; pulse_width_set = 32'd0;
            config_en = 1'b0; #(`cycle*2);
            reset_n = 1'b1; #(`cycle*2);

            //case1:设置周期为 10 个 clk,比较值为 4
            period_set = 32'd10; pulse_width_set = 32'd4;
            config_en = 1'b1; #(`cycle*1);
            config_en = 1'b0; #(`cycle*25);

            //case2:设置周期为 15 个 clk,比较值为 10
            period_set = 32'd15; pulse_width_set    = 32'd10;
            config_en = 1'b1; #(`cycle*1);
            config_en = 1'b0; #(`cycle*35);
            $stop;
```

```
    end
endmodule
```

pwm_controller 模块的仿真结果如图 8-3 所示，由仿真结果可知，当 period_set = 10、pulse_width_set = 4 时，整个 PWM 波的周期为 10 个 clk，pwm_out 的输出在 time_cnt = 4 时发生翻转，占空比为 60%，与设计相符，同理，当 period_set = 15、pulse_width_set = 10 时，占空比为 33.33%，也与预期计算相符。

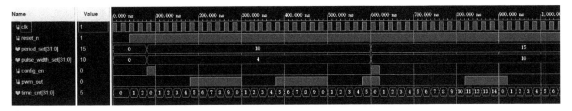

图 8-3　pwm_controller 模块的仿真结果

8.2　三角波发生器设计

三角波在信号处理、波形合成、功率控制及逆变电源设计中广泛使用，在逆变电源的 SPWM 调制中，常用三角波作为载波。三角波分为单极性三角波与双极性三角波两类，三角波的参数有幅度（Amplitude）、频率（Frequency）、相位（Phase），在实际使用时，三角波最关心的参数为幅度与频率两个要素。三角波的合成方式有数字合成与模拟生成两种方式，模拟生成方式通常采用"比较器+积分器"实现，先用比较器将信号整形成方波信号，将生成的方波信号经过积分器即可生成三角波；数字生成方式可以采用"数字处理芯片 +DAC"的方式实现，数字芯片（CPU、DSP、MCU、FPGA）通过定时器循环递增、递减计数生成三角波的数字量，再将数字量输入 DAC 芯片，即可从 DAC 芯片输出三角波。下面我们将使用 FPGA 采用数字合成的方式生成三角波，并对设计进行仿真验证。

8.2.1　三角波发生模块设计

设计一个双极性输出，具有频率、幅度调节功能的三角波发生器，要求所设计的三角波发生器模块具有频率配置端口和幅度配置端口，根据以上需求，三角波发生器模块的顶层端口描述如表 8-2 所示。

表 8-2　三角波发生器模块的顶层端口描述

序号	名称	位宽	I/O	功能描述
1	clk	1bit	I	系统时钟输入，50MHz
2	reset_n	1bit	I	复位输入，低电平有效
3	frequency_set	16bit	I	频率控制字输入
4	amplitude_set	16bit	I	幅度控制字输入
5	config_en	1bit	I	配置使能信号，高电平有效
6	triangle_out	16bit	O	三角波输出

1. 三角波的频率调节原理

三角波的频率调节有两种方式，一种是固定每一个周期输出的波形点数，通过调节三角波生成模块中计数器的时钟频率来控制三角波的频率，假设一个完整的波形在一个周期内输出 M 个点，计数器的时钟频率为 f_{clk}，则三角波的频率为

$$f_{triangle} = \frac{f_{clk}}{M}$$

这种方式实现的波形质量高、调频方式简单，每个周期中波形的点数固定，但其调节频率的范围受限于计数器时钟频率 f_{clk} 的变化范围。另外一种调频方式为保持计数器时钟频率 f_{clk} 不变，通过改变计数器递增、递减的步长值 N_{step} 来改变频率，N_{step} 对应表 8-2 中的 frequency_set；假设产生三角波的计数器为 n 位寄存器，则输出一个完整的三角波需要计数器从最小值递增到最大值，再从最大值递减到最小值，这样一个完整的循环对应三角波的一个周期，此时三角波的频率为

$$f_{triangle} = \frac{frequency\_set}{2^{n+1} - 1} \cdot f_{clk}$$

因此，当已知三角波频率 $f_{triangle}$、计数器时钟频率 f_{clk} 时，则频率控制字的值为

$$frequency\_set = \frac{f_{triangle}}{f_{clk}} \cdot \left(2^{n+1} - 1\right)$$

2. 三角波的幅度调节原理

幅度控制是按占满幅度输出的百分比进行调节的，设幅度控制寄存器为 m 位，由于采用双极性输出，因此其幅度最大为 $2^{m-1}-1$，三角波的幅度为 A，当幅度控制字的输入为 amplitude_set 时，三角波的当前输出幅度 A_0 为

$$A_0 = \frac{amplitude\_set}{2^{m-1} - 1} \cdot A$$

因此，当前需要的输出幅度为 A_0 时，可得幅度控制字的值为

$$amplitude\_set = \frac{A_0}{A} \cdot \left(2^{m-1} - 1\right)$$

由于采用双极性输出，因此幅度控制字 amplitude_set 的输入也应该被处理为有符号数，即使该输入在定义时定义为无符号数，在参与运算时也会转化为有符号数，因此 amplitude_set 的输入值只能为 $-2^{15} \sim 2^{15}-1$，若超过这个范围输入，则会导致计算结果溢出，在程序设计与输入仿真时要特别注意有符号数的处理。

8.2.2　三角波发生器 SystemVerilog 实现

按照以上分析的频率调节原理与幅度调节原理，设计三角波发生器模块 triangle_wave，详细代码如下。

```
module triangle_wave(
    input                       clk             ,   // 时钟:50MHz
    input                       reset_n         ,   // 复位,低电平有效
    input   signed  [15:0]      amplitude_set   ,   // 幅度控制字 16bit
    input   signed  [15:0]      frequency_set   ,   // 频率控制字 16bit
    input                       config_en       ,   // 配置使能,高电平有效
    output  signed  [15:0]      triangle_out        // 三角波输出(双极性)
```

```
);
    //-------------------------------------------------------
    // 1. 配置数据锁存
    //-------------------------------------------------------
    logic signed [15:0]frequency_set_reg;
    logic signed [15:0]amplitude_set_reg;

    always_ff@(posedge clk, negedge reset_n)
        if(!reset_n)
            begin
                frequency_set_reg <= 16'd1;
                amplitude_set_reg <= 16'd1;
            end
        else if(config_en)
            begin
                frequency_set_reg <= frequency_set;
                amplitude_set_reg <= amplitude_set;
            end
        else
            begin
                frequency_set_reg <= frequency_set_reg;
                amplitude_set_reg <= amplitude_set_reg;
            end


    //-------------------------------------------------------
    // 2. 采用状态机的方式实现三角波计数器
    //-------------------------------------------------------
    /**
        @brief 计数开始从 0 开始正向计数，当加到计数器的正向最大值时，状态机跳转到减
               计数状态 REDUCE_STA，进行减计数，当减到最小值后，又跳转到加计数
    */
    // 定义状态枚举类型
    //-----------------------
    typedef enum logic [2:0] {
        IDLE        = 3'b001,                   // 空闲状态
        ADD_STA     = 3'b010,                   // 计数器递加状态
        REDUCE_STA  = 3'b100                    // 计数器递减状态
    } state_t;

    // 变量定义
    //-----------------------------------
    state_t             state;                  // 状态变量定义
    logic signed [15:0] triangle_cnt;           // 三角波计数器
    logic signed [15:0] triangle_cnt_reg_0;
    logic signed [15:0] triangle_cnt_reg_1;
    logic               switch_flag;            // 切换标志
    logic signed [15:0] triangle_out_reg;       // 原始三角波寄存输出
    // 三角波计数器数据寄存
```

```
//-------------------------------------
always_ff@(posedge clk, negedge reset_n)
    if(!reset_n)
        begin
            triangle_cnt_reg_0 <= 16'd0;
            triangle_cnt_reg_1 <= 16'd0;
        end
    else
        begin
            triangle_cnt_reg_0 <= triangle_cnt;
            triangle_cnt_reg_1 <= triangle_cnt_reg_0;
        end

// 三角波生成控制状态机实现
//-------------------------------------
always_ff@(posedge clk, negedge reset_n)
    if(!reset_n)
        begin
            triangle_cnt <= 16'd0;
            state <= IDLE;
            switch_flag <= 1'b0;
        end
    else
        begin
            case(state)
                IDLE:        // 3'b001
                    begin
                        triangle_cnt     <= 16'd0;
                        state            <= ADD_STA;
                        switch_flag      <= 1'b0;
                    end
                ADD_STA:     // 3'b010
                    begin
                        if( (triangle_cnt_reg_0 > triangle_cnt) &&
                            (switch_flag == 1'b0))
                            begin
                                triangle_cnt <= triangle_cnt_reg_0;
                                state <= REDUCE_STA;
                                switch_flag <= 1'b1;
                            end
                        else
                            begin
                                triangle_cnt <= triangle_cnt +
                                                frequency_set_reg;
                                state <= ADD_STA;
                                switch_flag <= 1'b0;
                            end
                    end
```

```
                    REDUCE_STA: // 3'b100
                        begin
                            if( (triangle_cnt_reg_0 < triangle_cnt) &&
                                (switch_flag == 1'b0) )
                                begin
                                    triangle_cnt <= triangle_cnt_reg_0;
                                    state <= ADD_STA;
                                    switch_flag <= 1'b1;
                                end
                            else
                                begin
                                    triangle_cnt <= triangle_cnt -
                                                    frequency_set_reg;
                                    state <= REDUCE_STA;
                                    switch_flag <= 1'b0;
                                end
                        end
                    default: state <= IDLE;
                endcase
        end
    assign triangle_out_reg = (switch_flag == 1'b1) ? triangle_cnt :
                                triangle_cnt_reg_0;
    //--------------------------------------------------
    // 3. 幅度调节
    //--------------------------------------------------
    /**
        @brief  幅度计算公式为 A = triangle_out_reg * amplitude_set_reg/2^15
                注：双极性数值，幅度大小只占 15bit，因此除以 2^15
    */
    logic signed [32:0]modify_A;
    always_ff@(posedge clk, negedge reset_n)
        if(!reset_n)
            modify_A <= 33'd0;
        else
            // 使用算数移位
            modify_A <= (triangle_out_reg * amplitude_set_reg) >>> 32'd15;
    assign triangle_out = modify_A[15:0];   // 位宽对齐
endmodule
```

8.2.3　三角波发生器仿真验证

编写 Testbench 仿真文件 triangle_wave_tb.sv，对 triangle_wave 模块进行仿真，Testbench 激励文件内容如下。

```
`timescale  1ns / 1ns
`define     cycle 20
module triangle_wave_tb;
    logic                   clk             ;
    logic                   reset_n         ;
```

```
logic            [15:0]  amplitude_set    ;
logic     signed [15:0]  frequency_set    ;
logic                    config_en        ;
wire      signed [15:0]  triangle_out     ;
triangle_wave triangle_wave(
.clk                 (clk               ),
.reset_n             (reset_n           ),
.amplitude_set       (amplitude_set     ),
.frequency_set       (frequency_set     ),
.config_en           (config_en         ),
.triangle_out        (triangle_out      )
);
initial
    begin
        clk = 1'b1; forever #(`cycle/2) clk = ~clk;
    end

initial
    begin
        reset_n        = 1'b0;
        // case1: 频率调节, 幅度 100%
        amplitude_set  = 16'd32767;          // 也会转化为有符号数处理
        frequency_set  = 16'd100;            // 65536
        config_en      = 1'b0;
        #(`cycle*2);
        reset_n = 1'b1; config_en = 1'b1; #(`cycle*2);
        config_en = 1'b0; #(`cycle*30000*0.1);

        // case2: 频率、幅度 50%
        amplitude_set  = 16'd16384;
        frequency_set  = 16'd1000;
        config_en      = 1'b1;
        #(`cycle*1); config_en = 1'b0; #(`cycle*30000*0.1);
        $stop;
    end
endmodule
```

仿真结果如图 8-4~图 8-7 所示，由仿真结果可知，功能设计正确。

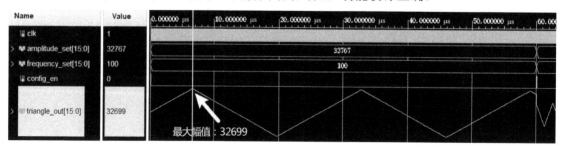

图 8-4　幅度调整比例为 100%时的波峰值

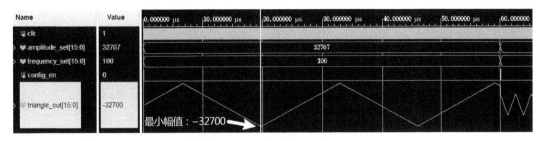

图 8-5　幅度调整比例为 100%时的波谷值

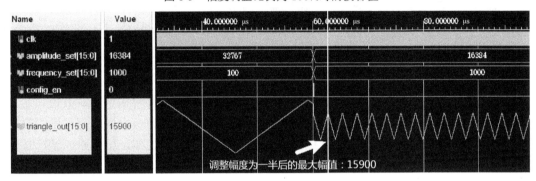

图 8-6　幅度调整比例为 50%时的波峰值

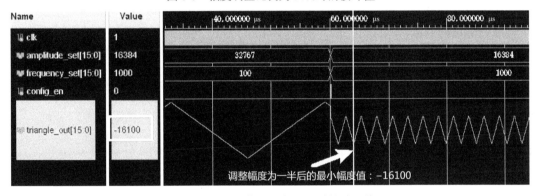

图 8-7　幅度调整比例为 50%时的波谷值

　　注：在三角波的设计中使用了有符号数，有符号数参与运算，运算表达中的所有变量都必须被定义为有符号数，结果才会处理成有符号数，否则表达式中只要有一个数为无符号数，结果就会被处理成无符号数，在进行位宽匹配时高位就会补充 0，而不是符号位；同时在给定值时，不要超过表示范围，否则会出现意料之外的结果。

8.3　正弦波发生器设计

　　正弦波是一种周期性波形，在数学上用三角函数 $y=A\sin(2\pi f \cdot t + \varphi)$ 进行描述，其中 A 为振幅、f 为频率、φ 为初相位，因此要准确描述一个正弦波，只需要确定这三个参数即可。正弦波在信号处理、逆变电源调制中广泛使用，在 FPGA 中常采用 DDS（Direct Digital Frequency Synthesis，直接数字频率合成）技术合成正弦波信号。

8.3.1 DDS 的基本原理

DDS 具有相对带宽大、频率转换时间短、相位连续性好的优点，可以非常方便地实现幅、频、相的调节控制。DDS 的系统结构框图如图 8-8 所示，由频率控制字同步寄存器、相位累加器、相位累加寄存器、相位控制字同步寄存器、波形数据表及 DAC 组成。

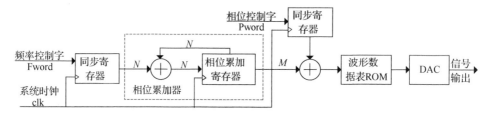

图 8-8　DDS 的系统结构框图

其中，相位累加器由 N 位加法器与 N 位寄存器构成，在每个时钟周期的有效沿，加法器将频率控制字与相位累加寄存器输出的数据相加，相加结果反馈到相位累加寄存器的数据输入端，以使加法器在下一个时钟有效沿继续与频率控制字相加，这样，相位累加器在时钟的作用下不断对频率控制字进行线性累加，相位累加器输出的数据就是合成信号的相位，相位累加器的溢出频率就是 DDS 输出信号的频率；相位累加器的输出数据作为波形数据表的地址，这样可以将存储在波形存储器中的波形数据通过查表的方式输出，完成相位到幅度的转换，最后将输出的数据输入 DAC 芯片中，实现数字信号向模拟信号的转换输出。DDS 的原理流程图如图 8-9 所示。

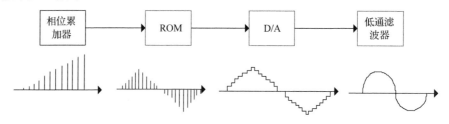

图 8-9　DDS 的原理流程图

设相位累加寄存器的位数为 N，则正弦信号在相位上的精度为 N 位，其分辨率为 $1/2^N$，若 DDS 时钟频率为 F_{clk}，频率控制字 F_{word} 的值为 1，则 DDS 的输出频率为 $F_{DDS} = F_{clk}/2^N$，当频率控制字的值为 M 时，则 DDS 的频率为 $F_{DDS} = (F_{clk}/2^N) \cdot M$，因此只要知道以上三个参数就可以输出任意频率的 DDS 信号。

从上式可知，当系统时钟 F_{clk} 固定且相位累加器的位数 N 确定时，则 DDS 信号的频率由频率控制字 M 确定，当需要输出 DDS 信号的频率为 F_0 时，则 $M = (F_{clk}/F_0) \cdot 2^N$，因此当需要 DDS 发生器输出频率为 F_0 的信号时，只需要按上式计算出 M 的值，并将该值输入到频率控制字中即可。

通过以上的分析我们知道，DDS 可以通过频率控制字控制相位累加的快慢以实现频率调节，对于 DDS 信号相位的调节就更简单了，只需要在相位累加寄存器的输出上添加一个偏移量，即可实现对相位的调节。

DDS 中从相位到幅度的转换是通过波形数据表 ROM 实现的，将加上偏移量的相位作为 ROM 表的地址，而每一个地址对应一个幅值，这样就建立了"相位-地址-幅值"映射关系，从而实现相位向幅值的转换。

8.3.2　幅度调节原理

幅度调节一般是在原有幅度的基础上乘以一个百分系数,将当前的输出幅度调节为原有幅度的百分之几。可以通过设计幅度控制字 A_{word} 实现幅度调节,设幅度控制字的位宽为 K 位,则其幅度的分辨率为 $1/2^K$。若 DDS 信号输出的幅度为 A,幅度控制字的值为 1,则当前输出正弦波的幅度为 $A_{out} = A/2^K$,且幅度控制字的值为 C 时,正弦波输出幅度为 $A_{out} = (C/2^K) \cdot A$,此时幅度调节百分比 $P = C/2^K$,因此当知道幅度调节百分比 P 时,幅度控制字的值 $A_{word} = P \cdot 2^K$。

8.3.3　正弦波模块设计

1. 正弦波模块端口设计

根据以上的分析,设计一个幅、频、相可调的正弦波发生器,其频率控制字的位宽为 16 位、相位累加器的位宽为 16 位,相位控制字的位宽为 16 位,幅度控制字的位宽为 7 位,模块的系统时钟频率 F_{clk} 为 50MHz,正弦波发生器模块的端口描述如表 8-3 所示。

表 8-3　正弦波发生器模块的端口描述

序号	名称	位宽	I/O	功能描述
1	clk	1bit	I	系统时钟输入,50MHz
2	reset_n	1bit	I	复位输入,低电平有效
3	frequency_set	16bit	I	频率控制字输入
4	phase_set	16bit	I	相位控制字输入
5	amplitude_set	7bit	I	幅度控制字输入
6	DDS_out	16bit	O	DDS 正弦输出

2. coe 文件生成

由图 8-8 所示的 DDS 结构可知,在设计中使用了 ROM 存储波形数据,而波形数据需要使用初始化文件对 ROM 进行配置,Vivado 中采用.coe 文件对 ROM 进行初始化,在这里采用 MATLAB 生成.coe 文件,使用 MATLAB 2019B 进行编辑,在实时脚本编辑器中输入以下代码。

```
clc;
close all;
width = 16;                                          // 位宽
depth = 2 ^ 16;                                      // 深度
x = linspace(0,2*pi, depth);                         // 自变量空间生成
y = sin(x);
y = round(y * (2^(width - 1) - 1) + 2 ^ (width - 1) - 1);   // 量化
plot(y);                                             // 绘制波形图

fid = fopen('dds_sin.coe', 'w');                     // 打开文件
fprintf(fid, 'memory_initialization_radix = 10;\n');
fprintf(fid, 'memory_initialization_vector = \n');
fprintf(fid, '%d,\n',y);
fclose(fid);
```

单击实时编辑器上方的"运行",如图 8-10 所示,运行完毕后,弹出正弦波图像,同时在实时脚本所在的路径会生成 dds_sin.coe 文件,如图 8-11 所示,使用 Sublime Text 打开 dds_sin.coe 文件,其内容如图 8-12 所示,到此已经把初始化 ROM 的 dds_sin.coe 文件准备完毕,接着我们将建立 ROM IP 核。

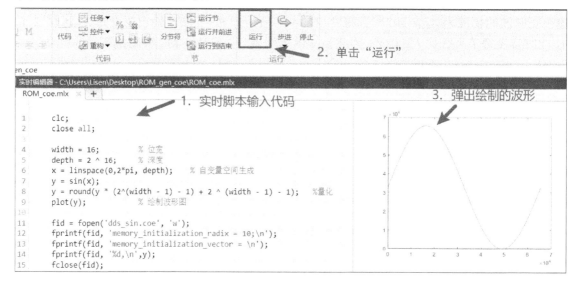

图 8-10   MATLAB 中生成 dds_sin.coe 文件输入代码

图 8-11   生成的 dds_sin.coe 文件

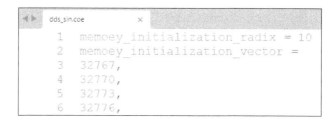

图 8-12   dds_sin.coe 文件的内容

3. ROM IP 核配置

ROM IP 核的生成与初始化配置步骤如下。

(1)在 IP Catalog 的搜索栏中输入"block memory generator",并在结果界面中选择"Block Memory Gencrator",如图 8-13 所示。

(2)如图 8-14 所示,进入"Basic"配置界面,在"Interface Type"栏选择"Native",在"Memory Type"栏选择"Single Port ROM",其余配置保持默认。

(3)如图 8-15 所示,进入"Port A Options"配置界面,将"Port A Width"设置为 16,将"Port A Depth"设置为 65536,其余配置保持默认。

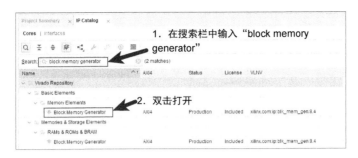

图 8-13　Block Memory Generator 搜索

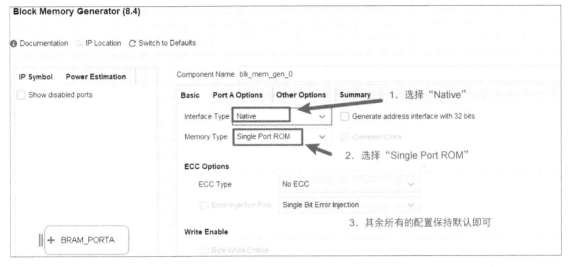

图 8-14　"Basic"配置界面

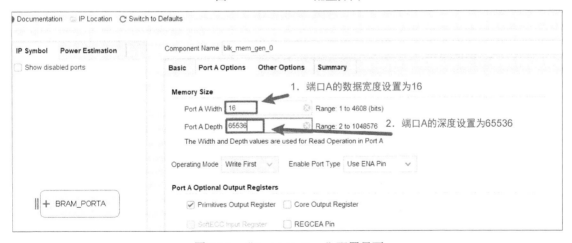

图 8-15　"Port A Options"配置界面

（4）如图 8-16 所示，进入"Other Options"配置界面，勾选"Load Init FIle"，单击"Browse"，定位到 dds_sin.coe 文件所在位置并将其选中，单击"OK"完成.coe 文件的添加，添加完成后的界面如图 8-17 所示，图 8-17 中显示.coe 文件的路径。

（5）如图 8-18 所示，进入"Summary"配置界面，显示 ROM IP 核配置的总结信息，直接单击"OK"，完成 IP 核的配置。

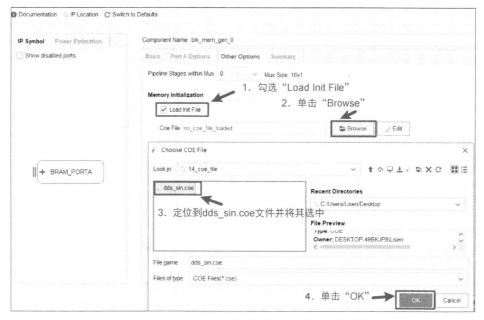

图 8-16 "Other Options" 配置界面

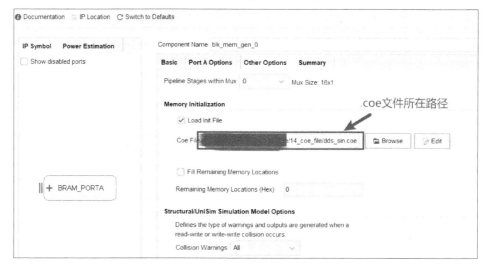

图 8-17 .coe 文件的路径显示

图 8-18 "Summary" 配置界面

下面在正弦波发生器 SystemVerilog 实现中，将例化调用这里配置生成的 ROM IP 核，并将它作为相位与幅值之间的转换模块。

8.3.4　正弦波模块 SystemVerilog 实现

按照以上设计思路及 DDS 的结构，正弦波模块 dds_sin_wave 的代码设计如下。

```
module dds_sin_wave(
    input               clk             ,       // 时钟：50MHz
    input               reset_n         ,       // 复位，低电平有效
    input   [15:0]      frequency_set   ,       // 16bit 频率控制字输入
    input   [15:0]      phase_set       ,       // 16bit 相位控制字输入
    input   [ 6:0]      amplitude_set   ,       // 7bit 幅度控制字输入
    output  [15:0]      DDS_out                 // 16bit DDS 正弦输出
);
    //-------------------------------------------
    // 1. 频率字、相位字、幅度字寄存
    //-------------------------------------------
    logic [15:0]freq_set_reg;
    logic [15:0]phase_set_reg;
    logic [ 6:0]ampli_set_reg;

    always_ff@(posedge clk, negedge reset_n)
        if(!reset_n)
            begin
                freq_set_reg    <= 16'd1;
                phase_set_reg   <= 16'd0;
                ampli_set_reg   <= 7'd127;   // 满幅输出
            end
        else
            begin
                freq_set_reg    <= frequency_set;
                phase_set_reg   <= phase_set;
                ampli_set_reg   <= amplitude_set;
            end

    //-------------------------------------------
    // 2. 相位累加并寄存
    //-------------------------------------------
    logic [15:0]phase_accu; // 相位累加寄存器

    always_ff@(posedge clk, negedge reset_n)
        if(!reset_n)
            phase_accu <= 16'd0;
        else
            phase_accu <= phase_accu + freq_set_reg;

    //-------------------------------------------
    // 3. 相位偏移调整
```

```
//------------------------------------------------
logic [15:0]phase_out;  // 最终相位输出

assign phase_out = phase_accu + phase_set_reg;


//------------------------------------------------
// 4. 相位到幅度转换
//------------------------------------------------
/**
    @brief  将相位偏移调整后的相位输出作为位 ROM 的地址输入，实现相位到幅度的转换
*/
logic [15:0]rom_data_out;

blk_mem_gen_0 blk_mem_gen_0 (
.clka    (clk             ),       // 时钟输入
.ena     (1'b1            ),       // 写使能
.addra   (phase_out       ),       // 地址输入
.douta   (rom_data_out    )        // 数据输出
);


//------------------------------------------------
// 5. 幅度调节
//------------------------------------------------
logic [31:0]calculate_result;     // 中间寄存结果，大位宽防止溢出

always_ff@(posedge clk, negedge reset_n)
    if(!reset_n)
        calculate_result <= 32'd0;
    else
        calculate_result <= (rom_data_out * ampli_set_reg) >> 3'd7;
    assign DDS_out = calculate_result[15:0];     // 正弦信号输出
endmodule
```

8.3.5 仿真验证

为了对 dds_sin_wave 模块的功能进行验证，编写 Testbench 对其进行仿真，Testbench 的内容如下。

```
`timescale  1ns / 1ns
`define     cycle 20
module dds_sin_wave_tb;
    logic          clk                ;
    logic          reset_n            ;
    logic   [15:0] frequency_set      ;
    logic   [15:0] phase_set          ;
    logic   [ 6:0] amplitude_set      ;
    wire    [15:0] DDS_out            ;


    dds_sin_wave dds_sin_wave(
```

```
.clk            (clk                ),  // 时钟：50MHz
.reset_n        (reset_n            ),  // 复位，低电平有效
.frequency_set  (frequency_set      ),  // 16bit 频率控制字输入
.phase_set      (phase_set          ),  // 16bit 相位控制字输入
.amplitude_set  (amplitude_set      ),  // 7bit  幅度控制字输入
.DDS_out        (DDS_out            )   // 16bit DDS 正弦输出
);

initial
    begin
        clk = 1'b1; forever #(`cycle/2) clk = ~clk;
    end

initial
    begin
        reset_n = 1'b0; frequency_set    = 16'd1; phase_set = 16'd0;
        amplitude_set = 7'd127; #(`cycle*3);
        reset_n = 1'b1; #(`cycle*3);

        // case1：调频
        frequency_set = 16'd30; phase_set = 16'd0; amplitude_set = 7'd127;
        #(`cycle*2185*2);

        // case2：调频
        frequency_set = 16'd300; phase_set = 16'd0; amplitude_set = 7'd127;
        #(`cycle*219*20);

        // case3：调幅
        frequency_set = 16'd300; phase_set = 16'd0; amplitude_set = 7'd63;
        #(`cycle*219*10);
        $stop;
    end
endmodule
```

仿真结果如图 8-19、图 8-20 和图 8-21 所示。由图 8-19 可知，$F_{clk}=50MHz$，频率控制字为 30，相位寄存器为 16 位，则正弦信号的周期为 $T_{dds} = 2^{16}/(50 \cdot 10^6 \cdot 30)$ s= 43.69μs，在光标测量误差允许的范围内，图 8-19 中的 $T=43.7$μs，可知设计正确，同理，图 8-20 中的结果验证正确，图 8-21 中的频率不变，幅度调整为一半。

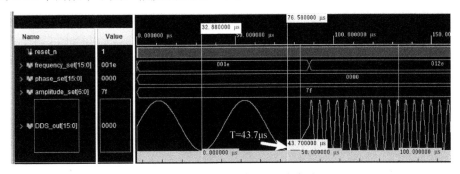

图 8-19 频率控制字为 30 的仿真结果

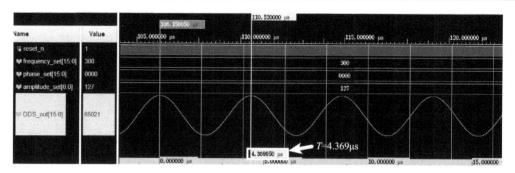

图 8-20   频率控制字为 300 的仿真结果

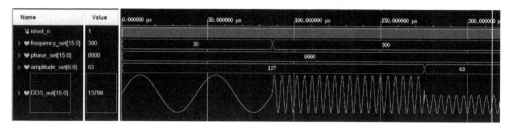

图 8-21   幅度控制字从 127 变为 63 的频率改变整体结果

第 9 章 常用通信接口设计

FPGA 作为一种硬件可编程的器件，不仅在信号处理、高速通信接口设计中发挥重要作用，而且在传统的低速接口（UART、SPI、IIC 等）设计中依然发挥重要作用。在嵌入式计算机系统中，常用 FPGA 器件作为低速通信接口的扩展器件，实现对 UART、IIC、SPI 的扩展，同时 FPGA 作为独立处理单元或者主控单元时，也需要通过通信接口与外部其他设备进行数据交互，本章将讲解如何使用 FPGA 实现 UART、SPI、IIC 接口。

9.1 UART 通信与 RS232、RS485 接口

9.1.1 UART 协议基础

UART（Universal Asynchronous Receiver/Transmitter，通用异步收发传输器）是一种串行通信协议，简称串口协议。串口协议在数据发送时将并行数据转换成串行数据进行传输，在数据接收时将收到的串行数据转换成并行数据，它是一种全双工通信协议。串口协议用于规定通信接口数据流层面的通信协议标准，而其对应的接口标准有 RS232、RS422、RS485 等，这些接口标准用于规定总线接口的电气特性、传输速率、连接特性等。串口协议中常用的通信接口为 RS232 与 RS485 两种，其中 RS232 为全双工通信接口，而 RS485 为半双工通信接口。

串口协议的帧格式如图 9-1 所示，由起始位 START、数据位 D0～D7、校验位 PARITY、停止位 STOP 这 4 部分构成，在传输的过程中先传起始位，再传数据位，数据位按照 D0～D7 的顺序传输，传输完毕后再传校验位（可选），最后传输停止位。

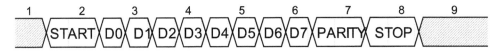

图 9-1 串口协议帧格式

串口协议的时序参数如下。

起始位（START）：在每个字节开始传输之前，先要发送一位起始位，该位为固定值 0。

数据位（D0～D7）：串口的数据位的默认长度为 8 位，在使用时可以配置为 5bit、6bit、7bit、8bit 这 4 种长度值。

校验位（PARITY）：校验位分为奇校验与偶校验两种，奇校验是指有效数据与校验位中"1"的个数为奇数，偶校验是指有效数据与校验位中"1"的个数为偶数，该位可以设置，也可以没有。

停止位（STOP）：在数据位传输完毕之后，需要发送停止位，停止位的数值为 1，其可配置长度为 1bit、1.5bit、2bit 这 3 种。

波特率（Baud Rate）：波特率表示每秒传输的二进制位数，单位为 bit/s，在异步通信中接收方对数据的解析是通过波特率实现的，常用的波特率有 9600bit/s、38400bit/s、115200bit/s 等。

9.1.2　UART 发送设计

UART 发送模块的功能是将输入的待发送单字节数据转换为串行数据，按照设定的波特率发送出去。在设计中为了验证设计是否正确，在另一端通过串口调试助手对数据进行接收，通过观察串口调试助手中接收的数据与发送数据是否一致来证明设计是否正确，在下面的设计中，物理层接口采用 RS232 实现。

1. UART 发送模块设计框架

UART 发送模块设计与测试框架如图 9-2 所示，由 uart_clk_gen、uart_tx、VIO 这 3 部分组成，其中 uart_clk_gen 用于产生串口波特率时钟 uart_clk；uart_tx 为串口发送部分的控制模块，用于实现将输入的并行数据转换为串行数据输出，该模块具备数据长度可配置、奇偶校验可配置、停止位长度可配置的功能；VIO 模块在设计中用于为 uart_clk_gen 模块、uart_tx 模块提供各种配置端口的输入，我们可以自己对设计进行在线调试。

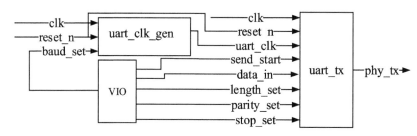

图 9-2　UART 发送模块设计与测试框架

2. uart_clk_gen 模块设计

uart_clk_gen 模块用于生成 UART 传输所需的时钟，该模块通过波特率配置端口 baud_set 对 uart_tx_clk 端口的输出频率进行控制，uart_clk_gen 模块的端口描述如表 9-1 所示。

表 9-1　uart_clk_gen 模块端口描述

序号	名称	位宽	I/O	功能描述
1	clk	1bit	I	系统时钟输入，50MHz
2	reset_n	1bit	I	复位输入，低电平有效
3	baud_set	32bit	I	波特率配置数值输入
4	uart_tx_clk	1bit	O	串口波特率时钟输出

设串口的波特率为 Baud_{uart}，系统时钟周期为 f_{clk}，Baud_{uart} 与 f_{clk} 的计算关系为

$$\text{Baud}_{uart} = \frac{f_{clk}}{2 \cdot \text{baud\_set}}$$

uart_clk_gen 模块的代码设计如下，分频计数器 tx_clk_cnt 自动循环计数，每当 tx_clk_cnt 的值等于 baud_set − 1 时，uart_tx_clk 的输出值就翻转一次。

```
module uart_clk_gen(
    input                   clk         ,   // 时钟：50MHz
    input                   reset_n     ,   // 复位，低电平有效
    input           [31:0]  baud_set    ,   // 波特率:T_uart = baud_set*2*T_clk
    output logic            uart_tx_clk     // uart 发送时钟输出，方波时钟
);
```

```
//----------------------------------------------------------
// 产生 uart_tx_clk 时钟
//----------------------------------------------------------
/**
    @brief   baud_set 输入数值为系统时钟的周期数，baud_set 与串口波特率周期 T_uart 系统、
    时钟周期 T_sys_clk 的关系为 T_uart = baud_set*2*T_sys_clk，输出的 uart_tx_clk 为
    方波时钟
*/
// 时钟分频计数器自动计数
//--------------------------------
logic [31:0]tx_clk_cnt = 32'd0;
always_ff@(posedge clk,negedge reset_n)
    if(!reset_n)
        tx_clk_cnt <= 32'd0;
    else if( tx_clk_cnt >= (baud_set - 1'b1) )  // 计数清零均为 clk 的脉宽值
        tx_clk_cnt <= 32'd0;
    else
        tx_clk_cnt <= tx_clk_cnt + 1'b1;


// uart_tx_clk 生成逻辑
//--------------------------------
always_ff@(posedge clk,negedge reset_n)
    if(!reset_n)
        uart_tx_clk <= 1'b1;
    else if(tx_clk_cnt == (baud_set - 1'b1))
        uart_tx_clk <= ~uart_tx_clk;
    else
        uart_tx_clk <= uart_tx_clk;
endmodule
```

为了验证 uart_clk_gen 模块设计的正确性，编写 Testbench 模块，uart_clk_gen_tb 对 uart_clk_gen 进行仿真验证，在 Testbench 中动态改变 baud_set 端口的值，看其输出串口时钟 uart_tx_clk 是否会发生改变，Testbench 的详细设计如下。

```
`timescale  1ns / 1ns
`define     cycle 20
module uart_clk_gen_tb;
    logic             clk          ;   // 时钟：50MHz
    logic             reset_n      ;   // 复位，低电平有效
    logic     [31:0]  baud_set     ;   // 波特率：T_uart = baud_set*2*T_clk
    wire              uart_tx_clk ;    // uart 发送时钟输出，方波时钟

    uart_clk_gen uart_clk_gen(
    .clk          (clk         ),   // 时钟：50MHz
    .reset_n      (reset_n     ),   // 复位，低电平有效
    .baud_set     (baud_set    ),   // 波特率：T_uart = baud_set*2*T_clk
    .uart_tx_clk  (uart_tx_clk )    // uart 发送时钟输出，方波时钟
    );
```

```
initial
    begin
        clk = 1'b1; forever #(`cycle/2) clk = ~clk;
    end

initial
    begin
        reset_n = 1'b0; baud_set = 32'd10; #(`cycle*2);
        reset_n = 1'b1; #(`cycle*5.1);
        #(`cycle*10*3); baud_set  = 32'd5; #(`cycle*10*2);
        baud_set = 32'd4; #(`cycle*10*1); $stop;
    end
endmodule
```

编写完 uart_clk_gen_tb Testbench 之后，在 Vivado 中运行仿真，仿真结果如图 9-3 所示，由图 9-3 可知，当将 baud_set 设置为 32'd10 时，uart_tx_clk 的周期为 20 个 clk，并且每个周期的高电平与低电平时间均为 10 个 clk；当将 baud_set 设置为 32'd5 时，uart_tx_clk 的周期为 10 个 clk，且高电平与低电平时间均为 5 个 clk，由此可知 uart_clk_gen 模块功能设计正确。

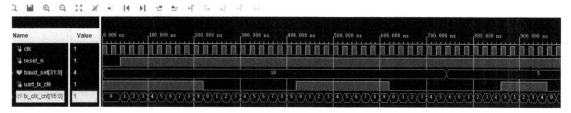

图 9-3　uart_clk_gen 仿真结果

3．uart_tx 模块设计

uart_tx 模块为串口数据发送模块，该模块在串口时钟 uart_tx_clk 的控制下，将输入的字节数据串行输出，该模块中的数据位 5bit、6bit、7bit、8bit 可配置，校验位可配置，停止位 1bit、2bit 可配置。uart_tx 模块的端口描述如表 9-2 所示。

表 9-2　uart_tx 模块端口描述

序号	名称	位宽	I/O	功能描述
1	clk	1bit	I	系统时钟输入，50MHz
2	reset_n	1bit	I	复位输入，低电平有效
3	uart_clk	32bit	I	串口波特率时钟输入
4	parity_set	2bit	I	校验位设置，2'b00、2'b01 为无校验，2'b10 为偶校验，2'b11 为偶校验
5	length_set	2bit	I	长度设置，00:5bit、01:6bit、10:7bit、11:8bit
6	stop_set	2bit	I	停止位设置，00/10/11:1bit 与 01:2bit 为停止位
7	send_start	1bit	I	发送使能，高电平有效，单周期脉冲信号
8	data_in	8bit	I	待发送数据输入
9	phy_tx	1bit	O	串口串行数据输出
10	send_done	1bit	O	发送结束脉冲，高电平有效
11	ready	1bit	O	串口忙状态标志，1 代表 busy，0 代表 idle

采用状态机的方式对串口发送模块 uart_tx 进行设计，其状态机设计如图 9-4 所示，uart_tx

模块的状态描述如表 9-3 所示。

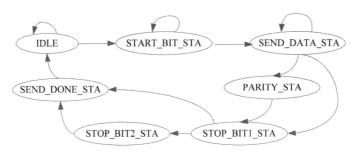

图 9-4 uart_tx 模块状态机设计

表 9-3 uart_tx 模块状态描述

序号	状态机名称	状态描述
1	IDLE	空闲状态,等待发送开始脉冲信号
2	START_BIT_STA	起始位发送状态,在该状态中完成起始位发送与校验位计算
3	SEND_DATA_STA	数据发送状态
4	PARITY_STA	校验位发送状态,用于发送奇偶校验位
5	STOP_BIT1_STA	停止位第 1bit 发送状态
6	STOP_BIT2_STA	停止位第 2bit 发送状态
7	SEND_DONE_STA	发送完成状态,该状态输出 send_done 脉冲

按照以上状态机设计思路,对 uart_tx 模块进行设计,详细的 RTL 级设计如下。

```
module uart_tx(
    input                       clk         ,  // 时钟:50MHz
    input                       reset_n     ,  // 复位,低电平有效
    input                       uart_clk    ,  // 脉冲时钟,高电平有效
    input               [1:0]   parity_set  ,  // 00/01 代表无校验,10 代表偶校验,11 代
                                               //    表奇校验
    input               [1:0]   length_set  ,  // 00:5bit, 01:6bit, 10:7bit, 11:8bit
    input               [1:0]   stop_set    ,  // 停止位设置
    input                       send_start  ,  // 单周期脉冲,高电平有效
    input               [7:0]   data_in     ,  // 并行 8bit 数据
    output logic                phy_tx      ,  // 串行数据输出
    output logic                send_done   ,  // 单周期脉冲,高电平有效
    output logic                ready          // 忙标志,1 代表忙,0 代表空闲
);
    //-----------------------------------------------------
    // 1. 检测 uart_clk 的边沿
    //-----------------------------------------------------
    logic   [1:0]uart_clk_buf = 2'b00;
    logic   uart_clk_pos ;
    logic   uart_clk_neg;

    always_ff@(posedge clk,negedge reset_n)
        if(!reset_n)
```

```systemverilog
                uart_clk_buf <= 2'b00;
        else
                uart_clk_buf <= {uart_clk_buf[0],uart_clk};

assign uart_clk_pos = (uart_clk_buf == 2'b01) ? 1'b1 : 1'b0;
assign uart_clk_neg = (uart_clk_buf == 2'b10) ? 1'b1 : 1'b0;
//----------------------------------------------------------
// 2．缓存校验配置参数
//----------------------------------------------------------
logic [1:0]parity_set_buf = 2'b00; // default: non_parity
always_ff@(posedge clk, negedge reset_n)
        if(!reset_n)
                parity_set_buf <= 2'b00;
        else
                parity_set_buf <= parity_set;


//----------------------------------------------------------
// 3．UART 发送模块状态机
//----------------------------------------------------------
/**
 @brief uart_tx 串行发送控制状态机，该状态机完成并行数据向串行数据的发送；
            当使能奇偶校验时，该状态机自动在发送时添加校验位
*/
// 状态类型定义
//--------------------------------
typedef enum logic [2:0] {
        IDLE            = 3'd0, // 空闲状态
        START_BIT_STA   = 3'd1, // 起始位状态
        SEND_DATA_STA   = 3'd2, // 数据发送状态
        PARITY_STA      = 3'd3, // 校验状态
        STOP_BIT1_STA   = 3'd4, // 停止状态 1bit
        STOP_BIT2_STA   = 3'd5, // 停止状态 2bit
        SEND_DONE_STA   = 3'd6  // 停止状态 0.5bit
} state_t;

/* internal variable definition */
state_t state           = IDLE;
logic [3:0] data_cnt    = 4'd0;
logic           parity_bit;
logic [7:0] data_buf    = 8'd0;


always_ff@(posedge clk,negedge reset_n)
        if(!reset_n)
                begin
                        state       <= IDLE;
                        data_cnt    <= 4'd0;
```

```
                parity_bit   <= 1'b0;
                data_buf     <= 8'd0;
                phy_tx       <= 1'b1;
                send_done    <= 1'b0;
                ready        <= 1'b0;
            end
    else
        begin
            case(state)
                IDLE:
                    begin
                        data_cnt    <= 4'd0;
                        parity_bit  <= 1'b0;
                        phy_tx      <= 1'b1;
                        send_done   <= 1'b0;
                        if(send_start)
                            begin
                                state      <= START_BIT_STA;
                                data_buf   <= data_in;
                                ready      <= 1'b1;
                            end
                        else
                            begin
                                state      <= IDLE;
                                data_buf   <= data_buf;
                                ready      <= 1'b0;
                            end
                    end
                START_BIT_STA:
                    begin
                        // 校验位计算
                        if(length_set == 2'b11)
                            parity_bit <= ^data_buf[7:0]; // 8bit 长度校验计算
                        else if(length_set == 2'b10)
                            parity_bit <= ^data_buf[6:0]; // 7bit 长度校验计算
                        else if(length_set == 2'b01)
                            parity_bit <= ^data_buf[5:0]; // 6bit 长度校验计算
                        else
                            parity_bit <= ^data_buf[4:0]; // 5bit 长度校验计算

                        if(uart_clk_pos)
                            begin
                                phy_tx  <= 1'b0;
                                state   <= SEND_DATA_STA;
                            end
                        else
```

```
                    begin
                        state <= START_BIT_STA;
                        phy_tx <= 1'b1;
                    end
            end
    SEND_DATA_STA:
        begin
            /* 5、6、7、8 bit 长度可配 */
            if(uart_clk_pos)
                begin
                    if( (data_cnt == 4'd7 && length_set == 2'b11) ||
                        (data_cnt == 4'd6 && length_set == 2'b10) ||
                        (data_cnt == 4'd5 && length_set == 2'b01) ||
                        (data_cnt == 4'd4 && length_set==2'b00)  )
                        if(parity_set_buf[1])    /*有校验*/
                            state <= PARITY_STA;
                        else
                            state <= STOP_BIT1_STA;
                end
            else
                state <= SEND_DATA_STA;

            if(uart_clk_pos)
                begin
                    data_cnt    <= data_cnt + 1'b1;
                    phy_tx      <= data_buf[data_cnt];
                end
            else
                begin
                    data_cnt    <= data_cnt;
                    phy_tx      <= phy_tx;
                end
        end
    PARITY_STA:
        begin
            if(uart_clk_pos)
                begin
                    data_cnt <= data_cnt + 1'b1;
                    state <= STOP_BIT1_STA;
                    if(parity_set_buf[0])          // 奇校验
                        phy_tx <= ~parity_bit;
                    else
                        phy_tx <= parity_bit;    // 偶校验
                end
        end
    STOP_BIT1_STA:
```

```verilog
        begin
            if(uart_clk_pos)
                begin
                    if(stop_set == 2'b01)   // 2bit 停止位
                        begin
                            data_cnt <= data_cnt + 1'b1;
                            phy_tx <= 1'b1;
                            state <= STOP_BIT2_STA;
                        end
                    else      // 其他数值：00/10/11 均为 1bit 停止位
                        begin
                            data_cnt <= data_cnt + 1'b1;
                            phy_tx <= 1'b1;
                            state <= SEND_DONE_STA;
                        end
                end
            else
                begin
                    data_cnt   <= data_cnt;
                    phy_tx  <= phy_tx;
                    state      <= STOP_BIT1_STA;
                end
        end
STOP_BIT2_STA: // 3'd5
    begin
        if(uart_clk_pos)
            begin
                data_cnt <= data_cnt + 1'b1;
                phy_tx <= 1'b1;
                state <= SEND_DONE_STA;
            end
        else
            begin
                data_cnt  <= data_cnt;
                phy_tx   <= phy_tx;
                state      <= STOP_BIT2_STA;
            end
    end
SEND_DONE_STA: // 3'd6
    begin
        if(uart_clk_pos)
            begin
                send_done <= 1'b1;
                state <= IDLE;
                ready <= 1'b0;
                data_cnt <= 4'd0;
```

```
                                      end
                              else
                                  begin
                                      send_done <= 1'b0;
                                      state <= SEND_DONE_STA;
                                      ready <= 1'b1;
                                      data_cnt <= data_cnt;
                                  end
                          end
                  default: state <= IDLE;
              endcase
          end
endmodule
```

为了验证 uart_tx 模块设计的正确性，编写 Testbench 模块 uart_tx_tb，对其进行仿真验证，uart_tx_tb 设计如下。在 uart_tx_tb 中例化了 uart_clk_gen 与 uart_tx 模块，每次发送时，先将数据位 data_in、校验位 parity_set、长度位 length_set、停止位 stop_set 配置好，配置完成后，将 send_start 拉高一个时钟周期的高脉冲，开始发送 uart_tx 数据。Testbench 的详细代码设计如下。

```
`timescale  1ns / 1ns
`define     cycle 20
module uart_tx_tb;
    logic                   clk         ;
    logic                   reset_n     ;
    logic         [31:0]    baud_set    ;
    wire                    uart_clk    ;

    logic         [1:0]     parity_set  ;
    logic         [1:0]     length_set  ;
    logic         [1:0]     stop_set    ;
    logic                   send_start;
    logic         [7:0]     data_in     ;
    wire                    phy_tx      ;
    wire                    send_done   ;
    wire                    ready       ;

    //------------------------------------------
    // 1. uart_clk_gen 例化
    //------------------------------------------
    uart_clk_gen uart_clk_gen(
    .clk           (clk        ),  // 时钟：50MHz
    .reset_n       (reset_n    ),  // 复位，低电平有效
    .baud_set      (baud_set   ),  // 波特率：T_uart = baud_set*2*T_clk
    .uart_tx_clk   (uart_clk   )   // uart 发送时钟输出，方波时钟
    );

    //------------------------------------------
```

```
// 2. uart_tx 例化
//------------------------------------------
uart_tx uart_tx(
.clk        (clk         ),    // 时钟: 50MHz
.reset_n    (reset_n     ),    // 复位, 低电平有效
.uart_clk   (uart_clk    ),    // 单周期脉冲, 高电平有效
.parity_set (parity_set  ),    // 00/01 代表无校验, 10 代表偶校验, 11 代表奇校验
.length_set (length_set  ),    // 00:5bit, 01:6bit, 10:7bit, 11:8bit
.stop_set   (stop_set    ),    // 00/10/11 代表 1bit 停止位, 01 代表 2bit 停止位
.send_start (send_start  ),    // 单周期脉冲, 高电平有效
.data_in    (data_in     ),    // 并行数据输出
.phy_tx     (phy_tx      ),    // 串行数据输出
.send_done  (send_done   ),    // 单周期脉冲, 高电平有效
.ready      (ready       )     // 电平信号, 1 代表忙, 0 代表空闲
);


//------------------------------------------
// 3. 生成系统时钟
//------------------------------------------
initial
    begin
        clk = 1'b1; forever #(`cycle/2) clk = ~clk;
    end


//------------------------------------------
// 4. 产生激励
//------------------------------------------
initial
    begin
        reset_n = 1'b0; baud_set = 32'd5;    // 分频系数设置为 5
        parity_set  = 2'b00;    // 00/01 代表无校验, 10 代表偶校验, 11 代表奇校验
        length_set  = 2'b11;    // 00:5bit, 01:6bit, 10:7bit, 11:8bit
        stop_set    = 2'b00;    // 00/10/11: 1bit 停止位, 01:2bit
        send_start  = 1'b0; data_in = 8'd00; #(`cycle*2);
        reset_n     = 1'b1; #(`cycle*2.1);

        // case1: send_data: 8'h55, 无校验, 8bit 数据位, 1bit 停止位
        data_in = 8'h55; send_start = 1'b1; #(`cycle*1);
        send_start= 1'b0; wait(send_done);
        @(posedge clk);

        // case2: send_data: 8'h37, 奇校验, 8bit 数据位, 1bit 停止位
        data_in     = 8'h37;
        parity_set  = 2'b11;     // 校验设置: 00/01 代表无校验, 10 代表偶校验, 11
                                 //           代表奇校验
        send_start  = 1'b1; #(`cycle*1); send_start = 1'b0;
        wait(send_done); @(posedge clk);
```

```
              // case3: send_data: 8'hAC, 偶校验, 8bit 数据位, 2bit 停止位
              data_in = 8'hAC;
              parity_set  = 2'b10;      // 校验设置: 00/01 代表无校验, 10 代表偶校验, 11
                                             代表奇校验
              stop_set    = 2'b01;      // 00/10/11: 1bit 停止位 01:2bit
              send_start= 1'b1; #(`cycle*1); send_start   = 1'b0;
              wait(send_done); @(posedge clk);
              #(`cycle*30);
              $stop;
        end
endmodule
```

Testbench 编写完成后, 在 Vivado 中运行仿真, 其仿真结果如图 9-5 和图 9-6 所示, 由图 9-5 可知, 当检测到 send_start 脉冲后, 开始进入数据发送状态, 在 uart_clk 的上升沿开始发送 1bit 起始位, 接着在每个 uart_clk 的上升沿依次传输 8bit 数据位, 在输出数据时, 低位先传输, 高位后传输; 数据传输完毕后再传输 1bit 停止位, 停止位传输完毕后, 结束本次发送, 同时从 send_done 输出一个单周期的高脉冲, 表示传输结束。再次将 send_start 拉高一个时钟周期的高电平, 依次传输起始位、数据位、校验位、停止位, 传输完毕后从 send_done 输出一个时钟周期的高脉冲表示本次发送完毕。图 9-6 的传输过程与图 9-5 的类似, 只是在传输的过程中, 停止位为 2bit。

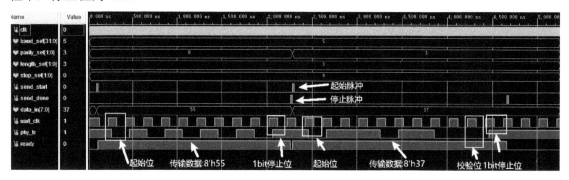

图 9-5　uart_tx 仿真结果 01

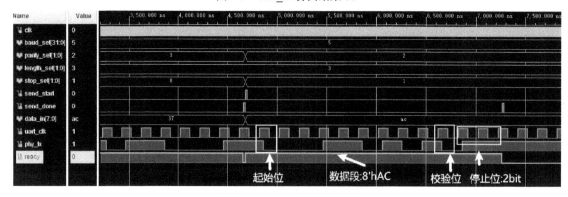

图 9-6　uart_tx 仿真结果 02

4. 实际验证

通过仿真验证, 逻辑设计正确, 接下来我们将进行实际验证, 在实际验证时采用 VIO IP 核提供激励, 向 uart_tx 模块的数据端口 data_in、发送开始端口 send_start、校验配置端口

parity_set、长度配置端口 length_set 提供激励数据，向 uart_clk_gen 模块的波特率配置端口
baud_set 提供控制波特率的激励数据，整个实际验证模块 uart_tx_top 详细设计如下。

```verilog
module uart_tx_top(
    input           clk         ,   // 时钟：50MHz
    input           reset_n     ,   // 复位，低电平有效
    output logic    uart_phy_tx     // rs232_tx
);
    //-----------------------------------------
    // 1. 信号定义
    //-----------------------------------------
    wire    [31:0] baud_set;    // 波特率配置
    wire           uart_clk;    // 串口时钟

    wire    [1:0]   parity_set  ;
    wire    [1:0]   length_set  ;
    wire    [1:0]   stop_set     ;
    wire            send_start   ;
    wire    [7:0]   data_in      ;
    wire            send_done    ;
    wire            ready        ;
    wire            send_start_pos  ;

    //-----------------------------------------
    // 2. uart_clk_gen 例化
    //-----------------------------------------
    uart_clk_gen uart_clk_gen(
    .clk            (clk            ),   // 时钟：50MHz
    .reset_n        (reset_n        ),   // 复位，低电平有效
    .baud_set       (baud_set       ),   // 波特率:T_uart = baud_set*2*T_clk
    .uart_tx_clk    (uart_clk       )    // uart 发送时钟输出，方波时钟
    );

    //-----------------------------------------
    // 3. uart_tx 例化
    //-----------------------------------------
    uart_tx uart_tx(
    .clk            (clk            ),   // 时钟：50MHz
    .reset_n        (reset_n        ),   // 复位，低电平有效
    .uart_clk       (uart_clk       ),   // 单周期脉冲信号，高电平有效
    .parity_set     (parity_set     ),   // 00/01 代表无校验，10 代表偶校验，11 代表奇校验
    .length_set     (length_set     ),   // 00 代表 5bit，01 代表 6bit，10 代表 7bit，
                                         // 11 代表 8bit
    .stop_set       (stop_set       ),   // 00/10/11 代表 1bit 停止位。01 代表 2bit 停止位
    .send_start     (send_start_pos ),   // 单周期脉冲信号，高电平有效
    .data_in        (data_in        ),   // 并行 8 位数据输入
    .phy_tx         (uart_phy_tx    ),   // 串行数据输出
    .send_done      (send_done      ),   // 单周期脉冲信号，高电平有效
```

```
.ready           (ready              )    // 电平信号，1代表忙，0代表空闲
);
//------------------------------------------
// 4. VIO 例化
//------------------------------------------
vio_uart vio_uart (
.clk             (clk                ),   // 时钟输入
.probe_in0       ({uart_phy_tx,ready} ),   // VIO 输入
.probe_out0      (baud_set           ),   // VIO 输出
.probe_out1      (parity_set         ),   // VIO 输出
.probe_out2      (length_set         ),   // VIO 输出
.probe_out3      (stop_set           ),   // VIO 输出
.probe_out4      (send_start         ),   // VIO 输出
.probe_out5      (data_in            )    // VIO 输出
);
// 产生写使能单脉冲
//---------------------
logic [1:0]send_start_reg;
always_ff@(posedge clk, negedge reset_n)
    if(!reset_n)
        send_start_reg <= 2'b00;
    else
        send_start_reg <= {send_start_reg[0],send_start};
    assign send_start_pos = (send_start_reg == 2'b01);
endmodule
```

对 uart_tx_top 模块进行编译，将生成的 bit 文件、.ltx 文件下载到 FPGA 中，在计算机端打开串口调试助手，将波特率设置为 115200bit/s，将数据位设置为 8，将校验设置为无，将停止位设置为 1；在 VIO 调试窗口中将 baud_set 的值设置为 217（对应 115200bit/s），将 length_set 的值设置为 3（对应 8bit 数据长度），将 parity_set 设置为 0（对应无校验），配置完成后在 data_in 端口输入待发送的数据，输入完成后单击"send_start"启动发送。在测试结果中随机选取两组测试结果，如图 9-7 和图 9-8 所示，在图 9-7 中发送 8'h56，在右侧可以看到串口调试助手收到 0x56；在图 9-8 中发送 8'hF1，在右侧可以看到串口调试助手收到 0xF1，说明串口发送模块设计正确。

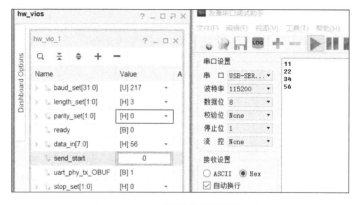

图 9-7　UART 发送实际测试结果 01

图 9-8　UART 发送实际测试结果 02

9.1.3　UART 接收设计

与 UART 发送模块的功能相反，UART 接收模块按照设定的波特率对串行输入数据进行采样，将其转换为并行数据输出，同样的是，该模块具备数据长度、奇偶校验、停止位长度可配置的功能。uart_rx 模块的接收时序如图 9-9 所示，由图 9-9 可知，在每一次 uart_rx_clk 有效时，对数据接收端口 phy_rx 上的数据进行采样保存，当数据接收完毕后，输出本次接收的数据，在下面的设计中，物理层接口采用 RS232 实现。

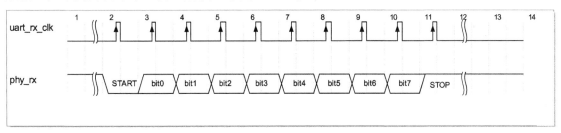

图 9-9　uart_rx 模块接收时序

1．uart_rx 模块设计

根据以上分析，uart_rx 模块的端口描述如表 9-4 所示。

表 9-4　uart_rx 模块端口描述

序号	名称	位宽	I/O	功能描述
1	clk	1bit	I	系统时钟输入，50MHz
2	reset_n	1bit	I	复位输入，低电平有效
3	uart_clk	32bit	I	波特率时钟输入
4	data_length	2bit	O	数据长度设置，00:5bit、01:6bit、10:7bit、11:8bit
5	parity_set	2bit	I	奇偶校验设置，0x 代表无校验，10 代表偶校验，11 代表奇校验
6	stop_length	2bit	I	停止位长度设置，0x:1bit、11:2bit
7	phy_rx	1bit	I	UART 串行输入端口
8	receive_done	1bit	O	串口接收完毕脉冲输出
9	ready	1bit	O	串口接收模块忙状态标志，1 代表忙，0 代表空闲
10	data_out	8bit	O	串口接收并行数据输出
11	parity_error	1bit	O	校验错误输出。1 代表错误，0 代表正确
12	phy_rx_neg	1bit	O	串行数据线下降沿脉冲输出

在设计过程中采用状态机的方式对 uart_rx 模块进行设计，其状态机设计如图 9-10 所示，uart_tx 模块的状态描述如表 9-5 所示。

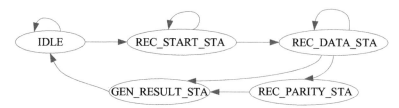

图 9-10　uart_rx 模块状态机设计

表 9-5　uart_rx 模块状态描述

序号	状态机名称	状态描述
1	IDLE	空闲状态，等待起始位的到来
2	REC_START_STA	接收起始位状态，在该状态接收 1bit 起始位
3	REC_DATA_STA	接收数据位状态，在该状态接收数据位，支持 5bit、6bit、7bit、8bit 长度类型的接收
4	REC_PARITY_STA	接收校验位状态，如果使能校验位，那么该状态用于对校验位进行接收
5	GEN_RESULT_STA	校验位判断状态，如果使能校验位，那么在接收校验位完成之后，该状态用于对校验位进行判断，给出校验错误判断计算结果

按照以上状态机的设计思路，对 uart_rx 模块进行设计实现，详细的 RTL 级代码设计如下。

```systemverilog
module uart_rx(
    input                       clk           ,    // 时钟:50MHz
    input                       reset_n       ,    // 复位，低电平有效
    input                       uart_clk      ,    // uart_rx 模块的接收时钟
    input           [1:0]       data_length   ,    // 2'b00 代表 5bit，2'b11 代表
                                                   //    8bit(default)
    input           [1:0]       parity_set    ,    // 0x 代表无校验，10 代表偶校验，11
                                                   //    代表奇校验
    input           [1:0]       stop_length   ,    // 停止位长度设置
    input                       phy_rx        ,    // 串行数据输入
    output logic                receive_done  ,    // 串行数据接收完毕脉冲
    output logic                ready         ,    // 串口工作状态指示信号，1 代表忙，0
                                                   //    代表空闲
    output logic    [7:0]       data_out      ,    // 串口接收数据并行输出
    output logic                parity_error  ,    // 校验结果输出，1 代表错误，0 代表正确
    output logic                phy_rx_neg         // phy_rx 下降沿输出
);
    //------------------------------------------
    // 1. phy_rx 边沿检测
    //------------------------------------------
    logic [3:0] rx_in_buf = 4'b1010;
    always_ff@(posedge clk,negedge reset_n)
        if(!reset_n)
            rx_in_buf <= 4'b1010;
        else
            rx_in_buf <= {rx_in_buf[2:0],phy_rx};
```

```systemverilog
assign phy_rx_neg = (rx_in_buf == 4'b1100) ? 1'b1 : 1'b0;

//-------------------------------------------
// 2. 配置数据寄存
//-------------------------------------------
logic [1:0]data_lenght_reg = 2'b11;      // 默认：8bit
logic [1:0]parity_set_reg  = 2'b00;      // 默认：无校验
logic [1:0]stop_length_reg = 2'b00;      // 默认：1bit

always_ff@(posedge clk,negedge reset_n)
    if(!reset_n)
        begin
            data_lenght_reg <= 2'b11;
            parity_set_reg  <= 2'b00;
            stop_length_reg <= 2'b00;
        end
    else
        begin
            data_lenght_reg <= data_length;
            parity_set_reg  <= parity_set;
            stop_length_reg <= stop_length;
        end


//-------------------------------------------
// 3. 状态控制
//-------------------------------------------
typedef enum logic[2:0] {
    IDLE            = 3'd0, // 空闲状态
    REC_START_STA   = 3'd1, // 等待起始位
    REC_DATA_STA    = 3'd2, // 接收数据位
    REC_PARITY_STA  = 3'd3, // 接收校验位
    GEN_RESULT_STA  = 3'd4  // 生成校验位
} state_t;
state_t     state       = IDLE;
logic [3:0] data_cnt    = 4'd0;
logic       parity_reg  = 1'b0;

always_ff@(posedge clk,negedge reset_n)
    if(!reset_n)
        begin
            state        <= IDLE;
            data_cnt     <= 4'd0;
            data_out     <= 8'd0;
            receive_done <= 1'b0;
            ready        <= 1'b0;
            parity_reg   <= 1'b0;
            parity_error <= 1'b0;
        end
```

```systemverilog
        else
            begin
                case(state)
                    IDLE:                    //空闲态
                        begin
                            receive_done <= 1'b0;
                            parity_error <= 1'b0;
                            if(phy_rx_neg)          // 起始位到达
                                begin
                                    state <= REC_START_STA;
                                    data_cnt <= 4'd0;
                                    ready <= 1'b1;
                                end
                            else
                                begin
                                    state <= IDLE;
                                    data_cnt <= data_cnt;
                                    ready <= 1'b0;
                                end
                        end
                    REC_START_STA:            // 接收起始位
                        begin
                            if(uart_clk)
                                state <= REC_DATA_STA;
                            else
                                state <= REC_START_STA;
                        end
                    REC_DATA_STA:                // 接收数据位
                        begin
                            if(uart_clk)
                                begin
                                    data_cnt <= data_cnt + 1'b1;
                                    data_out[data_cnt] <= phy_rx;// first of LSB
                                end

                            if(uart_clk)
                                begin
                                    if(((data_lenght_reg == 2'b11) && data_cnt ==
4'd7)
|| ((data_lenght_reg == 2'b10) && data_cnt == 4'd6)
|| ((data_lenght_reg == 2'b01) && data_cnt == 4'd5)
|| ((data_lenght_reg == 2'b00) && data_cnt == 4'd4))
                                        if(parity_set[1] == 1'b1)    // 使用校验
                                            state <= REC_PARITY_STA;
                                        else
                                            state <= GEN_RESULT_STA;
                                end
                            ready <= 1'b1;
```

```
                end
        REC_PARITY_STA:               // 接收校验位
            begin
                if(uart_clk)
                    begin
                        parity_reg <= phy_rx;
                        data_cnt <= 4'd0;
                        state <= GEN_RESULT_STA;
                    end
            end
        GEN_RESULT_STA:               // 生成校验结果
            begin
                case(parity_set_reg)
                    2'b11:        // 奇校验
                        if((parity_result == 1'b1) && (parity_reg ==
                                1'b0))
                            parity_error <= 1'b0;
                        else if((parity_result == 1'b0) && (parity_reg
                                == 1'b1))
                            parity_error <= 1'b0;
                        else
                            parity_error <= 1'b1;
                    2'b10:        // 偶校验
                        if((parity_result == 1'b1) && (parity_reg ==
                                1'b1))
                            parity_error <= 1'b0;
                        else if((parity_result == 1'b0) && (parity_reg
                                == 1'b0))
                            parity_error <= 1'b0;
                        else
                            parity_error <= 1'b1;
                    default: parity_error <= 1'b0;
                endcase
                case(data_lenght_reg)
                    2'b00:data_out <= {3'd0,data_out[4:0]};
                    2'b01:data_out <= {2'd0,data_out[5:0]};
                    2'b10:data_out <= {1'd0,data_out[6:0]};
                    2'b11:data_out <= data_out;
                endcase
                receive_done <= 1'b1;
                state <= IDLE;
                ready <= 1'b0;
            end
        default: state <= IDLE;
    endcase
end
//--------------------------------------------
// 4. 状态控制
```

```
//--------------------------------------------
logic parity_result = 1'b0;
always_ff@(posedge clk,negedge reset_n)
    if(!reset_n)
        parity_result <= 1'b0;
    else
        begin
            case(data_lenght_reg)
                2'b00: parity_result <= (^data_out[4:0]);
                2'b01: parity_result <= (^data_out[5:0]);
                2'b10: parity_result <= (^data_out[6:0]);
                2'b11: parity_result <= (^data_out[7:0]);
            endcase
        end
endmodule
```

以上代码的设计思路与结构如下。

（1）对 phy_rx 端口的下降沿进行检测，当有下降沿时产生 phy_rx_neg 单周期脉冲输出。

（2）对配置参数进行寄存同步化。

（3）状态机实现，首先在空闲状态一直检测 phy_rx_neg，当 phy_rx_neg 有效时，按照起始位和数据位依次对数据进行接收；在状态机中并没有设置停止位检测状态，数据接收完毕后直接跳转到 IDLE 状态，这是因为在 UART 协议中空闲状态与停止位均为高电平，在设计中并没有单独对停止状态进行检测判断。

（4）校验结果计算，用于对接收的数据进行校验计算。

为了验证 uart_rx 模块逻辑设计的正确性，编写 Testbench 模块 uart_rx_tb，对 uart_rx 模块进行仿真验证，uart_rx_tb 的详细设计如下。

```
`timescale  1ns / 1ns
`define      cycle 10
module uart_rx_tb;
    logic          clk            ;    // 时钟：50MHz
    logic          reset_n        ;    // 复位，低电平有效
    logic          uart_clk       ;    // uart_rx 的接收时钟
    logic  [1:0]   data_length    ;    // 2'b00 代表 5bit，2'b11 代表 8bit
    logic  [1:0]   parity_set      ;    // [1]= 1'b1 代表有校验，[1]=1'b0 代表无校验
    logic  [1:0]   stop_length    ;    // 停止位长度设置
    logic          phy_rx         ;    // 串行数据输入
    wire           receive_done    ;    // 串行数据接收完毕脉冲
    wire           ready          ;    // 串口工作状态指示信号
    wire   [7:0]   data_out       ;    // 串口接收数据并行输出，1 代表忙，0 代表空闲
    wire           parity_error    ;    // 校验结果输出
    wire           phy_rx_neg      ;    // phy_rx 下降沿输出

    uart_rx uart_rx(
    .clk           (clk            ),    // 时钟:50MHz
    .reset_n       (reset_n        ),    // reset_n, active low
    .uart_clk      (uart_clk       ),    // uart_rx 的接收时钟
    .data_length   (data_length    ),    // 2'b00 代表 5bit，2'b11 代表 8bit(default)
```

```
    .parity_set       (parity_set       ),   // 校验, [1] = 1'b1 代表有校验, [1]= 1'b0
代表无校验
    .stop_length      (stop_length      ),   // 停止位长度设置
    .phy_rx           (phy_rx           ),   // 串行数据输入
    .receive_done     (receive_done     ),   // 串行数据接收完毕脉冲
    .ready            (ready            ),   // 串口工作状态指示信号
    .data_out         (data_out         ),   // 串口接收数据并行输出, 1 代表忙, 0 代表空闲
    .parity_error     (parity_error     ),   // 校验结果输出
    .phy_rx_neg       (phy_rx_neg       )    // phy_rx 下降沿输出
    );

    initial
        begin
            clk = 1'b1; forever #(`cycle/2) clk = ~clk;
        end
    initial
        begin
            reset_n = 1'b0; uart_clk = 1'b0;
            data_length = 2'b11; parity_set = 2'b00; stop_length   = 2'b00;
            phy_rx = 1'b1; #(`cycle*2); reset_n = 1'b1; #(`cycle*1.1);
            // case1: 数据接收 1
            //------------------------
            phy_rx = 1'b0; #(`cycle*3);
            uart_clk   = 1'b1; #(`cycle*1); uart_clk   = 1'b0;
            repeat(8)
                begin
                    phy_rx  = {$random}%2; #(`cycle*2);
                    uart_clk= 1'b1; #(`cycle*1); uart_clk    = 1'b0; #(`cycle*1);
                end
            phy_rx = 1'b1; #(`cycle*6*1.5);
            // case2: 数据接收 2
            //------------------------
            phy_rx = 1'b0; #(`cycle*3);
            uart_clk    = 1'b1; #(`cycle*1); uart_clk    = 1'b0;
            repeat(8)
                begin
                    phy_rx  = {$random}%2; #(`cycle*2);
                    uart_clk= 1'b1; #(`cycle*1); uart_clk    = 1'b0; #(`cycle*1);
                end
            phy_rx = 1'b1; #(`cycle*6*1.5);
            $stop;
        end
endmodule
```

Testbench 模块 uart_rx_tb 编写完毕后, 在 Vivado 中运行仿真, 其结果如图 9-11 所示。在第一次接收数据的过程中, 当 phy_rx 的下降沿 phy_rx_neg 有效时, 立刻进入接收起始位状态 (REC_START_STA), 起始位接收完毕后, 进入数据位接收状态 (REC_DATA_STA), 数据位接收完毕后, 进入校验计算阶段 (GEN_RESULT_STA), 同时输出接收完毕脉冲 (receive_done

= 1'b1）；按照 uart_clk = 1'b1 时对 phy_rx 进行采样，按从左向右的顺序对 phy_rx 进行采样，则其采样值为 8'b0111_1110，该值对应数据位的 bit0~bit7，与 data_out 值 8'h7E 相等。第二次接收过程与第一次接收过程一致，这里不再赘述。

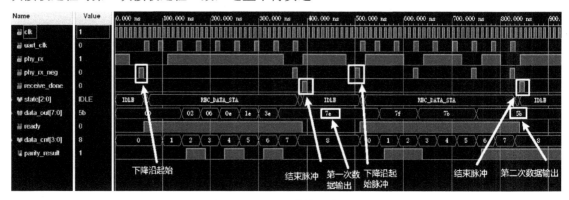

图 9-11   uart_rx 模块仿真结果

2. uart_clk_gen 模块设计

与串口发送模块所需的 uart_clk_gen 类似，串口接收模块中的 uart_rx_clk_gen 在串口接收模块工作过程中向 uart_rx 模块提供波特率时钟，使 uart_rx 模块按照设定的波特率对 phy_rx 端口上的数据进行采样，uart_rx_clk_gen 模块的端口描述如表 9-6 所示。

表 9-6   uart_rx_clk_gen 模块端口描述

序号	名称	位宽	I/O	功能描述
1	clk	1bit	I	系统时钟输入，50MHz
2	reset_n	1bit	I	复位输入，低电平有效
3	baud_set	32bit	I	波特率配置数值输入，其计算公式与 uart_clk_gen 一致，参数值为 T_{clk} 的周期个数。T_uart = baud_set*2*T_sys_clk
4	rx_in_neg	1bit	I	phy_rx 端下降沿检测输入，高电平有效
5	receive_done	1bit	I	接收完毕脉冲输入，高电平有效
6	uart_rx_clk	1bit	O	串口接收波特率时钟输出，脉冲时钟

uart_rx_clk_gen 模块的 RTL 级代码详细设计如下。

```
module uart_rx_clk_gen(
    input                clk             ,   // 时钟:50MHz
    input                reset_n         ,   // 复位，低电平有效
    input        [31:0]  baud_set        ,   // T_uart = baud_set*2*T_sys_clk
    input                rx_in_neg       ,   // rx_in_neg 脉冲输入
    input                receive_done    ,   // 串口一个字节数据接收完毕的单周期脉冲
    output logic         uart_rx_clk = 1'b0  // uart_rx_clk 时钟输出
);
    //------------------------------------------
    // 产生 uart_rx_clk 时钟
    //------------------------------------------
    // 计数器开关控制
    //------------------------------------------
    logic    rx_cnt_ctrl = 1'b0; // 计数器使能开关
```

```verilog
always@(posedge clk,negedge reset_n)
    if(!reset_n)
        rx_cnt_ctrl <= 1'b0;
    else if(rx_in_neg)
        rx_cnt_ctrl <= 1'b1;
    else if(receive_done)
        rx_cnt_ctrl <= 1'b0;
    else
        rx_cnt_ctrl <= rx_cnt_ctrl;

// 计数器自动计数
//--------------------------------
logic   [31:0]rx_clk_cnt = 32'd0;
always@(posedge clk,negedge reset_n)
    if(!reset_n)
        rx_clk_cnt <= 32'd0;
    else if(rx_cnt_ctrl)
        if(rx_clk_cnt < (baud_set * 32'd2 - 1'b1))
            rx_clk_cnt <= rx_clk_cnt + 1'b1;
        else
            rx_clk_cnt <= 32'd0;
    else
        rx_clk_cnt <= 32'd0;

// uart_rx_clk 脉冲生成
//--------------------------------
always@(posedge clk,negedge reset_n)
    if(!reset_n)
        uart_rx_clk <= 1'b0;
    else if(rx_clk_cnt == (baud_set - 1'b1))
        uart_rx_clk <= 1'b1;
    else
        uart_rx_clk <= 1'b0;
endmodule
```

为了对 uart_rx_clk_gen 模块的正确性进行验证，编写 Testbench 模块 uart_rx_clk_gen_tb，对其进行仿真，Testbench 的详细代码设计如下。

```verilog
`timescale  1ns / 1ns
`define     cycle 10
module uart_rx_clk_gen_tb;
    logic           clk                 ;
    logic           reset_n             ;
    logic   [31:0]  baud_set            ;
    logic           rx_in_neg           ;
    logic           receive_done        ;
    wire            uart_rx_clk         ;

    uart_rx_clk_gen uart_rx_clk_gen(
```

```
    .clk                (clk            ),
    .reset_n            (reset_n        ),
    .baud_set           (baud_set       ),
    .rx_in_neg          (rx_in_neg      ),
    .receive_done       (receive_done   ),
    .uart_rx_clk        (uart_rx_clk    )
);

initial
    begin
        clk = 1'b1; forever #(`cycle/2) clk = ~clk;
    end
initial
    begin
        reset_n = 1'b0;
        baud_set = 32'd0; rx_in_neg = 1'b0;
        receive_done = 1'b0; #(`cycle*2);
        reset_n = 1'b1; baud_set = 32'd4;
        #(`cycle*2.1);

        // case1
        //-----------------
        rx_in_neg = 1'b1; #(`cycle*1); rx_in_neg = 1'b0;
        #(`cycle*4*4);
        receive_done = 1'b1; #(`cycle*1); receive_done = 1'b0;
        #(`cycle*4*1);

        // case2
        //-----------------
        baud_set = 32'd8;
        rx_in_neg = 1'b1; #(`cycle*1); rx_in_neg = 1'b0;
        #(`cycle*8*4);
        receive_done = 1'b1; #(`cycle*1); receive_done = 1'b0;
        #(`cycle*8*1);
        $stop;
    end
endmodule
```

在 Vivado 中运行仿真，仿真结果如图 9-12 所示，由图 9-12 可知，uart_rx_clk 脉冲时钟
输出正确。

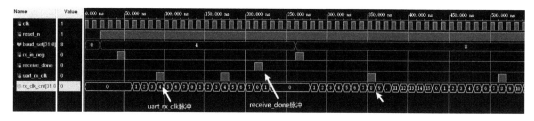

图 9-12　uart_rx_clk_gen 模块仿真结果

3．实际验证

仿真验证通过后，下面将编写 uart_rx_top 模块，对 uart_rx 模块和 uart_rx_clk_gen 模块进行设计验证，并在模块中使用 VIO 模块，将 VIO 模块的输出用于在调试过程中产生激励，VIO 模块的输入用于接收数据显示，uart_rx_top 模块的 RTL 级代码设计如下。

```verilog
module uart_rx_top(
    input           clk         ,
    input           reset_n     ,
    input           phy_rx          // rs232 输入
);
    wire            phy_rx_neg      ;
    wire            receive_done    ;
    wire            uart_rx_clk     ;
    wire    [31:0]  baud_set        ;
    wire    [1:0]   parity_set      ;
    wire    [1:0]   length_set      ;
    wire    [1:0]   stop_set        ;
    wire            ready           ;
    wire    [7:0]   data_out        ;

    //-----------------------------------------
    // 1. vio_rx 例化
    //-----------------------------------------
    vio_rx vio_rx (
    .clk        (clk            ),  // VIO 时钟
    .probe_in0  (ready          ),  // VIO 输入
    .probe_in1  (data_out       ),  // VIO 输出
    .probe_out0 (baud_set       ),  // VIO 输出
    .probe_out1 (parity_set     ),  // VIO 输出
    .probe_out2 (length_set     ),  // VIO 输出
    .probe_out3 (stop_set       )   // VIO 输出
    );
    //-----------------------------------------
    // 2. uart_rx_clk_gen 例化
    //-----------------------------------------
    uart_rx_clk_gen uart_rx_clk_gen(
    .clk            (clk            ),
    .reset_n        (reset_n        ),
    .baud_set       (baud_set       ),
    .rx_in_neg      (phy_rx_neg     ),
    .receive_done   (receive_done   ),
    .uart_rx_clk    (uart_rx_clk    )
    );

    //-----------------------------------------
    // 3. uart_rx 例化
    //-----------------------------------------
    uart_rx uart_rx(
```

```
    .clk              (clk            ),  // 时钟:50MHz
    .reset_n          (reset_n        ),  // 复位,低电平有效
    .uart_clk         (uart_rx_clk    ),  // uart_rx 的接收时钟
    .data_length      (length_set     ),  // 数据位长度设置
    .parity_set       (parity_set     ),  // 奇偶校验设置
    .stop_length      (stop_set       ),  // 停止位长度设置
    .phy_rx           (phy_rx         ),  // 串行数据输入
    .receive_done     (receive_done   ),  // 串行数据接收完毕脉冲
    .ready            (ready          ),  // 串口工作状态指示信号
    .data_out         (data_out       ),  // 串口接收数据并行输出,1 代表忙,0 代表空闲
    .parity_error     (               ),  // 校验结果输出
    .phy_rx_neg       (phy_rx_neg     )   // phy_rx 下降沿输出
    );
endmodule
```

将 uart_rx_top 模块设置为顶层,对程序进行全编译,将生成的 bit 文件、.ltx 文件下载到 FPGA 芯片上运行,在计算机上打开串口调试助手,将波特率设置为 115200bit/s、数据位 8bit、停止位 1bit、无校验位,通过串口调试助手向 FPGA 侧发送数据,从测试的结果中随机抽取两组测试结果,如图 9-13 和图 9-14 所示,由图 9-13 和图 9-14 可知,data_out 输出数据与发送数据一致,说明设计正确。

图 9-13　uart_rx 模块接收测试 01　　　　　图 9-14　uart_rx 模块接收测试 02

9.1.4　RS485 接口

RS485 接口与 RS232 接口是串口的物理层,它们采用的协议均为串口协议。对于初学者来说,学习编程时通常使用 RS232 接口开发串口程序,而很少涉及使用 RS485 开发串口程序,在许多参考书籍中,关于 FPGA 实现 UART 协议时采用 RS485 物理接口的讲解也相对较少。因此,为了帮助大家解决使用 FPGA 实现 RS485 接口的难题,在此处增加对 RS485 接口的讲解。从 RS232 接口的程序转为 RS485 接口的程序非常简单,由于 RS485 接口为半双工接口,因此只需要在 RS232 接口程序的基础上添加一个方向控制信号,其余信号保持不变即可实现 RS485 通信。图 9-15 所示为 RS485 收发器的结构图,该结构中有数据发送端(D 端)、数据接收端(R 端)、发送使能端(DE 端)、接收使能端(RE#端)。

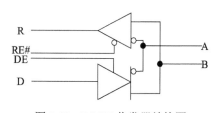

图 9-15　RS485 收发器结构图

一个完整的串口程序应该具有发送功能与接收功能，在 9.1.2 节、9.1.3 节中分别对发送与接收控制程序进行了讲解，我们将 uart_tx 模块、uart_clk_gen 模块、uart_rx 模块、uart_rx_clk_gen 模块例化在一个 module 中，就构成了一个完整的 UART 接口控制程序。将 uart_tx 模块中的忙标志信号 ready 用作方向控制信号，与 RS485 收发器的 RE#端、DE 端相连，uart_tx 模块的 phy_tx 端口与 RS485 收发器的 D 端相连，uart_rx 模块的 phy_rx 端口与 RS485 收发器的 R 端相连，当对外发送数据时，ready 信号为高电平，此时 DE=RE#=1'b1，发送侧被使能，接收侧被禁用，此时 RS485 收发器只能向外发送数据；当 uart_tx 模块完成数据发送时，ready 信号输出为低电平，此时 RS485 收发器的发送侧被禁用，接收侧被使能，RS485 收发器回到接收状态，从而通过 uart_tx 模块的 ready 信号实现了 RS485 收发器的收发方向控制。

9.2 SPI 与 ADC128S102

9.2.1 SPI 协议简介

SPI（Serial Peripheral Interface，串行外设接口）协议是美国摩托罗拉公司（Motorola）最先推出的一种同步串行传输协议，其通信速率可高达 10Mbit/s，SPI 有主、从两种模式，通常由一个主机和一个或多个从机组成。SPI 由 4 根线组成，这 4 根线分别是 CS（Chip Select，片选）、SCLK（Serial Clock，串行时钟）、MOSI（Master Output Slave Input，主机输出从机输入）、MISO（Master Input Slave Output，主机输入从机输出），其结构示意图如图 9-16 所示。在通信的过程中，CS 与 SCLK 信号都由主机发出，从机只能接收主机发出的时钟，并且读写操作的发起都只能由主机发起，SPI 从机无法主动发起通信。

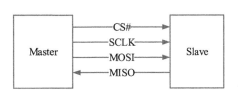

图 9-16 SPI 结构示意图

SPI 的时序如图 9-17 所示，在空闲状态，CS 为高电平，此时串行时钟 SCLK 可以输出也可以不输出，即当 CS 为高电平时，串行时钟输入从机器件，从机器件并不会对 SCLK 进行接收和工作。当 CS 为低电平时，从机器件接收串行时钟 SCLK 输入，并在 SCLK 的上升沿采样 MOSI 上的数据，在 SCLK 的下降沿将输出数据送到 MISO 端口上。简而言之，在 SPI 通信过程中，片选与时钟由主机提供，对于数据线上的数据，不论是主机还是从机，发送端都是在 SCLK 时钟的下降沿将数据放在其输出端口上，接收端在时钟 SCLK 的上升沿采样其输入端口上的数据，在数据发送的过程中，高位先传输，低位后传输。

SPI 数据传输的步骤如下。

（1）主机将 CS 引脚切换到低电平状态，激活从机。

（2）主机输出时钟信号 SCLK。

（3）主机 MOSI 端口在 SCLK 的下降沿将数据一位一位地发送给从机，从机在 SCLK 的上升沿采样 MOSI 端口上的数据，从机读取数据高位在前低位在后。

（4）如果需要响应，则从机 MISO 端口在 SCLK 的下降沿将数据一位一位地发送给主机，主机在 SCLK 的上升沿采样 MISO 端口上的数据，主机接收数据时，先接收高位。

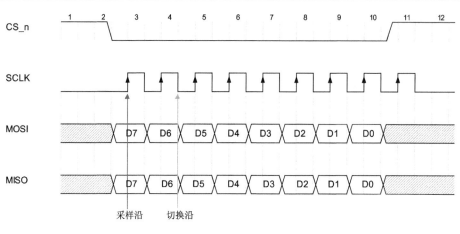

图 9-17　SPI 的时序

9.2.2　ADC128S102 读写驱动框架设计

ADC128S102 是一款逐次比较型的具有 8 通道、12 位分辨率的 ADC，其采样速率为 500ksps～1Msps，该 ADC 芯片采用 SPI 与主控单元进行通信，ADC128S102 的引脚描述如表 9-7 所示，ADC128S102 的串行操作时序图如图 9-18 所示。由图 9-18 可知，在读取数据的过程中，主机先将 CS#信号拉低，然后读取输入端口 DIN 上的地址 ADD2～ADD0，该地址将在第 3、4、5 个 SCLK 的上升沿被 ADC 芯片采样，在第 5～16 个 SCLK 的下降沿将数据 DB11～DB0 通过 DOUT 端口输出，ADC128S102 SCLK 的时钟频率最高允许为 16MHz。

表 9-7　ADC128S102 的引脚描述

引脚号	名称	I/O	描述
3	AGND	Supply	模拟信号地
1	CS	IN	片选信号，低电平有效
12	DGND	Supply	数字信号地
14	DIN	IN	串行数据输入
15	DOUT	OUT	串行数据输出
4～11	IN0～IN7	IN	模拟信号输入
16	SCLK	IN	串行时钟输入
2	V_A	Supply	模拟电源，+2.7～+5.25V
13	V_D	Supply	数字电源，+2.7V～V_A

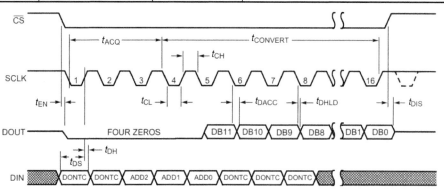

图 9-18　ADC128S102 串行操作时序图

ADC128S102 读写程序框架结构如图 9-19 所示，在设计中采用分层设计的方法，将 SPI 与驱动数据控制逻辑分开，其中 spi_master 模块为底层 SPI 控制模块，用于实现 SPI 通信；ADC128S102_top 模块为 ADC128S102 的控制模块，该模块自动循环读取 8 个通道的采样数据，并将数据通过 ch_x_dout 端口输出；ADC128S102_top_test 模块在 ADC128S102_top 模块的基础上添加了 VIO 调试组件，用于板级验证时查看数据。

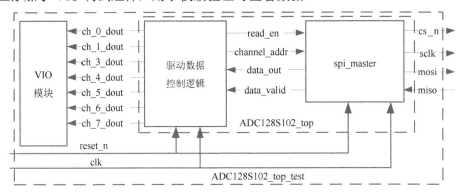

图 9-19　ADC128S102 读写程序框架结构

spi_master 模块的端口描述如表 9-8 所示。

表 9-8　spi_master 模块端口描述

序号	名称	位宽	I/O	功能描述
1	clk	1bit	I	系统时钟，50MHz
2	reset_n	1bit	I	系统复位，低电平有效
3	read_en	1bit	I	读使能，高电平有效
4	channel_addr	3bit	I	通道地址
5	data_out	12bit	O	采样数据并行输出
6	data_valid	1bit	O	数据有效标志，高电平有效
7	sclk	1bit	O	SPI 串行时钟输出
8	cs_n	1bit	O	SPI 片选信号
9	mosi	1bit	O	主机输出从机输入信号
10	miso	1bit	I	主机输入从机输出信号

ADC128S102_top 模块的端口描述如表 9-9 所示。

表 9-9　ADC128S102_top 模块端口描述

序号	名称	位宽	I/O	功能描述
1	clk	1bit	I	系统时钟，50MHz
2	reset_n	1bit	I	系统复位，低电平有效
3	ch_0_dout	12bit	O	通道 0 并行数据输出
4	ch_1_dout	12bit	O	通道 1 并行数据输出
5	ch_2_dout	12bit	O	通道 2 并行数据输出
6	ch_3_dout	12bit	O	通道 3 并行数据输出
7	ch_4_dout	12bit	O	通道 4 并行数据输出
8	ch_5_dout	12bit	O	通道 5 并行数据输出
9	ch_6_dout	12bit	O	通道 6 并行数据输出

续表

序号	名称	位宽	I/O	功能描述
10	ch_7_dout	12bit	O	通道 7 并行数据输出
11	sclk	1bit	O	SPI 串行时钟输出
12	cs_n	1bit	O	SPI 片选信号
13	mosi	1bit	O	主机输出从机输入信号
14	miso	1bit	I	主机输入从机输出信号

9.2.3　ADC 驱动 SystemVerilog 实现

1. spi_master 模块实现

spi_master 模块用于实现 SPI 主机模式接口，用于对 ADC128S102 进行访问，其实现的方式有多种，这里讲解一种采用移位寄存器的思想设计 spi_master，详细代码设计如下。

```
module spi_master #(
    parameter    DIV_CNT_PAR     = 8'd5,         // div_cnt 必须大于或等于 2
                 CMD_LEN_PAR     = 8'd16         // 长度配置
) (
    input                        clk          ,
    input                        reset_n      ,   // 低电平有效
    input                        read_en      ,   // 脉冲信号，高电平有效
    input            [ 2:0]      channel_addr ,   // ADC 通道地址
    output logic     [11:0]      data_out     ,   // ADC 数据输出
    output logic                 data_valid   ,   // 脉冲信号，高电平有效
    // SPI interface
    //-------------------------------------
    output logic                 sclk         ,   // SPI 串行时钟
    output logic                 cs_n         ,   // SPI 片选信号
    output logic                 mosi         ,   // SPI 主机输出从机输入
    input                        miso             // SPI 主机输入从机输出
);
    //-------------------------------------
    // 1. 产生 sclk 时钟
    //-------------------------------------
    logic [7:0] sclk_cnt;
    always_ff@(posedge clk, negedge reset_n)
        if(!reset_n)
            sclk_cnt <= 8'd0;
        else if(cs_n == 1'b0)
            begin
                if(sclk_cnt < (DIV_CNT_PAR - 1'b1) )
                    sclk_cnt <= sclk_cnt + 1'b1;
                else
                    sclk_cnt <= 8'd0;
            end
        else
            sclk_cnt <= 8'd0;

    always_ff@(posedge clk, negedge reset_n)
```

```
    if(!reset_n)
        sclk <= 1'b1;          // 空闲相位值
    else if(cs_n == 1'b0)
        begin
            if(sclk_cnt == (DIV_CNT_PAR >> 1'b1) )
                sclk <= ~sclk;
            else if(sclk_cnt == 8'd0)
                sclk <= ~sclk;
            else
                sclk <= sclk;
        end
    else
        sclk <= 1'b1;          // 空闲相位值


//---------------------------------------------
// 2. 产生 CS_N 片选信号
//---------------------------------------------
always_ff@(posedge clk, negedge reset_n)
    if(!reset_n)
        cs_n <= 1'b1;
    else if(read_en)          // 开始读取拉低 CS_N
        cs_n <= 1'b0;
    else if(read_done)        // 读取完毕拉高 CS_N
        cs_n <= 1'b1;
    else
        cs_n <= cs_n;


//---------------------------------------------
// 3. 发送数据移位寄存
//---------------------------------------------
/**
    @brief  在 sclk 的下降沿将需要输出的数据传递到 MOSI 上
*/
// 锁存通道地址并且对地址进行移位寄存
//---------------------------------------------
logic [7:0]channel_addr_reg;
always_ff@(posedge clk, negedge reset_n)
    if(!reset_n)
        channel_addr_reg <= 8'd0;
    else if(read_en)
        channel_addr_reg <= {3'd0,channel_addr,2'd0};
    else if(cs_n == 1'b0)
        begin
            if(sclk_cnt == 8'd0)
                channel_addr_reg <= (channel_addr_reg << 1'b1);
            else
                channel_addr_reg <= channel_addr_reg;
        end
```

```systemverilog
        else
            channel_addr_reg <= channel_addr_reg;

// MOSI 输出
//-----------------------------------------
always_ff@(posedge clk, negedge reset_n)
    if(!reset_n)
        mosi <= 1'b0;
    else if( (cs_n == 1'b0) && (sclk_cnt == 8'd0) )
        mosi <= channel_addr_reg[7];
    else
        mosi <= mosi;
//-----------------------------------------
// 4. 接收数据移位寄存(shift_register 思想)
//-----------------------------------------
/**
    @brief   采样从机 MISO 端口上的数据，采用数据移位寄存的方式存储采样数据
*/
logic [15:0]    miso_reg;
always_ff@(posedge clk, negedge reset_n)
    if(!reset_n)
        miso_reg <= 16'd0;
    else if(cs_n == 1'b0)
        if(sclk_cnt == (DIV_CNT_PAR >> 1'b1) )
            miso_reg <= {miso_reg[14:0],miso};
        else
            miso_reg <= miso_reg;
    else
        miso_reg <= miso_reg;
assign data_out = miso_reg[11:0];    // 采样数据输出(Read out)
//-----------------------------------------
// 5. 生成传输完毕信号 read_done
//-----------------------------------------
logic [7:0] cmd_length_cnt;
logic        read_done;
always_ff@(posedge clk, negedge reset_n)
    if(!reset_n)
        cmd_length_cnt <= 8'd0;
    else if(cs_n == 1'b0)
        if(sclk_cnt == (DIV_CNT_PAR >> 1'b1) )
            cmd_length_cnt <= cmd_length_cnt + 1'b1;
        else
            cmd_length_cnt <= cmd_length_cnt;
    else
        cmd_length_cnt <= 8'd0;


always_ff@(posedge clk, negedge reset_n)
    if(!reset_n)
```

```
            read_done <= 1'b0;
        else if(cmd_length_cnt == CMD_LEN_PAR && sclk_cnt == DIV_CNT_PAR - 1'b1)
            read_done <= 1'b1;
        else
            read_done <= 1'b0;
//------------------------------------------
// 6. 生成 data_valid 信号
//------------------------------------------
/**
    @brief   通过检测 CS 信号的上升沿产生数据有效 data_valid 脉冲
*/
logic cs_n_reg;
logic cs_n_pos;
always_ff@(posedge clk, negedge reset_n)
    if(!reset_n)
        cs_n_reg <= 1'b1;
    else
        cs_n_reg <= cs_n;
assign cs_n_pos = ({cs_n_reg,cs_n} == 2'b01) ? 1'b1 : 1'b0;

always_ff@(posedge clk, negedge reset_n)
    if(!reset_n)
        data_valid <= 1'b0;
    else if(cs_n_pos)
        data_valid <= 1'b1;
    else
        data_valid <= 1'b0;
endmodule
```

2. ADC128S102_top 模块实现

ADC128S102_top 模块用于自动循环读取 ADC 8 个通道的采样值，并将采样值从 ch_x_dout 端口输出，其他模块要获取通道的值可以直接读取访问，ADC128S102_top 模块的代码设计如下。

```
module ADC128S102_top(
    input               clk             ,
    input               reset_n     ,
    // ADC 数据输出
    //----------------------------
    output logic [11:0] ch_0_dout   ,
    output logic [11:0] ch_1_dout   ,
    output logic [11:0] ch_2_dout   ,
    output logic [11:0] ch_3_dout   ,
    output logic [11:0] ch_4_dout   ,
    output logic [11:0] ch_5_dout   ,
    output logic [11:0] ch_6_dout   ,
    output logic [11:0] ch_7_dout   ,
    // SPI 端口
    //----------------------------
    output logic        sclk                , // SPI 串行时钟，最大值：16MHz
```

```
    output logic        cs_n            ,      // SPI 片选
    output logic        mosi            ,      // SPI 主机输出从机输入
    input               miso                   // SPI 主机输入从机输出
);
    //--------------------------------------------------
    // 1. 信号定义
    //--------------------------------------------------
    logic [ 7:0]    start_cnt;              // 单向计数器
    logic           start_pulse;            // 启动脉冲

    logic           read_en;                // ADC 读使能脉冲
    logic           data_valid;             // 数据有效脉冲

    logic [ 2:0]    channel_addr;           // 读取次数计数器
    logic [ 2:0]    channel_addr_reg;       // 当前通道地址
    logic [11:0]    read_data;              // ADC 读取数据
    //--------------------------------------------------
    // 2. 产生初始启动脉冲
    //--------------------------------------------------
    always_ff@(posedge clk, negedge reset_n)
        if(!reset_n)
            start_cnt <= 8'd0;
        else if(start_cnt < 8'd10)
            start_cnt <= start_cnt + 1'b1;
        else
            start_cnt <= start_cnt;
    assign start_pulse = (start_cnt == 8'd9);
    //--------------------------------------------------
    // 3. 产生 ADC 模块读使能
    //--------------------------------------------------
    always_ff@(posedge clk, negedge reset_n)
        if(!reset_n)
            read_en <= 1'b0;
        else if(start_pulse | data_valid)
            read_en <= 1'b1;
        else
            read_en <= 1'b0;


    //--------------------------------------------------
    // 4. 通道地址控制
    //--------------------------------------------------
    always_ff@(posedge clk, negedge reset_n)
        if(!reset_n)
            begin
                channel_addr <= 3'd0;
                channel_addr_reg <= 3'd0;
            end
        else if(start_pulse | data_valid)
```

```systemverilog
        begin
            channel_addr <= channel_addr + 1'b1;
            channel_addr_reg <= channel_addr;
        end
    else
        begin
            channel_addr <= channel_addr;
            channel_addr_reg <= channel_addr_reg;
        end
```

```
//-----------------------------------------------
// 5. 通道采样数据输出
//-----------------------------------------------
always_ff@(posedge clk, negedge reset_n)
    if(!reset_n)
        begin
            ch_0_dout <= 12'd0;
            ch_1_dout <= 12'd0;
            ch_2_dout <= 12'd0;
            ch_3_dout <= 12'd0;
            ch_4_dout <= 12'd0;
            ch_5_dout <= 12'd0;
            ch_6_dout <= 12'd0;
            ch_7_dout <= 12'd0;
        end
    else if(data_valid)
        begin
            case(channel_addr_reg)
                3'd0:    ch_0_dout <= read_data;
                3'd1:    ch_1_dout <= read_data;
                3'd2:    ch_2_dout <= read_data;
                3'd3:    ch_3_dout <= read_data;
                3'd4:    ch_4_dout <= read_data;
                3'd5:    ch_5_dout <= read_data;
                3'd6:    ch_6_dout <= read_data;
                3'd7:    ch_7_dout <= read_data;
                default: ch_0_dout <= 12'd0;
            endcase
        end
//-----------------------------------------------
// 6. spi_master 例化
//-----------------------------------------------
spi_master #(
.DIV_CNT_PAR(8'd10)                      // 最小值: 8'd2
) spi_master(
.clk            (clk            ),
.reset_n        (reset_n        ),
.read_en        (read_en        ),
```

```
    .channel_addr   (channel_addr   ),
    .data_out       (read_data      ),
    .data_valid     (data_valid     ),
    .sclk           (sclk           ),   // 最大时钟频率:16MHz
    .cs_n           (cs_n           ),
    .mosi           (mosi           ),
    .miso           (miso           )
    );
endmodule
```

9.2.4　仿真验证

1. spi_master 模块仿真

为了验证 spi_master 模块设计的正确性，编写 Testbench 模块 spi_master_tb，对 spi_master 模块进行仿真验证，spi_master_tb 的详细设计如下。

```
`timescale  1ns / 1ns
`define     cycle 20
module spi_master_tb;
    logic               clk             ;
    logic               reset_n         ;
    logic               read_en         ;
    logic       [ 2:0]  channel_addr    ;
    wire        [11:0]  data_out        ;
    wire                data_valid      ;
    wire                sclk            ;
    wire                cs_n            ;
    wire                mosi            ;
    logic               miso            ;
    spi_master #(
    .DIV_CNT_PAR(8'd4)                      // 最小值: 8'd2
    )spi_master(
    .clk            (clk            ),   // 时钟:50MHz
    .reset_n        (reset_n        ),
    .read_en        (read_en        ),
    .channel_addr   (channel_addr   ),
    .data_out       (data_out       ),
    .data_valid     (data_valid     ),
    .sclk           (sclk           ),   // 最大时钟频率:16MHz
    .cs_n           (cs_n           ),
    .mosi           (mosi           ),
    .miso           (miso           )
    );

    initial
        begin
            clk = 1'b1; forever #(`cycle/2) clk = ~clk;
        end
```

```
initial
    begin
        reset_n = 1'b0; read_en = 1'b0;
        channel_addr = 3'hF; miso = 1'b1;
        #(`cycle*3); reset_n = 1'b1; #(`cycle*3.1);

        channel_addr = 3'h7; read_en = 1'b1;
        #(`cycle*1); read_en = 1'b0; #(`cycle*10*7.5);
        miso = 1'b0; channel_addr = 3'h6;

        read_en = 1'b1; #(`cycle*1); read_en   = 1'b0; #(`cycle*10*3.5);
        miso = 1'b0; #(`cycle*10*3.5); $stop;
    end
endmodule
```

在 Vivado 中运行 Testbench，运行完毕后，整体仿真结果如图 9-20 所示，由图 9-20 可知，当对 SPI 进行读写操作时，片选 cs_n 先拉低，随后时钟信号 sclk 输出，一次读写操作完毕后，cs_n 拉高，sclk 停止输出。SPI 的详细仿真结果如图 9-21 和图 9-22 所示，在图 9-21 中，在 cs_n 拉低期间，通道地址寄存器 channel_addr_reg 的值在 sclk 的下降沿到来时，向左移动一位，最高位输出到 MOSI 端口上，同时指令长度计数器 cmd_length_cnt 在每一个 sclk 的上升沿加 1，用于对 SPI 传输的数据位数进行计数。当第 16 位数据被 miso 端口采样完毕后，将 cs_n 信号拉高，在下一个 clk 周期输出数据有效脉冲 data_valid 信号，标志当前采样 ADC 通道数据完成，并且数据有效，可以开始下一次数据采集。

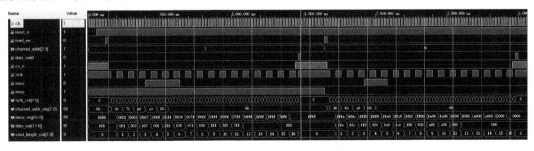

图 9-20　spi_master 仿真整体结果

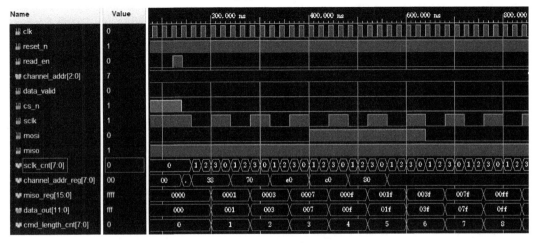

图 9-21　SPI 详细仿真结果 01

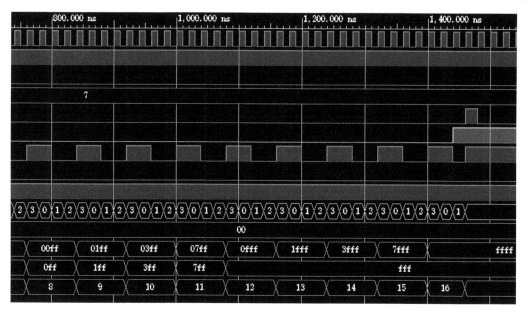

图 9-22　SPI 详细仿真结果 02

2. ADC128S102_top 模块仿真

为了对 ADC128S102_top 模块设计的正确性进行验证,编写 Testbench 模块 ADC128S102_top_tb, 对其进行仿真,Testbench 代码设计如下。

```systemverilog
`timescale  1ns / 1ns
`define     cycle 20
module ADC128S102_top_tb;
    logic           clk         ;
    logic           reset_n     ;
    wire    [11:0] ch_0_dout    ;
    wire    [11:0] ch_1_dout    ;
    wire    [11:0] ch_2_dout    ;
    wire    [11:0] ch_3_dout    ;
    wire    [11:0] ch_4_dout    ;
    wire    [11:0] ch_5_dout    ;
    wire    [11:0] ch_6_dout    ;
    wire    [11:0] ch_7_dout    ;
    wire           sclk         ;   // SPI 串行时钟, 最大值: 16MHz
    wire           cs_n         ;   // SPI 片选
    wire           mosi         ;   // SPI 主机输出从机输入
    logic          miso         ;   // SPI 主机输入从机输出
    ADC128S102_top ADC128S102_top(
    .clk            (clk        ),
    .reset_n        (reset_n    ),
    .ch_0_dout      (ch_0_dout  ),
    .ch_1_dout      (ch_1_dout  ),
    .ch_2_dout      (ch_2_dout  ),
    .ch_3_dout      (ch_3_dout  ),
    .ch_4_dout      (ch_4_dout  ),
```

```
    .ch_5_dout      (ch_5_dout      ),
    .ch_6_dout      (ch_6_dout      ),
    .ch_7_dout      (ch_7_dout      ),
    .sclk           (sclk           ),
    .cs_n           (cs_n           ),
    .mosi           (mosi           ),
    .miso           (miso           )
    initial
        begin
            clk = 1'b1; forever #(`cycle/2) clk = ~clk;
        end


    initial
        begin
            reset_n = 1'b0; miso = 1'b1; #(`cycle*2);
            reset_n = 1'b1; #(`cycle*2.1);
            repeat(155) // 产生 miso 输入
                begin
                    miso    = {$random}%2; #(`cycle*4);
                end
            #(`cycle*20); $stop;
        end
endmodule
```

在 Vivado 中进行仿真，其结果如图 9-23 所示，由图 9-23 可知，从 read_en 端口上顺序地发出读取 ADC 通道数据的请求脉冲，当 read_en 为 1 时，直到相邻的本次 data_valid 有效时，数据将从对应的 ch_x_dout 端口输出，提供该通道的采样值，由图 9-23 可知，按顺序依次从 ch_0_dout～ch_7_dout 端口上输出对应通道的采样值。

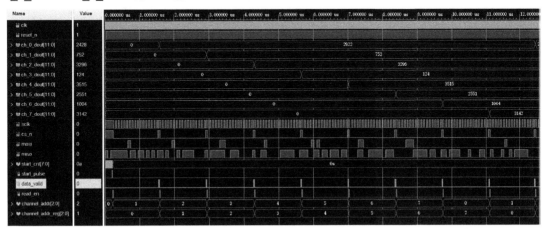

图 9-23　ADC128S102_top 模块仿真结果

9.2.5　实际测试

为了实际验证设计的正确性，编写 ADC128S102_top_test 模块，该模块在 ADC128S102_top 的基础上增加了 VIO 调试模块，对通道的采样值进行抓取，ADC128S102_top_test 代码设计如下。

```verilog
module ADC128S102_top_test(
    input                   clk         ,   // 时钟：50MHz
    input                   reset_n     ,   // 复位，低电平有效
    output logic            sclk        ,   // SPI 串行时钟，最大值：16MHz
    output logic            cs_n        ,   // SPI 片选
    output logic            mosi        ,   // SPI 主机输出从机输入
    input                   miso            // SPI 主机输入从机输出
);
    wire        [11:0] ch_0_dout    ;
    wire        [11:0] ch_1_dout    ;
    wire        [11:0] ch_2_dout    ;
    wire        [11:0] ch_3_dout    ;
    wire        [11:0] ch_4_dout    ;
    wire        [11:0] ch_5_dout    ;
    wire        [11:0] ch_6_dout    ;
    wire        [11:0] ch_7_dout    ;
    //----------------------------------------------
    // 1. ADC128S102_top instance
    //----------------------------------------------
    ADC128S102_top ADC128S102_top(
    .clk            (clk        ),
    .reset_n        (reset_n    ),
    .ch_0_dout      (ch_0_dout  ),
    .ch_1_dout      (ch_1_dout  ),
    .ch_2_dout      (ch_2_dout  ),
    .ch_3_dout      (ch_3_dout  ),
    .ch_4_dout      (ch_4_dout  ),
    .ch_5_dout      (ch_5_dout  ),
    .ch_6_dout      (ch_6_dout  ),
    .ch_7_dout      (ch_7_dout  ),
    .sclk           (sclk       ),
    .cs_n           (cs_n       ),
    .mosi           (mosi       ),
    .miso           (miso       )
    );
    //----------------------------------------------
    // 2. vio_0 instance
    //----------------------------------------------
    vio_0 vio_0 (
    .clk        (clk        ),  // VIO 时钟
    .probe_in0(ch_0_dout    ),  // VIO 输入
    .probe_in1(ch_1_dout    ),  // VIO 输入
    .probe_in2(ch_2_dout    ),  // VIO 输入
    .probe_in3(ch_3_dout    ),  // VIO 输入
    .probe_in4(ch_4_dout    ),  // VIO 输入
    .probe_in5(ch_5_dout    ),  // VIO 输入
    .probe_in6(ch_6_dout    ),  // VIO 输入
    .probe_in7(ch_7_dout    )   // VIO 输入
```

```
);
endmodule
```

对整个工程进行编译，编译后将 bit 文件下载到 FPGA 中，打开 VIO 调试界面，当 ADC 通道 0、1 接地且其余端口悬空时，其检测结果如图 9-24 所示，输入通道 0 和输入通道 1 的采样值为 0，其余端口由于悬空，耦合输入噪声因此会有微小的噪声值。开发板上 ADC 的供电电压为 3.3V，ADC 的分辨率为 12bit，由图 9-24 可知，通道 7 此刻耦合的噪声最大，其电压噪声为

$$V_{ch7} = \frac{402}{4096} \times 3.3\text{V} \approx 0.32\text{V}$$

将 ADC 的 8 个通道同时输入 1.60V 电压，各个通道的采样值如图 9-25 所示，取采样值 2055 进行计算，可知当前的采样值为

$$V = \frac{2055}{4096} \times 3.3\text{V} \approx 1.66\text{V}$$

在误差允许的范围内，采样值正确。

Name	Value	Activity	Direct...	VIO
> ch_0_dout[11:0]	[U] 0		Input	hw_vio_1
> ch_1_dout[11:0]	[U] 0		Input	hw_vio_1
> ch_2_dout[11:0]	[U] 139		Input	hw_vio_1
> ch_3_dout[11:0]	[U] 142		Input	hw_vio_1
> ch_4_dout[11:0]	[U] 271		Input	hw_vio_1
> ch_5_dout[11:0]	[U] 274		Input	hw_vio_1
> ch_6_dout[11:0]	[U] 399		Input	hw_vio_1
> ch_7_dout[11:0]	[U] 402		Input	hw_vio_1

图 9-24 VIO 读取结果 01

Name	Value	Activity	Direct...	VIO
> ch_0_dout[11:0]	[U] 2055		Input	hw_vio_1
> ch_1_dout[11:0]	[U] 2055		Input	hw_vio_1
> ch_2_dout[11:0]	[U] 2056		Input	hw_vio_1
> ch_3_dout[11:0]	[U] 2056		Input	hw_vio_1
> ch_4_dout[11:0]	[U] 2055		Input	hw_vio_1
> ch_5_dout[11:0]	[U] 2055		Input	hw_vio_1
> ch_6_dout[11:0]	[U] 2056		Input	hw_vio_1
> ch_7_dout[11:0]	[U] 2056		Input	hw_vio_1

图 9-25 VIO 读取结果 02

9.3 IIC 接口与 24LC64

9.3.1 IIC 协议简介

IIC（Inter-Integrated Circuit）总线是由恩智浦公司开发的两线式串行总线，它是一种半双工通信总线，用于微控制器与外设之间的连接，其通信速率可达 400kbit/s 以上，相对于 SPI 而言，该通信速率相对较低。IIC 接口只有 SDA 与 SCL 两根线，其总线物理拓扑如图 9-26 所示，其中 SCL（Serial Clock Line，串行时钟线）用于控制数据的发送，SDA（Serial Data Line，串行数据线）用于传输数据。

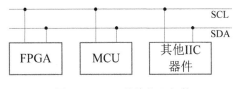

图 9-26 IIC 总线物理拓扑

与 SPI 不同，所有接到 IIC 总线上的设备都共用串行时钟与串行数据线，每一个 IIC 设备都有一个唯一的地址，该地址用于通信时接收节点确认信息是否发送给自己，IIC 总线中的每一个设备都可以作为主设备。IIC 总线中的 SCL、SDA 都通过上拉电阻连接到电源，当总线没有被占用（空闲状态）时，SCL 与 SDA 均为高电平。在一次 IIC 通信中，发布命令的节点称为主机，接收命令和产生回复的节点称为从机。IIC 协议规定如下。

（1）起始信号：SCL 为高电平期间，SDA 由高到低的跳变称为起始信号，标志着开始数据传输。

（2）停止信号：SCL 为高电平期间，SDA 由低到高的跳变称为停止信号，标志着数据传输结束。

（3）数据信号：在时钟线 SCL 为高电平期间，数据总线 SDA 必须保持稳定不变，SDA 上的数据切换只能在 SCL 为低电平期间进行。

（4）应答信号：接收数据的节点在收到数据后，向发送数据的节点发送特定的低电平脉冲，即回复 1bit 数值 0 表示数据已收到。

（5）数据顺序：IIC 在发送数据时，每一个字节的数据均为高位先发送，低位后发送。

IIC 总线协议的时序图如图 9-27 所示，数据的变化只能在 SCL 为低电平期间进行数据高低电平的变化，在 SCL 为高电平期间，数据必须保持稳定不变。

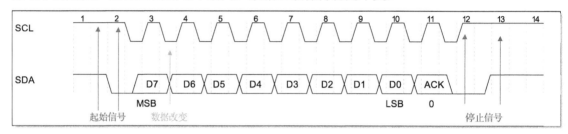

图 9-27　IIC 总线协议时序图

IIC 通信的流程如下。

（1）主机发送起始信号（START），开始数据传输。

（2）发送从机地址与读写控制位到总线上。

（3）等待从机应答，从机收到地址后，核对是否是自己的地址，若是自己的地址，则从机发送 1 位 0 产生应答位；若不是自己的地址，则发送数据 1，不产生应答，此时主机根据应答情况选择继续通信还是重新开始。

（4）若（3）中收到从机的应答，则表明寻址成功，主机接着发送 N 个字节的数据，继续等待从机的 N 次应答。

（5）数据传输完毕，主机产生停止信号（STOP），结束数据传输。

9.3.2　24LC64 读写时序基础

24LC64 是一款低功耗的 EEPROM，存储容量为 64kbit（8k Byte，采用 IIC 接口与外部进行通信，IIC 最大时钟频率支持 400kHz，具有 32Byte 的页写缓冲器，擦写次数超过 100 万次，数据保存有效时间大于 200 年，对于 PDIP 封装的 24LC64，其引脚信息描述如表 9-10 所示。

表 9-10　24LC64 引脚信息描述

引脚号	名称	I/O	描述
1	A0	IN	器件地址第 0 位
2	A1	IN	器件地址第 1 位
3	A2	IN	器件地址第 2 位
4	Vss	Ground	电源地
5	Vcc	Supply	电源输入
6	WP	IN	写保护

引脚号	名称	I/O	描述
7	SCL	OUT	IIC 串行时钟输出
8	SDA	INOUT	IIC 串行数据输入、输出

1. 24LC64 IIC 接口基本字结构

24LC64 IIC 接口的控制字格式如图 9-28 所示，控制码固定为"1010"，地址 A2～A0 作为片选使用，R/W 为读写控制，1 表示读，0 表示写，地址高段字节包括 A12～A8，地址低段字节包括 A7～A0，在地址高段字节中，bit7～bit5 可以填充任意值。地址序列位结构如图 9-29 所示。

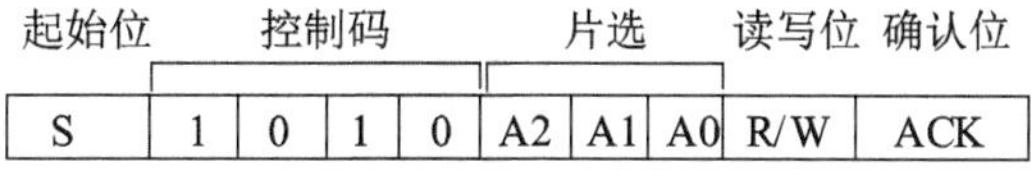

起始位	控制码				片选			读写位	确认位
S	1	0	1	0	A2	A1	A0	R/W	ACK

图 9-28　24LC64 IIC 接口控制字格式

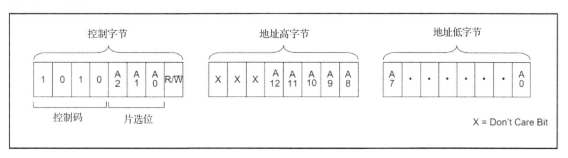

图 9-29　地址序列位结构（手册截图）

2. 24LC64 基本读写访问时序

24LC64 单字节写操作时序如图 9-30 所示，先发送控制字，然后发送地址高段字节与地址低段字节，地址发送完毕后发送数据字节，数据发送完毕后产生停止位，结束本次字节写操作；24LC64 单字节读操作时序如图 9-31 所示，先写入读取数据地址，然后开始读取数据。

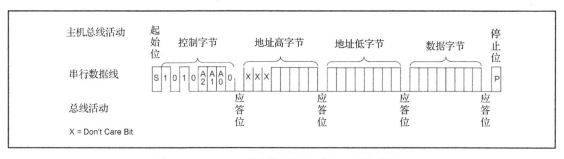

图 9-30　24LC64 单字节写操作时序（手册截图）

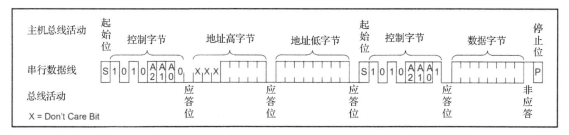

图 9-31　24LC64 单字节读操作时序（手册截图）

9.3.3 24LC64 写模块设计

1. 单字节写模块（write_single_byte）实现

根据 24LC64 EEPOM 的读写时序特点，以及对程序可重用性的考虑，将 24LC64 的写操作设计为单字节模式的写操作，该种操作方式的好处是可以在其他模块中直接调用 24LC64 单字节写模块，实现对 24LC64 的写访问，write_single_byet 模块的端口描述如表 9-11 所示。

表 9-11　write_single_byte 模块端口描述

序号	名称	位宽	I/O	功能描述
1	clk	1bit	I	系统时钟，50MHz
2	reset_n	1bit	I	系统复位，低电平有效
3	write_en	1bit	I	写使能，高电平有效
4	byte_in	8bit	I	待写单字节数据输入
5	device_addr	3bit	I	IIC 器件地址输入
6	addr_high	8bit	I	存储单元地址高段
7	addr_low	8bit	I	存储单元地址低段
8	high_z	1bit	O	高阻输出标志，1 为高阻态，0 为正常
9	busy_flag_o	1bit	O	总线忙标志输出，1 为忙态，0 为空闲
10	write_done	1bit	O	写完成脉冲输出，单周期高脉冲
11	iic_scl	1bit	O	IIC 串行时钟输出
12	ack_in	1bit	I	应答信号输入
13	iic_sda_out	1bit	O	IIC 串行数据输出

按照以上端口对单字节写模块进行设计，在设计中采用线性序列机的方式实现 IIC 接口。采用线性序列机设计 IIC 接口的好处为简单易懂、调试方便，同时线性序列机为处理这类接口的通用设计方法，因此在本设计中采用该方法实现。write_single_byte 模块的功能为向 24LC64 器件指定的存储单元地址写入一个指定的数据，实现对该器件基本存储单元的写操作功能，详细代码设计请扫描左侧二维码查看与获取。

2. 单字节写模块仿真

为了验证 write_single_byte 模块设计的正确性，在 Vivado 中编写 Testbench 模块 write_single_byte_tb，对其进行仿真，验证接口时序的正确性。Testbench 详细设计如下。

```
`timescale  1ns / 1ns
`define      cycle 20
module write_single_byte_tb;
    logic               clk             ;
    logic               reset_n         ;
    logic               write_en        ;
    logic       [ 7:0]  byte_in         ;
    logic       [ 2:0]  device_addr     ;
    logic       [ 7:0]  addr_high       ;
    logic       [ 7:0]  addr_low        ;
    logic               ack_in          ;
    wire                high_z          ;
    wire                busy_flag       ;
```

```
wire                    write_done      ;
wire                    iic_scl         ;
wire                    iic_sda_out     ;
wire                    iic_sda_in      ;

write_single_byte #(
.DIV_SCL_PAR    (8'd8               )    // IIC SCL 时钟分频系数
)
write_single_byte(
.clk            (clk                ),
.reset_n        (reset_n            ),
.write_en       (write_en           ),   // 脉冲信号，1 代表使能，0 代表禁用
.byte_in        (byte_in            ),
.device_addr    (device_addr        ),
.addr_high      (addr_high          ),
.addr_low       (addr_low           ),
.ack_in         (ack_in             ),   // 总线应答，1 代表非应答，0 代表应答
.high_z         (high_z             ),   // 1 代表高阻态，0 代表正常输出
.busy_flag_o    (busy_flag          ),   // 电平信号，1 代表忙，0 代表空闲
.write_done     (write_done         ),   // 脉冲信号，1 代表完成，0 代表未完成
.iic_scl        (iic_scl            ),   // IIC 串行时钟输出
.iic_sda_out    (iic_sda_out        )
);

initial
    begin
        clk = 1'b1; forever #(`cycle/2) clk = ~clk;
    end
initial
    begin
        reset_n = 1'b0; write_en   = 1'b0; device_addr = 3'd3;
        byte_in = 8'd0; addr_high  = 8'd0;
        addr_low    = 8'd0; ack_in = 1'b0; #(`cycle*3);
        reset_n = 1'b1; #(`cycle*3.1);

        // case1: 第一次写入数据
        device_addr = 3'h5; byte_in = 8'h57;
        addr_high   = 8'h0F; addr_low = 8'hAA;
        write_en    = 1'b1; #(`cycle*1); write_en   = 1'b0; #(`cycle*320);

        // case2: 第二次写入数据
        device_addr = 3'h3; byte_in = 8'hA3;
        addr_high   = 8'h0A; addr_low   = 8'hBB;
        write_en    = 1'b1; #(`cycle*1); write_en   = 1'b0;
        #(`cycle*10*8*2); ack_in = 1'b1; #(`cycle*10*8*2);
        $stop;
    end
endmodule
```

在 Testbench 中分两次向 write_single_byte 模块写入数据，每次写入数据之前，都是先将器件地址 device_addr、写入字节数据 byte_in、单元地址高段 addr_high、单元地址低段 addr_low 准备好，当数据准备完毕后，将 write_en 拉高一个周期，产生写使能脉冲，若 write_single_byte 模块检测到 write_en = 1'b1，则将 device_addr、byte_in、addr_high、addr_low 锁存住，随后产生 IIC 写时序。Testbench 编写完成后在 Vivado 中运行仿真，第一次完整写入数据的仿真结果如图 9-32 所示，首先产生起始条件，其次写入控制字等待应答，再次写入地址高段，等待应答，写入地址低段等待应答，写入数据等待应答，最后产生停止条件，完成本次写操作。

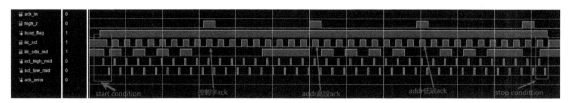

图 9-32　单字节写操作仿真

9.3.4　24LC64 读模块设计

1. 单字节读模块（read_single_byte）实现

根据可重用设计思想，将 24LC64 读操作设计为单字节读操作模式，其端口描述如表 9-12 所示。

表 9-12　read_single_byte 模块端口描述

序号	名称	位宽	I/O	功能描述
1	clk	1bit	I	系统时钟，50MHz
2	reset_n	1bit	I	系统复位，低电平有效
3	read_en	1bit	I	读使能，高电平有效
4	device_addr	3bit	I	IIC 器件地址输入
5	addr_high	8bit	I	存储单元地址高段
6	addr_low	8bit	I	存储单元地址低段
7	high_z	1bit	O	高阻输出标志，1 代表高阻态，0 代表正常
8	busy_flag	1bit	O	总线忙标志输出，1 代表忙，0 代表空闲
9	read_done	1bit	O	读完成脉冲输出，单周期高脉冲
10	read_data_out	8bit	O	读取数据输出
11	iic_scl	1bit	O	IIC 串行时钟输出
12	iic_sda_out	1bit	O	IIC 串行数据输出
13	iic_sda_in	1bit	I	IIC 串行数据输入

按照以上端口对单字节读模块进行设计，在设计中同样采用线性序列机的方式实现 IIC 接口。read_single_byte 模块的功能为从 24LC64 器件指定的存储单元地址读取出数据，实现对该器件基本存储单元的读操作功能，详细代码设计请扫描左侧二维码进行查看与获取。

2. 单字节读模块仿真

为了对 read_single_byte 模块的功能进行验证，在 Vivado 中编写 Testbench read_single_byte_tb 模块，对 read_single_byte 模块的接口时序进行验证，Testbench 详细设计如下。

```verilog
`timescale  1ns / 1ns
`define      cycle 20
module read_single_byte_tb;
    logic               clk         ;
    logic               reset_n     ;
    logic               read_en     ;   // 脉冲信号，1 代表使能，0 代表禁用
    logic       [ 2:0]  device_addr ;   // 设备器件地址
    logic       [ 7:0]  addr_high   ;   // 地址高段
    logic       [ 7:0]  addr_low    ;   // 地址低段
    wire                high_z      ;   // 1 代表高阻态，0 代表正常输出
    wire                busy_flag_o ;   // 电平信号，1 代表忙，0 代表空闲
    wire                read_done   ;   // 脉冲信号，1 代表完成，0 代表未完成
    wire                iic_scl     ;   // IIC 串行时钟输出
    wire                iic_sda_o   ;   // IIC 串行数据输出
    logic               iic_sda_i   ;   // IIC 串行数据输入

    read_single_byte #(
    .DIV_SCL_PAR        (8'd8)          // IIC SCL 时钟分频系数
    )
    read_single_byte (
    .clk            (clk            ),
    .reset_n        (reset_n        ),
    .read_en        (read_en        ),
    .device_addr    (device_addr    ),
    .addr_high      (addr_high      ),
    .addr_low       (addr_low       ),
    .high_z         (high_z         ),
    .busy_flag      (busy_flag_o    ),
    .read_done      (read_done      ),
    .iic_scl        (iic_scl        ),
    .iic_sda_out    (iic_sda_o      ),
    .iic_sda_in     (iic_sda_i      )
    );

    initial
        begin
            clk = 1'b1; forever #(`cycle/2) clk = ~clk;
        end

    initial
        begin
            reset_n = 1'b0; read_en = 1'b0;
```

```
        device_addr = 3'd3; addr_high  = 8'd0; addr_low   = 8'd0;
        iic_sda_i  = 1'b0; #(`cycle*3);
        reset_n = 1'b1; #(`cycle*3.1);
        // case1: 读取数据激励 1
        device_addr = 3'h5; addr_high  = 8'h0F; addr_low = 8'hAA;
        read_en = 1'b1; #(`cycle*1); read_en   = 1'b0;
        #(`cycle*10*8*3.8);
        repeat(10)
            begin
                iic_sda_i = {$random}%2;    // 产生 iic_sda_i 输入
                #(`cycle*8*1.5);
            end
        #(`cycle*10*8*2);
        // case2: 读取数据激励 2
        device_addr = 3'h3; addr_high  = 8'h0A; addr_low = 8'hBB;
        read_en = 1'b1; #(`cycle*1); read_en = 1'b0; #(`cycle*10*8*6);
        $stop;
    end
endmodule
```

在 Testbench 中对 read_single_byte 模块进行了两次读操作申请，每次读数据之前，都是先将器件地址 device_addr、单元地址高段 addr_high、单元地址低段 addr_low 准备好，然后将 read_en 拉高一个周期，产生读使能脉冲，若 read_single_byte 模块检测到 read_en = 1'b1，则将 device_addr、byte_in、addr_high、addr_low 锁存，随后产生 IIC 单字节读时序。Testbench 编写完成后在 Vivado 中运行仿真，第一次完整读操作的仿真结果如图 9-33 所示，首先产生起始条件，其次写入控制字等待应答，再次写入地址高段，等待应答，写入地址低段等待应答，写入控制字等待应答，读取数据不需要应答，最后产生停止条件，完成本次读操作。

图 9-33 单字节读操作仿真

9.3.5 实际测试

在 9.3.3、9.3.4 节对 24LC64 的单字节读写模块进行了仿真验证，为了实际测试单字节读、写模块的效果，设计了如图 9-34 所示的 24LC64 读写测试程序结构，使用 VIO IP 核进行模拟，向 write_single_byte 模块、read_single_byte 模块提供读写使能、IIC 器件地址、单元地址高段、单元地址低段。由于 write_single_byte 模块、read_single_byte 模块都需要使用同一个 IIC 接口，因此还需要一个仲裁逻辑对单字节读、写模块使用 IIC 接口进行仲裁选择，使 write_single_byte 模块使用 IIC 接口时，该模块拥有 IIC 接口的控制权；read_single_byte 模块使用 IIC 接口时，该模块拥有 IIC 接口的控制权。

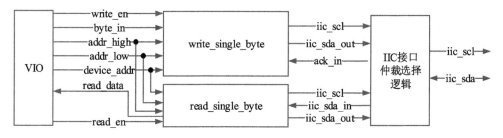

图 9-34　24LC64 读写测试程序结构

根据以上程序结构，对测试程序进行设计，详细设计如下。

```
module WR_RD_24LC64(
    input      clk     ,   // 时钟：50MHz
    input      reset_n ,   // 复位，低电平有效
    output     iic_scl ,   // IIC 串行时钟
    inout      iic_sda     // IIC 串行数据
);
    logic          write_en      ;
    logic [ 7:0]   byte_in       ;
    logic [ 2:0]   device_addr   ;
    logic [ 7:0]   addr_high     ;
    logic [ 7:0]   addr_low      ;
    logic          ack_in_wr     ;
    logic          high_z_wr     ;
    logic          iic_scl_wr    ;
    logic          iic_sda_wr    ;

    logic          read_en       ;
    logic          high_z_rd     ;
    logic          read_done     ;
    logic [ 7:0]   read_data_o   ;
    logic          iic_scl_rd    ;
    logic          iic_sda_rd_o  ;
    logic          iic_sda_rd_i  ;

    //----------------------------------------
    // 1. VIO 控制模块
    //----------------------------------------
    vio_LC64 u0_vio_LC64 (
    .clk       (clk                  ),  // VIO 时钟
    .probe_in0 ({read_data_o, dir_ctrl}),  // VIO 输入
    .probe_out0({write_en,byte_in,device_addr,addr_high,addr_low,read_en})
    );

    //----------------------------------------
    // 2. 读写使能脉冲生成
    //----------------------------------------
```

```
logic [1:0]write_en_reg;
logic [1:0]read_en_reg;
logic write_en_pos;
logic read_en_pos;
always_ff@(posedge clk, negedge reset_n)
    if(!reset_n)
        begin
            write_en_reg <= 2'b00;
            read_en_reg <= 2'b00;
        end
    else
        begin
            write_en_reg <= {write_en_reg[0], write_en};
            read_en_reg <= {read_en_reg[0],read_en};
        end
assign write_en_pos =  (write_en_reg == 2'b01);      // 写使能
assign read_en_pos = (read_en_reg == 2'b01);         // 读使能


//----------------------------------------
// 3. 读写模块 IIC 接口仲裁
//----------------------------------------
logic dir_ctrl;                    // 仲裁控制标志位
always_ff@(posedge clk, negedge reset_n)
    if(!reset_n)
        dir_ctrl <= 1'b1;          // 用于写操作
    else if(write_en_pos)
        dir_ctrl <= 1'b1;          // 用于写操作
    else if(read_en_pos)
        dir_ctrl <= 1'b0;          // 用于读操作


assign iic_scl = dir_ctrl ? iic_scl_wr : iic_scl_rd;
assign iic_sda = dir_ctrl ? (high_z_wr ? 1'bz : iic_sda_wr) : (high_z_rd ?
1'bz : iic_sda_rd_o);
assign iic_sda_rd_i = iic_sda;


//----------------------------------------
// 4. 单字节写模块例化
//----------------------------------------
write_single_byte #(
.DIV_SCL_PAR    (8'd170)    // IIC SCL 时钟分频系数
)
write_single_byte (
.clk            (clk             ),      // 时钟：50MHz
.reset_n        (reset_n         ),      // 复位信号，低电平有效
.write_en       (write_en_pos    ),      // 脉冲信号，1 为使能，0 为禁用
.byte_in        (byte_in         ),      // 字节数据输入
```

```
.device_addr     (device_addr    ),     // 设备器件地址
.addr_high       (addr_high      ),     // 单元地址高段
.addr_low        (addr_low       ),     // 单元地址低段
.ack_in          (iic_sda        ),
.high_z          (high_z_wr      ),     // 1 代表高阻态，0 代表正常输出
.busy_flag_o     (               ),     // 电平信号，1 代表忙，0 代表空闲
.write_done      (               ),     //
.iic_scl         (iic_scl_wr     ),     // IIC 时钟输出
.iic_sda_out     (iic_sda_wr     )      // IIC 数据输出
);

//-----------------------------------------
// 5.单字节读模块例化
//-----------------------------------------
read_single_byte #(
.DIV_SCL_PAR     (8'd170)               // IIC SCL 时钟分频系数
)
read_single_byte (
.clk             (clk            ),
.reset_n         (reset_n        ),
.read_en         (read_en_pos    ),     // 单周期脉冲信号，1 代表使能，0 代表禁用
.device_addr     (device_addr    ),     // 设备器件地址
.addr_high       (addr_high      ),     // 单元地址高段
.addr_low        (addr_low       ),     // 单元地址低段
.high_z          (high_z_rd      ),     // 1 代表高阻态，0 代表正常输出
.busy_flag       (               ),     // 电平信号，1 代表忙，0 代表空闲
.read_done       (read_done      ),     // 单周期脉冲，高电平有效
.read_data_out   (read_data_o    ),     // 读取数据输出
.iic_scl         (iic_scl_rd     ),     // IIC 时钟输出
.iic_sda_out     (iic_sda_rd_o   ),     // IIC 数据输出
.iic_sda_in      (iic_sda_rd_i   ),     // IIC 数据输入
.linear_cnt_out  (               )
);
endmodule
```

　　按照以上代码设计 WR_RD_24LC64 模块，并在 Vivado 中对程序进行编译，编译完成后生成 bit 文件、.ltx 文件，将这两个文件下载到 FPGA 中，下载完毕后打开 VIO 调试对话框，并添加相应变量到窗口中，接着在 device_addr 栏中输入器件地址 0，随后随机输入存储单元地址高段 addr_high、低段 addr_low，接着输入待写入数据，并将 write_en、read_en 变量设置为 "Ative-High Button" 模式，即单击该变量后的框变量值变为 1，释放后变为 0。接着单击 "write_en"，将数据写入 EEPROM，此时 dir_ctrl 变量的值将会变成 1，表明此时 write_single_byte 模块占用 IIC 物理接口，接着单击 "read_en"，此时 dir_ctrl 变量的值变为 0，表明 read_single_byte 模块占用 IIC 物理接口，此时 read_data_0 变量的值为刚刚写入 EEPROM 的值，图 9-35 和图 9-36 所示为随机抽取的两组测试数据，从图 9-35 和图 9-36 可知，读取数据与写入数据相等，说明读写模块设计正确。

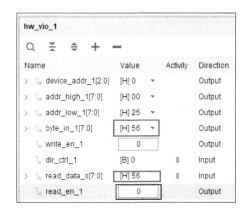

图 9-35   24LC64 实际读写测试 01

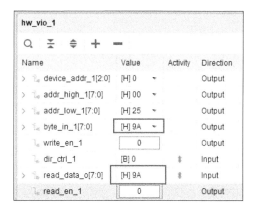

图 9-36   24LC64 实际读写测试 02

第 10 章　FPGA 综合数字系统设计

本章将讲解在 FPGA 开发中一些实用的工程设计，这些例子几乎可以直接用在实际项目开发中。通过这些实例训练，可以加强 FPGA 开发应用的水平，同时也让我们了解在实际工程设计中应该考虑哪些问题。

10.1　基于 XADC 的 FPGA 温度监控与调节

与 CPU、DSP、MCU 等处理器芯片一样，FPGA 也需要在一定温度下才能正常工作，温度过高或过低都会导致芯片时序异常，因此，在实际系统中对 FPGA 芯片温度的监控是设计中必须考虑的问题。主控芯片工作温度监控在整机设备中是系统健康管理的基本功能之一，在可靠性设计中，电子设备都应该具有此功能，下面我们将讲解基于 AMD FPGA 中的 XADC IP 核的 FPGA 温度监控，以及根据温度对 PWM 脉冲控制器的占空比进行调节。

10.1.1　功能概述

在本例中，通过调用 XADC IP 核对 FPGA 内部温度传感器进行读取，将读取的温度送入占空比计算单元，占空比计算单元根据输入的温度值计算出占空比输出控制量，送入 PWM 脉冲控制器，输出 PWM 波，从而对风扇转速进行调节，实现对 FPGA 温度的监控与调节。在本次实验中，将 VIO 核作为调试 IP 核，对温度数据、占空比控制量进行读取显示，整个设计的系统框图如图 10-1 所示。

图 10-1　XADC 温度监控与调节框图

10.1.2　XADC IP 核配置

在 IP Catalog 的搜索栏中输入 "XADC"，在搜索结果中双击 "XADC wizard" 进入 XADC 的配置界面进行配置，XADC IP 核的配置步骤如下。

1. Basic 配置

"Basic" 配置界面如图 10-2 所示。

（1）Interface Options：接口配置中有 AXI4 Lite、DRP、None 3 种，AXI4 Lite 接口一般在 Zynq 设计中使用，DRP（Dynamic Reconfiguration Port，动态重配置接口）在普通自编逻辑接口中使用，DRP 相较于 AXI4 Lite 接口操作简单，这里选择 DRP，DRP 的时序在后面会进行

讲解；勾选相应的接口后，在界面左侧可以看到相应通信接口的变化情况。

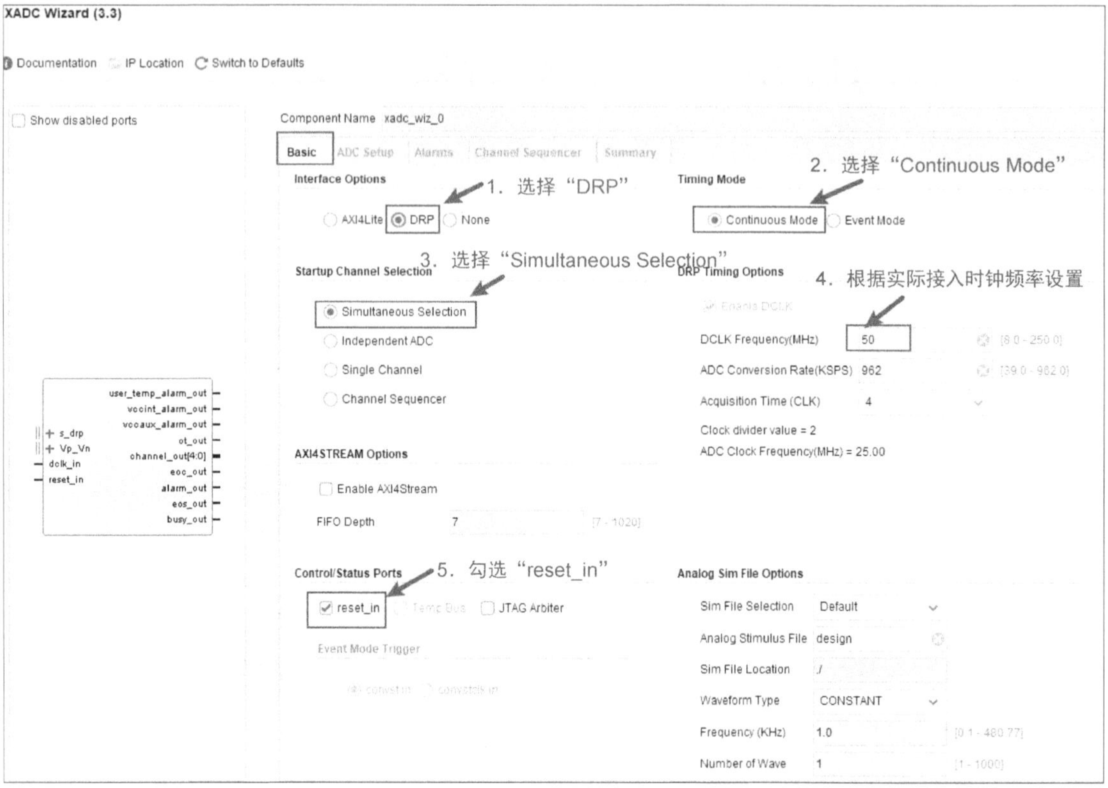

图 10-2　"Basic"配置界面

（2）Timing Mode：时序模式有连续模式（Continuous Mode）与触发模式（Event Mode）两种。

① Continuous Mode：连续模式在 IP 核开始工作后，XADC 持续采样和转换所选通道。

② Event Mode：单次触发模式通过外部事件 CONVST 或 CONVSTCLK 信号来启动所选通道上的转换，该模式只适用于外部通道。

这里选择连续模式，使 XADC IP 核自动持续采样和转换所选通道。

（3）Startup Channel Selection：起始通道选择有 Simultaneous Selection、Independent ADC、Single Channel、Channel Sequencer 这 4 种选择，这里的选择将会影响 IP 核第 4 个配置界面的选项，如果这里选择"Single Channel"（单通道），那么第 4 个配置界面将会变为 Single Channel；如果选择其余 3 个选项，那么第 4 个配置界面为 Channel Sequencer，这里选择 Simultaneous Selection。

① Simultaneous Selection：同时监控两个外部通道。

② Independent ADC：XADC 独立地监视外部通道，同时监视 FPGA 内部的电压与温度。

③ Single Channel：只能选择一个通道进行监控。

④ Channel Sequencer：可以选择任意数量的通道进行监控。

（4）DRP Timing Options：DRP 时序配置选项。

① DCLK Frequency：动态时钟（DCLK）频率设置，其范围为 8MHz ～ 250MHz，根据实际提供时钟的频率，这里设置为 50MHz。

② ADC Conversion Rate：ADC 转换速率，该项不用配置，当输入 DCLK 时钟频率后由

软件自动计算。

③ Acquisition Time：采集时间设置，该参数可以设置为 4 或 10，设置完成后可以得到实际转换速率（Actual Conversion Rate），这里保持默认值 4。

（5）AXI4STREAM Options：用于对 AXI Stream 接口进行配置。

① Enable AXI4Stream：勾选后使能 XADC IP 核的 AXI4Stream 接口。

② FIFO Depth：设置 FIFO 深度，范围为 7～1020。

（6）Control/Status Ports：控制与状态端口配置。

① reset_in：允许外部输入复位信号。

② convst in：勾选后，该信号将作为 Event Mode 模式的触发源。

③ convstclk in：勾选后，该信号将作为 Event Mode 模式的触发源。

④ Temp Bus：温度总线勾选后，将启用一个单独的总线，该总线在每一个给定的时间间隔更新温度。

⑤ JTAG Arbiter：JTAG 仲裁器勾选后允许显示 JTAG 状态端口 jtaglocked_out、jtagmodified_out、jtagbusy_out。

（7）Analog Sim File Options：设置模拟仿真激励文件输入，这里保持默认，不做任何设置。

2. ADC Setup 配置

"ADC Setup" 配置界面：该配置界面用于对 ADC 本身的属性进行配置，保持默认即可，如图 10-3 所示。

图 10-3　"ADC Setup" 配置界面

（1）Sequencer Mode：在 Startup Channel Selection 配置为 Channel Sequencer 时，该选项可以配置为 Continuous、Default、One Pass。

（2）Channel Averaging：通道数据平均，用于配置采样多少个数据计算一次平均值，可以配置为 None、16、64、256。

（3）ADC Calibration：ADC 校准，勾选相应选项以启动不同功能的校准。

（4）Supply Sensor Calibration：电源传感器校准，勾选相应选项以启动不同功能的校准。

（5）Enable CALIBRATION Averaging：勾选使能校准平均。

（6）External Multiplexer Setup：外部多路复用器设置，若勾选，则有必要指定多路复用器连接的外部通道，即将内部通道作为外部模拟输入通道来使用。

（7）Power Down Options：关电配置，控制 ADCB、ADCA 在不使用时关闭电源，只有在 ADCB 已经关闭时，ADCA 才能关闭。

3．Alarms 配置

"Alarms"配置界面：在报警配置界面勾选相应的复选框可以启动相应的报警功能，可以对温度（Temperature）、内核电压（VCCINT）、辅助电压（VCCAUX）、BRAM 电压（VCCBRAM）的报警进行配置。勾选对应的报警选项后，在 IP 核的端口上可以看到相应的报警端口输出引脚，若测量值超出设定的限制范围，则报警逻辑将被激活。这里只对温度进行监测，因此只勾选"Over Temperature Alarm""User Temperature Alarm"两个与温度相关的报警功能，如图 10-4 所示，其对应的报警输出端口为 ot_out、user_temp_alarm_out。

图 10-4　"Alarms"配置界面

（1）Over Temperature Alarm、User Temperature Alarm：分别设置温度的触发阈值与复位值。

（2）VCCINT Alarm、VCCAUX Alarm、VCCBRAM Alarm：分别设置报警的上下阈值，若测量值超过设定阈值，则报警输出引脚的状态将被激活。

4．Channel Sequencer 配置

"Channel Sequencer"配置界面：将 XADC IP 核的 Startup Channel Selection 选项配置为 Simultaneous Selection、Independent ADC、Channel Sequencer 模式时，通道序列器才启用，该界面用于对相应通道的采集使能进行配置。在此界面中对 Channel Enable 列中的相应行打钩，

即可使能相应通道的采集功能，这里只对温度进行采样，因此只勾选"TEMPERATURE"通道，如图 10-5 所示。将 XADC IP 的 Startup Channel Selection 选项配置为 Single Channel 模式时，该界面变为"Single Channel"界面，并且只能对一个通道的参数进行配置。

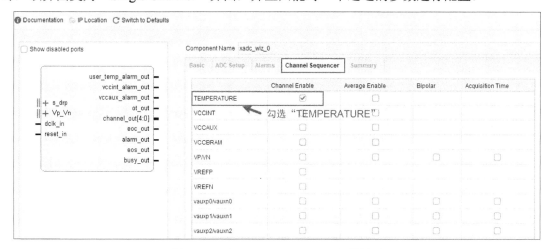

图 10-5　　"Channel Sequencer"配置界面

5．Summary 配置

"Summary"配置界面："Summary"配置界面为 IP 核配置的总结界面，如图 10-6 所示。

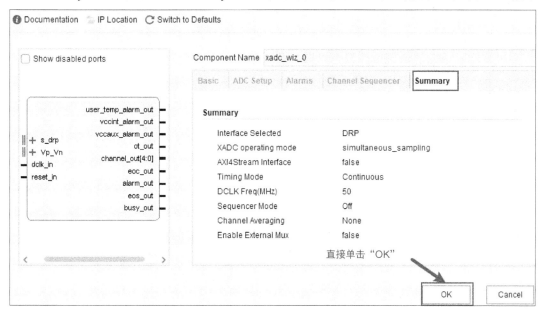

图 10-6　　"Summary"配置界面

10.1.3　XADC IP 核使用讲解

XADC 的结构框图如图 10-7 所示，其输入源包括外部模拟输入、温度传感器、电源传感器 3 种，由多路选择器 MUX、ADCA、ADCB、控制寄存器（Control Registers）、状态寄存器（Status Registers）组成，通过 DRP 与外部进行数据交互，实现对控制寄存器、状态寄存器的读写访问，其中控制寄存器可读可写，状态寄存器只能读取。

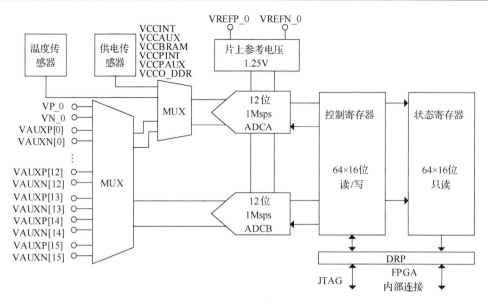

图 10-7 XADC 结构框图

1. XADC 寄存器概述

XADC 的寄存器分为状态寄存器与控制寄存器两类，寄存器分布如图 10-8 所示，00H～3FH 地址为状态寄存器对应的地址空间，40H～7FH 地址为控制寄存器对应的地址空间。XADC 各个通道的采样值保存在状态寄存器中，通过对状态寄存器进行读取，即可获取相应通道的采样转换值，如 V_{CCINT} 的值保存在地址为 01H 的寄存器中，通过对地址 01H 进行读操作，即可获取 V_{CCINT} 的采样值；对控制寄存器进行写操作即可实现相应的控制功能。

状态寄存器（00H～3FH）
只读

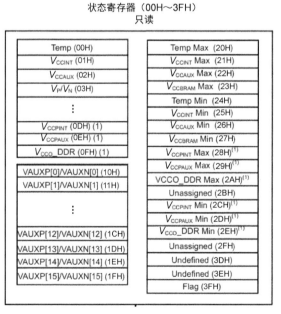

控制寄存器（40H～7FH）
可读可写

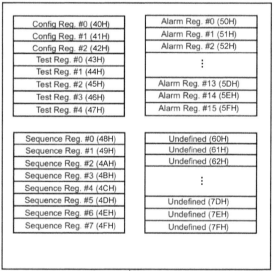

图 10-8 寄存器分布（手册截图）

状态寄存器的详细描述可以参考 AMD FPGA 的 ug480 手册，表 10-1 所示为摘自 ug480 手册中的状态寄存器详细描述，其中温度传感器数据对应的转换值存储在地址 00H 中，通过对地址 00H 进行读取，即可获取温度监测值。

表 10-1 状态寄存器详细描述

寄存器名称	地址	描述
Temperature	00H	片上温度传感器测量结果存储，高 12 位有效，低 4 位无效
V_{CCINT}	01H	V_{CCINT} 电源监视器测量结果存储，高 12 位有效，低 4 位无效
V_{CCAUX}	02H	V_{CCAUX} 电源监视器测量结果存储，高 12 位有效，低 4 位无效
V_P/V_N	03H	专用模拟输入测量结果存储，高 12 位有效，低 4 位无效

状态寄存器的位定义如图 10-9 所示，由图 10-9 可知寄存器只有高 12bit 数据有效，低 4bit 数据保留，因此从温度数据对应的寄存器读取数据时，只有高 12bit 数据有效，低 4bit 数据无效。

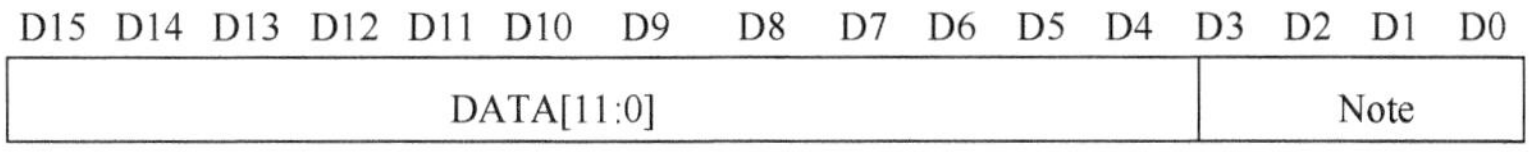

D15 D14 D13 D12 D11 D10 D9 D8 D7 D6 D5 D4 D3 D2 D1 D0
DATA[11:0]
Note

注：状态寄存器 DADDR[6:0] = (00H～07H, 10H～2FH)

图 10-9 状态寄存器的位定义

温度寄存器读取出的 ADC_{code} 与真实温度 Temperature 之间的计算公式为

$$\text{Temperature} = \left(\frac{ADC_{code} \times 503.975}{4096} - 273.15\right)℃$$

2. DRP

DRP 为用户逻辑与 XADC IP 核之间进行数据交互的接口，其读写操作时序如图 10-10 所示。

1
2
3
4
5
6
7
8
9
1
DCLK
DEN
DWE
DADDR[6:0]
DI[15:0]
DO[15:0]
DRDY
EOC/EOS
ALM[2:0]/OT
BUSY
CHANNEL[4:0]

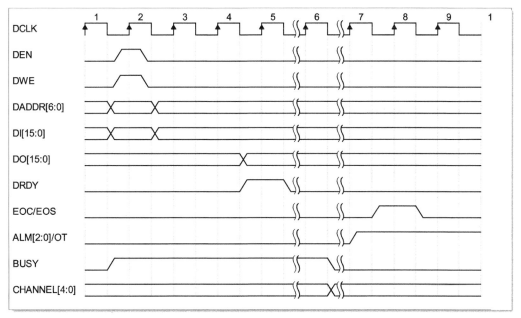

图 10-10 DRP 读写操作时序

当 DEN 为逻辑高电平时，DRP 地址（DADDR）、写使能（DWE）、数据输入（DI）将在下一个 DCLK 上升沿被捕获，DEN 高电平只能持续一个 DCLK 周期。若 DWE 为逻辑低电平，则执行 DRP 读操作，该读取操作的输出数据在 DRDY 为高电平时，DO 总线上的数据有效。因此，应使用 DRDY 信号来捕获 DO 总线输出。

对于写操作，DWE 信号为逻辑高电平，DI 总线和 DRP 地址（DADDR）将在下一个 DCLK 上升沿捕获。当数据成功写入 DRP 寄存器时，DRDY 信号变为逻辑高电平；在 DRDY 信号变为低电平之前，无法启动新的读取或写入操作。

10.1.4　代码设计

1. XADC 温度读取模块设计

由第 10.1.3 节中的讲解可知，温度值存储在地址为 00H 的状态寄存器中，通过 DRP 对 00H 寄存器进行读取，即可获取 FPGA 芯片的当前温度，XADC 温度读取模块 xadc_read_write_ctrl 的端口描述如表 10-2 所示。

表 10-2　xadc_read_write_ctrl 模块端口描述

序号	名称	位宽	I/O	功能描述
1	clk	1bit	I	系统时钟，50MHz
2	reset_n	1bit	I	系统复位，低电平有效
3	den_out	1bit	O	DRP DEN 使能输出
4	dwe_out	1bit	O	DRP 写使能 DWE 输出
5	di_out	16bit	O	DRP 写数据 DI 输出
6	daddr_out	7bit	O	DRP 地址数据 DADDR 输出
7	drdy_in	1bit	I	DRP DRDY 信号输入
8	do_in	16bit	I	DRP 读取数据 DO 输入
9	temper_code	32bit	O	读取温度编码输出
10	temper_value	48bit	O	温度测量值输出
11	temper_valid	1bit	O	温度有效脉冲输出，高电平单周期脉冲

采用状态机的思想对 xadc_read_write_ctrl 模块进行设计实现，状态机具有三个状态，每个状态的含义如下。

IDLE：空闲状态，在该状态通过 DRP 将 DEN 拉高一个 DCLK 周期并在发出读取温度指令后，立刻进入 READ_TEMP_STA 状态。

READ_TEMP_STA：等待温度数据输出，一直检测 DRDY 信号的状态，当 DRDY 为高电平时，说明输出的温度数据有效，此时读取温度数据，跳转到 CALCU_TEMP_STA 状态。

CALCU_TEMP_STA：根据读取的温度编码，按照计算公式计算出温度值，计算完毕后回到 IDLE 状态。

详细的 RTL 级代码设计如下。

```
module xadc_read_write_ctrl(
    input                       clk         ,   // 时钟：50MHz
    input                       reset_n     ,   // 复位，低电平有效
    // DRP
    //--------------------------------
    output  logic               den_out     ,   // DRP 使能
    output  logic               dwe_out     ,   // DRP 写与读
```

```
output   logic   [15:0]  di_out         ,    // XADC 数据输出
output   logic   [ 6:0]  daddr_out      ,
input                    drdy_in        ,
input            [15:0]  do_in          ,
// temperature interface
//-----------------------------------
output   logic   [31:0]  temper_code,        // ADC 温度编码输出
output   logic   [47:0]  temper_value,       // 温度计算结果输出:最低三位为小数位
output   logic           temper_valid        // 计算温度有效输出脉冲
);
//---------------------------------------------
// 读取温度状态机设计
//---------------------------------------------
parameter   TEMP_REG_ADDR_PAR    = 7'h00;       // 温度寄存器地址

// 状态数据类型定义
//-------------------------
typedef enum logic[1:0] {
    IDLE            = 2'd0, // 空闲状态
    READ_TEMP_STA   = 2'd1, // 读取温度数据
    CALCU_TEMP_STA  = 2'd2  // 计算温度值输出
} state_t;

state_t state = IDLE;        // 状态变量
always_ff@(posedge clk, negedge reset_n)
    if(!reset_n)
        begin
            state         <= IDLE;
            den_out  <= 1'b0;
            dwe_out  <= 1'b0;
            di_out   <= 16'd0;
            daddr_out     <= 7'd0;
            temper_valid <= 1'b0;
        end
    else
        begin
            case(state)
                IDLE:                // 空闲状态
                    begin
                        // 读取温度寄存器
                        den_out      <= 1'b1;
                        dwe_out      <= 1'b0;
                        daddr_out    <= TEMP_REG_ADDR_PAR;
                        di_out       <= 16'd0;
                        temper_valid<= 1'b0;
                        // 状态控制
```

```
                            state <= READ_TEMP_STA;
                    end
            READ_TEMP_STA:  // 读取温度数据
                begin
                    den_out <= 1'b0;      // 关闭使能
                    if(drdy_in)
                        begin
                            temper_code <= {20'd0, do_in[15:4]};
                            state <= CALCU_TEMP_STA;
                        end
                    else
                        begin
                            temper_code <= temper_code;
                            state <= READ_TEMP_STA;
                        end
                end
            CALCU_TEMP_STA: // 计算温度值输出
                begin
                    // 最低三位为小数位
                    temper_value <= ((temper_code * 32'd503975) >> 32'd12)
                                    - 32'd273150;
                    temper_valid <= 1'b1;
                    state        <= IDLE;    // 回到 IDLE 状态
                end
            default: state <= IDLE;
        endcase
    end
endmodule
```

在程序中，temper_value 的值为实际温度值的 1000 倍，因此程序中输出的十进制数值的低 3 位为小数位。

2. 占空比计算模块设计

占空比计算模块（pulse_calculation 模块）用于计算占空比，并根据占空比解算出 pwm_controller 模块 period_set、pulse_width_set 端口的控制值。占空比计算规则为：当 FPGA 的当前温度 $Temper_{current}$ 在 25～125℃ 区间内时，占空比 PW 的计算公式为

$$PW = \frac{Temper_{current} - 25}{125 - 25} \times 100\%$$

在第 8.1 节中所讲的 PWM 脉冲控制器（pwm_controller）模块的占空比计算公式为

$$PW = \frac{period\_set - pulse\_width\_set}{period\_set}$$

由此可得 pwm_controller 模块脉宽设置端口 pulse_width_set 的值为

$$pulse\_width\_set = \left(1 - \frac{Temper_{current} - 25}{100}\right) \cdot period\_set$$

在设计中，将 PWM 波的频率设为 1kHz（周期：1ms），在 pwm_controller 模块输入工作

时钟为 50MHz 的情况下，period_set 的值为 32'd50000。根据以上的分析，pulse_calculation 模块的端口描述如表 10-3 所示。

表 10-3 pulse_calculation 模块端口描述

序号	名称	位宽	I/O	功能描述
1	clk	1bit	I	系统时钟，50MHz
2	reset_n	1bit	I	系统复位，低电平有效
3	temper_value	48bit	I	FPGA 当前温度输入
4	period_set	32bit	O	PWM 周期控制输出，单位为时钟周期
5	pulse_width_set	32bit	O	PWM 脉宽控制参数输出，单位为时钟周期
6	update_en	1bit	O	PWM 参数更新单周期脉冲，高电平有效

根据以上计算公式，对占空比计算模块进行设计，其中占空比控制参数更新脉冲每 100ms 更新一次，其 RTL 代码设计如下。

```
module pulse_calculation #(
    parameter    TEMPER_UP_PAR       = 48'd125_000   ,   // 125℃
                 TEMPER_LOW_PAR      = 48'd25_000    ,   // 25℃
                 PERIOD_SET_PAR      = 32'd50_000    ,   // PWM 频率：1kHz
                 UPDATE_PERIOD_PAR   = 32'd5000_000  // 100ms 更新一次 PWM 控制参数
)(
    input                 clk               ,   // 时钟：50MHz
    input                 reset_n           ,   // 复位，低电平有效
    input        [47:0]   temper_value      ,   // 温度值输入
    output       [31:0]   period_set        ,   // 32bit 配置输出
    output       [31:0]   pulse_width_set ,     // 32bit 配置输出
    output logic          update_en             // 配置使能，单周期高脉冲
);
    //---------------------------------------
    // 1. pulse_width_set 计算
    //---------------------------------------
    logic [47:0]pulse_width_0;  // 脉宽参数计算 1
    logic [47:0]pulse_width_1;  // 脉宽参数计算 2
    always_ff@(posedge clk, negedge reset_n)
        if(!reset_n)
            pulse_width_0 <= 48'd0;
        else
            pulse_width_0 <= ((temper_value - TEMPER_LOW_PAR) * period_set)
                            / 32'd100;

    always_ff@(posedge clk, negedge reset_n)
        if(!reset_n)
            pulse_width_1 <= 48'd0;
        else
            pulse_width_1 <= {16'd0, period_set} - pulse_width_0;
    // 脉宽参数输出 pulse_width_set
    //--------------------------------
    assign pulse_width_set = pulse_width_1[31:0];
```

```
//----------------------------------------
// 2. PWM 周期 period_set 计算
//----------------------------------------
/**
    @brief  PWM 周期: 1kHz
*/
assign period_set = PERIOD_SET_PAR; // 时钟:50MHz
//----------------------------------------
// 3. 数据更新周期控制
//----------------------------------------
logic [31:0]update_cnt;
always_ff@(posedge clk, negedge reset_n)
    if(!reset_n)
        update_cnt <= 32'd0;
    else if(update_cnt < (UPDATE_PERIOD_PAR - 1'b1) )
        update_cnt <= update_cnt + 1'b1;
    else
        update_cnt <= 32'd0;
always_ff@(posedge clk, negedge reset_n)
    if(!reset_n)
        update_en <= 1'b0;
    else if(update_cnt == (UPDATE_PERIOD_PAR - 1'b1) )
        update_en <= 1'b1;
    else
        update_en <= 1'b0;
endmodule
```

为了验证占空比计算模块逻辑设计的正确性，编写 Testbench 模块 pulse_calculation_tb，对 pulse_calculation 模块进行仿真，Testbench 代码设计如下。

```
`timescale 1ns / 1ns
`define    cycle  20
module pulse_calculation_tb;
    logic         clk              ;    // 时钟: 50MHz
    logic         reset_n          ;    // 复位, 低电平有效
    logic [47:0]  temper_value     ;    // 温度值输入
    wire  [31:0]  period_set       ;    // 32bit 配置输出
    wire  [31:0]  pulse_width_set   ;    // 32bit 配置输出
    wire          update_en        ;    // 配置使能, 单周期脉冲, 高电平有效
    pulse_calculation #(
    .TEMPER_UP_PAR      (48'd125  ),    // 125℃
    .TEMPER_LOW_PAR     (48'd25   ),    // 25℃
    .PERIOD_SET_PAR     (32'd100  ),    // PWM 频率: 1kHz
    .UPDATE_PERIOD_PAR  (32'd1000 )     // 100ms 更新一次 PWM 控制参数
    )
    pulse_calculation (
    .clk                (clk              ),  // 时钟: 50MHz
    .reset_n            (reset_n          ),  // 复位, 低电平有效
```

```
    .temper_value       (temper_value     ),  // 温度值输入
    .period_set         (period_set       ),  // 32bit 配置输入
    .pulse_width_set    (pulse_width_set  ),  // 32bit 配置输入
    .update_en          (update_en        )   // 配置使能，单周期脉冲，高电平有效
    );
    initial
        begin
            clk = 1'b1; forever #(`cycle/2) clk = ~clk;
        end

    initial
        begin
            reset_n = 1'b0; temper_value = 32'd35;
            #(`cycle*2); reset_n = 1'b1; #(`cycle*2002.1);
            // case1: temper_value = 32'd50;
            temper_value = 32'd50; #(`cycle*2000);
            // case2: temper_value = 32'd125;
            temper_value = 32'd125; #(`cycle*2000);
            $stop;
        end
endmodule
```

在 Vivado 中运行仿真，其结果如图 10-11 所示，在仿真中将温度的下限值设置为 25，将上限值设置为 125，PWM 的周期设置参数 period_set 为 100；当 FPGA 当前温度为 35℃时，占空比为 10%，按照以上公式计算可知，此时 pulse_width_set 的值为 90，当温度为 50℃时，pulse_width_set 的值为 75；当温度为 125℃时，pulse_width_set 的值为 0，由仿真结果可知设计正确。

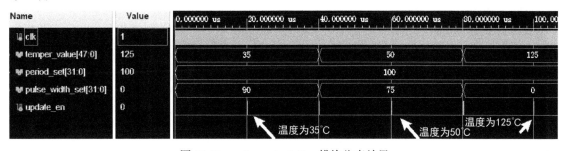

图 10-11　pulse_calculation 模块仿真结果

3. XADC 温度控制顶层模块设计

按照第 10.1.1 节所讲的结构设计 XADC 温度控制顶层模块 xadc_top，通过读取 FPGA 的内部温度，计算出 PWM 波占空比控制参数，从 pwm_out 输出 PWM 波控制外部风扇调速系统，实现对温度的闭环控制，整个 xadc_top 模块设计如下。

```
module xadc_top(
    input       clk     ,   // 时钟：50MHz
    input       reset_n ,   // 复位，低电平有效
    output      pwm_out     // PWM 波输出
);
    // DRP
```

```
//------------------
wire [15:0]    di_out        ;
wire [ 6:0]    daddr_out     ;
wire           den_out       ;
wire           dwe_out       ;
wire           drdy_in       ;
wire [15:0]    do_in         ;
wire [31:0]    temper_code   ;
wire [47:0]    temper_value  ;
wire           temper_valid  ;

// PWM 脉冲控制
//------------------
wire    [31:0] period_set    ;
wire    [31:0] pulse_width_set;
wire           update_en     ;
//----------------------------------------------------
// 1. 读取温度
//----------------------------------------------------
xadc_read_write_ctrl u1_xadc_read_write_ctrl(
.clk           (clk           ),  // 时钟:50MHz
.reset_n       (reset_n       ),  // 复位, 低电平有效
.den_out       (den_out       ),  // DRP 使能
.dwe_out       (dwe_out       ),  // DRP 写与读
.di_out        (di_out        ),  // XADC 数据输出
.daddr_out     (daddr_out     ),  // XADC 地址输出
.drdy_in       (drdy_in       ),
.do_in         (do_in         ),
.temper_code   (temper_code   ),  // ADC 温度编码输出
.temper_value  (temper_value  ),  // 温度计算结果输出
.temper_valid  (temper_valid  )   // 计算温度有效输出脉冲
);


//----------------------------------------------------
// 2. XADC 例化
//----------------------------------------------------
xadc_wiz_0 u2_xadc_wiz_0(
.di_in              (di_out    ),  // XADC 数据输入
.daddr_in           (daddr_out ),  // XADC 地址输入
.den_in             (den_out   ),  // XADC 使能输入
.dwe_in             (dwe_out   ),  // 写使能输入
.drdy_out           (drdy_in   ),  // 就绪信号输出
.do_out             (do_in     ),  // 数据输出
.dclk_in            (clk       ),  // 时钟输入
.reset_in           (~reset_n  ),  // 复位输入, 高电平有效
.vp_in              (1'b0      ),  // 差分正端
.vn_in              (1'b0      ),  // 差分负端
.user_temp_alarm_out (         ),  // 温度报警输出
```

```
    .ot_out                  (                    ),  // 温度阈值输出
    .channel_out             (                    ),  // 通道输出
    .eoc_out                 (                    ),  // EOC 输出
    .alarm_out               (                    ),  // 报警输出
    .eos_out                 (                    ),  // EOS 输出
    .busy_out                (                    )   // 忙标识输出
    );

    pulse_calculation #(
    .TEMPER_UP_PAR           (48'd125000          ),  // 125℃
    .TEMPER_LOW_PAR          (48'd25000           ),  // 25℃
    .PERIOD_SET_PAR          (32'd50_00000        ),  // 1kHz PWM 频率
    .UPDATE_PERIOD_PAR       (32'd5000_0000       )   // 100ms 更新一次 PWM 控制参数
    )
    pulse_calculation (
    .clk                     (clk                 ),  // 时钟：50MHz
    .reset_n                 (reset_n             ),  // 复位，低电平有效
    .temper_value            (temper_value        ),  // 温度值输入
    .period_set              (period_set          ),  // 32bit 配置输入
    .pulse_width_set         (pulse_width_set     ),  // 32bit 配置输入
    .update_en               (update_en           )   // 配置使能，单周期脉冲，高电平有效
    );


    pwm_controller u3_pwm_controller(
    .clk                     (clk                 ),  // 时钟：50MHz
    .reset_n                 (reset_n             ),  // 复位，低电平有效
    .period_set              (period_set          ),  // 32bit 配置输入
    .pulse_width_set         (pulse_width_set     ),  // 32bit 配置输入
    .config_en               (update_en           ),  // 配置使能，高电平有效
    .pwm_out                 (pwm_out             )   // PWM 输出
    );
    //------------------------------------------------
    // 3. VIO 例化
    //------------------------------------------------
    vio_0 u3_vio_0 (
    .clk            (clk            ),   // VIO 时钟
    .probe_in0      (temper_code    ),   // VIO 输入
    .probe_in1      (temper_value   )    // VIO 输入
    );
endmodule
```

10.1.5　板级验证

将 xadc_top 模块设置为顶层模块，在 Vivado 中对工程进行编译，编译完成后将 bit 文件、.ltx 文件下载到 FPGA 中，打开 vio 监视界面，将 temper_code 信号和 temper_value 信号添加到窗口中，同时打开 XADC 监视界面，对温度进行读取，实际测试结果如图 10-12 和图 10-13 所示，由图 10-12 和图 10-13 可知，程序读取的温度数据与软件工具 XADC 界面读取的数据在温度波动允许的范围内基本相等，说明 XADC 温度读取模块设计正确。

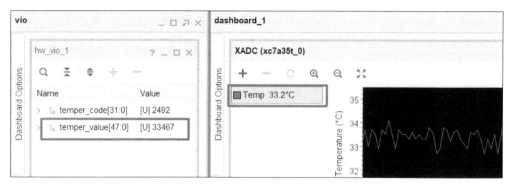

图 10-12　XADC 温度采集结果 01

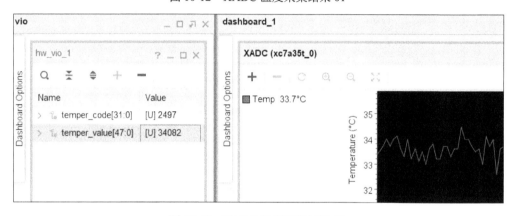

图 10-13　XADC 温度采集结果 02

10.2　FPGA 程序编译时间与版本管理

程序编译时间与版本管理功能看似微不足道，更算不上一个独立的工程设计，但在这里为什么要讲解这个很微小的功能呢？下面对其用处进行描述。

在 FPGA 开发调试过程中，我们常常需要知道当前运行在 FPGA 芯片中的程序是哪一版程序。例如，当我们生产交付的产品出现问题而要对问题进行定位时，需要知道运行在产品中的 FPGA 程序版本与编译时间，以便我们确定当前运行的程序版本，进而找到对应版本的源码进行问题分析，基于这样的应用背景，就需要我们开发的 FPGA 程序具有版本与编译时间信息可查的功能。

对于研究人员或者一线工程师来说，掌握程序编译时间与版本管理可以培养我们良好的研究习惯，保证运行在 FPGA 芯片中的程序都可以精确溯源，减少产品状态混乱的问题。

10.2.1　功能需求概述

开发程序版本与编译时间管理模块 pro_version_infor，并将该模块嵌入任何一个 FPGA 实际应用工程中，为工程提供版本信息与编译时间，便于查询程序的版本与编译时间。在本设计中，采用 pro_version_infor 模块提供版本与编译时间信息，将该信息传入 ASCII 码转换模块 ascii_transform，将输入的版本、编译时间信息转换为 ASCII 码输出，同时添加信息标题描述信息，接着将 ascii_transform 输出的 ASCII 码送入自动周期发送控制模块 send_period_ctrl，在 send_period_ctrl 中以 1s 为周期，周期性地将数据发送给 uart_tx 模块，uart_clk_gen 模块用于生成串口波特率时钟，vio_uart 模块用于在线配置 uart_tx 模块的配置参数（数据长度、停止位、校验位），软件的整体设计框图如图 10-14 所示。

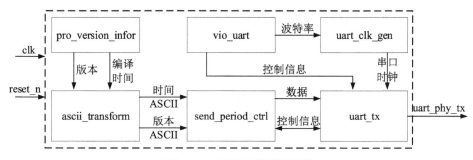

图 10-14　软件整体设计框图

10.2.2　pro_version_infor 模块设计与实现

pro_version_infor 模块用于生成程序版本信息与编译时间，在设计中，版本信息采用直接定义宏参数声明版本信息，以后升级版本时，直接修改宏参数即可修改版本信息。对于编译时间，则采用 AMD FPGA 原语 USR_ACCESSE2 实现，pro_version_infor 模块的端口描述如表 10-4 所示。

表 10-4　pro_version_infor 模块端口描述

序号	名称	位宽	I/O	功能描述
1	clk	1bit	I	系统时钟，50MHz
2	reset_n	1bit	I	系统复位，低电平有效
3	version	16bit	O	版本信息输出，十进制数据
4	year	16bit	O	年数据输出，十进制数据
5	month	8bit	O	月数据输出，十进制数据
6	day	8bit	O	日数据输出，十进制数据
7	hour	8bit	O	时数据输出，十进制数据
8	minute	8bit	O	分数据输出，十进制数据
9	second	8bit	O	秒数据输出，十进制数据

1．USR_ACCESSE2 原语

USR_ACCESSE2 原语提供了在 bit 流生成阶段将版本、编译时间信息嵌入 32 位可访问寄存器的功能，便于我们在程序生成 bit 文件时自动嵌入需要的信息。USR_ACCESSE2 原语模块的实体例化模板如下。

```
USR_ACCESSE2 USR_ACCESSE2_inst (
.CFGCLK(CFGCLK),        // 1-bit；配置时钟输出
.DATA(DATA),           // 32-bit；配置数据输出
.DATAVALID(DATAVALID)  // 1-bit 数据有效标志位，高电平有效
);
```

CFGCLK：配置时钟输出。

DATA：配置数据输出，可以是用户设置的任何 32bit 数据，也可以是编译时间戳信息。

DATAVALID：数据有效标志输出，高电平有效。

当我们要使用用户可访问寄存器功能时，只需要将 USR_ACCESSE2 原语例化在我们的设计中即可。要将 DATA 输出端口输出的值配置为我们想要的值——编译时间戳信息时，还需要在工程中进行如下配置（该配置应该在整个工程的代码开发完成并在工程综合之后才执行以下操作，但为了讲解 USR_ACCESSE2 原语的紧凑性，因此将 USR_ACCESSE2 使用的相关配置放在此处进行集中讲解）。

（1）代码编写完毕后，如图 10-15 所示，依次单击"RTL ANALYSIS"→"Open Elaborated Design"，打开详细设计。

（2）在工程窗口上方的菜单栏中依次单击"Tools"→"Edit Device Properties"，如图 10-16 所示，打开"Edit Device Properties"属性设置框。

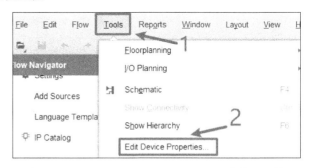

图 10-15　Open Elaborated Design 界面　　　图 10-16　打开"Edit Device Properties"属性设置框

（3）进入"Edit Device Properties"属性设置框，如图 10-17 所示，单击左侧的"Configuration"，在此界面最底端的"User Access"栏输入"TIMESTAMP"，即可将 AMD FPGA 中的用户寄存器配置为 DATA 端口输出时间戳信息，单击"OK"完成配置。

图 10-17　配置"Edit Device Properties"属性设置框

按照以上步骤配置完器件的属性，在程序编译生成 bit 文件后，从 USR_ACCESSE2 原语的 DATA 端口输出的数据就是编译生成 bit 文件的时间戳信息。当将 USR_ACCESSE2 配置为时间戳时，DATA 端口的 32 位输出数据对应关系表如表 10-5 所示。

表 10-5　DATA 端口的 32 位输出数据对应关系表

ddddd	MMMM	yyyyyy	hhhhh	mmmmmm	ssssss
bit[31:27]	bit[26:23]	bit[22:17]	bit[16:12]	bit[11:6]	bit[5:0]

ddddd：5 位，表示一个月的 31 天。

MMMM：4 位，表示一年的 12 个月。

yyyyyy：6 位，表示 0~63，可表示的年范围为 2000~2063 年。

hhhhh：5 位，表示一天的 24 小时。

mmmmmm：6 位，表示 1 小时的 60 分钟。

ssssss：6 位，表示 1 分钟的 60 秒。

2．pro_version_infor 模块实现

根据以上的分析与设计思路，pro_version_infor 模块的 RTL 代码设计如下。

```verilog
`define PRO_VERSION_PAR 16'd215        // 用十进制表示版本： v2.15
module pro_version_infor(
    input                clk      ,
    input                reset_n  ,
    output logic [15:0] version  ,     // 版本信息值输出端口(十进制数据)
    output logic [15:0] year     ,
    output logic [ 7:0] month    ,
    output logic [ 7:0] day      ,
    output logic [ 7:0] hour     ,
    output logic [ 7:0] minute   ,
    output logic [ 7:0] second
);
    //------------------------------------
    // 1．版本信息输出
    //------------------------------------
    assign version = `PRO_VERSION_PAR;


    //------------------------------------
    // 2．编译时间生成
    //------------------------------------
    logic [31:0] usr_access_data;
    USR_ACCESSE2 USR_ACCESSE2_inst (
    .CFGCLK       (                  ),    // 1bit 输出
    .DATA         (usr_access_data   ),    // 32bit 输出
    .DATAVALID    (                  )     // 1bit 输出
    );
    assign year     = 16'd2000 + {10'd0,usr_access_data[22:17]}; // 年
    assign month    = {4'd0, usr_access_data[26:23]};            // 月
    assign day      = {3'd0, usr_access_data[31:27]};            // 日
    assign hour     = {3'd0, usr_access_data[16:12]};            // 时
    assign minute   = {2'd0, usr_access_data[11: 6]};            // 分
    assign second   = {2'd0, usr_access_data[ 5: 0]};            // 秒
endmodule
```

在以上设计中，version 直接采用 "`define" 定义的宏参数赋值输出，对于 year、month、day、hour、minute、second 数据，直接采用 USR_ACCESSE2 DATA 端口的数据输出，由于在设计中不使用 CFGCLK 配置时钟，因此原语中不使用 CFGCLK。

10.2.3　ascii_transform 模块设计与实现

ascii_transform 模块用于将输入的版本信息、年月日、时分秒数据在十进制形式下的每一位数据转换为对应的 8 位 ASCII 码输出，若版本信息的十进制数值为 $V_3V_2V_1V_0$，则 ascii_transform 将对应十进制格式下的每一位数据 V_3、V_2、V_1、V_0 转换为对应的 ASCII 码输出。ascii_transform 模块的端口描述如表 10-6 所示。

表 10-6　ascii_transform 模块的端口描述

序号	名称	位宽	I/O	功能描述
1	clk	1bit	I	系统时钟，50MHz
2	reset_n	1bit	I	系统复位，低电平有效
3	version	16bit	I	版本信息输入，十进制数据
4	year	16bit	I	年数据输入，十进制数据
5	month	8bit	I	月数据输入，十进制数据
6	day	8bit	I	日数据输入，十进制数据
7	hour	8bit	I	时数据输入，十进制数据
8	minute	8bit	I	分数据输入，十进制数据
9	second	8bit	I	秒数据输入，十进制数据
10	version_d3	8bit	O	版本十进制最高位数值 ASCII 码
11	version_d2	8bit	O	版本十进制次高位数值 ASCII 码
12	version_d1	8bit	O	版本十进制次低位数值 ASCII 码
13	version_d0	8bit	O	版本十进制最低位数值 ASCII 码
14	year_d3	8bit	O	年十进制最高位数值 ASCII 码
15	year_d2	8bit	O	年十进制次高位数值 ASCII 码
16	year_d1	8bit	O	年十进制次低位数值 ASCII 码
17	year_d0	8bit	O	年十进制最低位数值 ASCII 码
18	month_d1	8bit	O	月十进制最高位数值 ASCII 码
19	month_d0	8bit	O	月十进制最低位数值 ASCII 码
20	day_d1	8bit	O	日十进制最高位数值 ASCII 码
21	day_d0	8bit	O	日十进制最低位数值 ASCII 码
22	hour_d1	8bit	O	时十进制最高位数值 ASCII 码
23	hour_d0	8bit	O	时十进制最低位数值 ASCII 码
24	minute_d1	8bit	O	分十进制最高位数值 ASCII 码
25	minute_d0	8bit	O	分十进制最低位数值 ASCII 码
26	second_d1	8bit	O	秒十进制最高位数值 ASCII 码
27	second_d0	8bit	O	秒十进制最低位数值 ASCII 码

在 ascii_transform 模块中，首先采用除法取模（"/"）、取余（"%"）的方法，提取出各种输入信息十进制数据的各位，然后以十进制数值作为 ASCII 码译码的地址输入，译码出每一个十

进制数值对应的 ASCII 码，详细的 RTL 代码设计请扫描右侧二维码进行查看。

　　由于 ascii_transform 模块设计逻辑较为简单，因此这里不再对该模块进行仿真验证。

10.2.4　send_period_ctrl 模块设计与实现

　　send_period_ctrl 模块用于将版本、年月日、时分秒的 ASCII 码输入信息以 1s 为周期，周期性地发送给 uart_tx 模块，使版本、编译时间信息通过串口自动向外发送。在设计中：①首先对输入的版本、年月日、时分秒数据进行按序整合，并在数据的前面加上提示信息，在数据的末尾加上回车符 ASCII 码 "8'h0A"，用于打印数据换行；②采用状态机控制数据的发送过程中，IDLE 状态为空闲状态，当检测到 timing_done = 1'b1 时，就开始本次数据的发送，进入 SEND_DATA_STA 状态，进行数据发送，直到所有数据发送完毕后，进入 SEND_DONE_STA 状态，在该状态中将控制数据清零回到 IDLE 状态；③采用计数器的方式对发送周期进行控制，每次发送周期有效就产生一次发送使能脉冲，将 timing_done 信号拉高。send_period_ctrl 模块的端口描述如表 10-7 所示。

表 10-7　send_period_ctrl 模块端口描述

序号	名称	位宽	I/O	功能描述
1	clk	1bit	I	系统时钟，50MHz
2	reset_n	1bit	I	系统复位，低电平有效
3	version_d3	8bit	I	版本十进制最高位数值 ASCII 码
4	version_d2	8bit	I	版本十进制次高位数值 ASCII 码
5	version_d1	8bit	I	版本十进制次低位数值 ASCII 码
6	version_d0	8bit	I	版本十进制最低位数值 ASCII 码
7	year_d3	8bit	I	年十进制最高位数值 ASCII 码
8	year_d2	8bit	I	年十进制次高位数值 ASCII 码
9	year_d1	8bit	I	年十进制次低位数值 ASCII 码
10	year_d0	8bit	I	年十进制最低位数值 ASCII 码
11	month_d1	8bit	I	月十进制最高位数值 ASCII 码
12	month_d0	8bit	I	月十进制最低位数值 ASCII 码
13	day_d1	8bit	I	日十进制最高位数值 ASCII 码
14	day_d0	8bit	I	日十进制最低位数值 ASCII 码
15	hour_d1	8bit	I	时十进制最高位数值 ASCII 码
16	hour_d0	8bit	I	时十进制最低位数值 ASCII 码
17	minute_d1	8bit	I	分十进制最高位数值 ASCII 码
18	minute_d0	8bit	I	分十进制最低位数值 ASCII 码
19	second_d1	8bit	I	秒十进制最高位数值 ASCII 码
20	second_d0	8bit	I	秒十进制最低位数值 ASCII 码
21	send_start	1bit	O	发送使能脉冲输出
22	data_out	8bit	O	发送字节数据输出
23	send_done	1bit	I	uart_tx 模块发送完成脉冲输入

根据以上的分析设计，对 send_period_ctrl 模块进行设计，详细的 RTL 设计请扫描左侧二维码进行查看与获取。

10.2.5 uart 发送设计

uart 发送由 uart_tx 模块与 uart_clk_gen 模块组成，由于在第 9.1.2 节中已经讲解了其设计，因此这里不再赘述，在本工程设计中直接调用这两个模块即可。

10.2.6 编译时间与版本管理顶层设计

设计 compil_versi_top 模块，将 pro_version_infor 模块、ascii_transform 模块、send_period_ctrl 模块、uart_clk_gen 模块、uart_tx 模块、vio_uart 模块集成在一起，完成版本与编译日期生成，并通过串口自动向外发送编译日期与版本信息，整个 RTL 详细设计如下。

```
module compil_versi_top (
    input          clk             ,   // 时钟:50MHz
    input          reset_n         ,   // 复位，低电平有效
    output logic   uart_phy_tx         // rs232 发送端口
);
    //-------------------------------------------
    // 1. 信号定义
    //-------------------------------------------
    wire    [31:0] baud_set;    // 波特率配置
    wire           uart_clk;    // 串口时钟
    wire    [1:0]  parity_set;
    wire    [1:0]  length_set;
    wire    [1:0]  stop_set;
    wire           send_start;
    wire    [7:0]  data_in;
    wire           send_done;
    wire           ready;
    wire           send_start_pos;

    wire    [15:0] version    ;
    wire    [15:0] year       ;
    wire    [ 7:0] month      ;
    wire    [ 7:0] day        ;
    wire    [ 7:0] hour       ;
    wire    [ 7:0] minute     ;
    wire    [ 7:0] second     ;
    wire    [ 7:0] version_d3 ;
    wire    [ 7:0] version_d2 ;
    wire    [ 7:0] version_d1 ;
    wire    [ 7:0] version_d0 ;
    wire    [ 7:0] year_d3    ;
    wire    [ 7:0] year_d2    ;
```

```
wire      [ 7:0]   year_d1      ;
wire      [ 7:0]   year_d0      ;
wire      [ 7:0]   month_d1     ;
wire      [ 7:0]   month_d0     ;
wire      [ 7:0]   day_d1       ;
wire      [ 7:0]   day_d0       ;
wire      [ 7:0]   hour_d1      ;
wire      [ 7:0]   hour_d0      ;
wire      [ 7:0]   minute_d1    ;
wire      [ 7:0]   minute_d0    ;
wire      [ 7:0]   second_d1    ;
wire      [ 7:0]   second_d0    ;
//----------------------------------------
// 2. uart_clk_gen 例化
//----------------------------------------
uart_clk_gen u0_uart_clk_gen(
.clk              (clk            ),
.reset_n          (reset_n        ),
.baud_set         (baud_set       ),   // 波特率:T_uart = baud_set*2*T_clk
.uart_tx_clk      (uart_clk       )    // uart 发送时钟输出，方波时钟
);
//----------------------------------------
// 3. uart_tx 例化
//----------------------------------------
uart_tx u1_uart_tx(
.clk              (clk            ),
.reset_n          (reset_n        ),
.uart_clk         (uart_clk       ),
.parity_set       (parity_set     ),   // 00/01 代表无校验，10 代表偶校验，11 代表奇校验
.length_set       (length_set     ),   // 00:5bit, 01:6bit, 10:7bit, 11:8bit
.stop_set         (stop_set       ),   // 00/10/11 代表 1bit 停止位，01 代表 2bit 停止位
.send_start       (send_start     ),   // 脉冲信号，高电平有效
.data_in          (data_in        ),   // 8 位并行数据输出
.phy_tx           (uart_phy_tx    ),   // 串行数据输出
.send_done        (send_done      ),
.ready            (ready          )    // 电平信号，1 代表忙，0 代表空闲
);


//----------------------------------
// 4. vio_uart 例化
//----------------------------------
vio_uart vio_uart (
.clk              (clk            ),
.probe_in0        (day            ),
.probe_in1        (year           ),
.probe_in2        (month          ),
```

```
    .probe_out0     (baud_set       ),
    .probe_out1     (parity_set     ),
    .probe_out2     (length_set     ),
    .probe_out3     (stop_set       ),
);
//-----------------------------------
// 5.pro_version_infor 实体
//-----------------------------------
pro_version_infor u3_pro_version_infor(
    .clk            (clk        ),
    .reset_n        (reset_n    ),
    .version        (version    ),    // 版本信息值输出端口 (十进制数据)
    .year           (year       ),
    .month          (month      ),
    .day            (day        ),
    .hour           (hour       ),
    .minute         (minute     ),
    .second         (second     )
);
//-----------------------------------
// 6.ascii_transform 实体
//-----------------------------------
ascii_transform u4_ascii_transform(
    .clk            (clk            ),
    .reset_n        (reset_n        ),
    .version        (version        ),    // 版本信息值输入端口 (十进制数据)
    .year           (year           ),
    .month          (month          ),
    .day            (day            ),
    .hour           (hour           ),
    .minute         (minute         ),
    .second         (second         ),
    .version_d3     (version_d3     ),
    .version_d2     (version_d2     ),
    .version_d1     (version_d1     ),
    .version_d0     (version_d0     ),
    .year_d3        (year_d3        ),
    .year_d2        (year_d2        ),
    .year_d1        (year_d1        ),
    .year_d0        (year_d0        ),
    .month_d1       (month_d1       ),
    .month_d0       (month_d0       ),
    .day_d1         (day_d1         ),
    .day_d0         (day_d0         ),
    .hour_d1        (hour_d1        ),
    .hour_d0        (hour_d0        ),
    .minute_d1      (minute_d1      ),
    .minute_d0      (minute_d0      ),
```

```
    .second_d1        (second_d1        ),
    .second_d0        (second_d0        )
    );
    //------------------------------
    // 7.send_period_ctrl 实体
    //------------------------------
    send_period_ctrl u5_send_period_ctrl(
    .clk              (clk              ),
    .reset_n          (reset_n          ),
    .version_d3       (version_d3       ),
    .version_d2       (version_d2       ),
    .version_d1       (version_d1       ),
    .version_d0       (version_d0       ),
    .year_d3          (year_d3          ),
    .year_d2          (year_d2          ),
    .year_d1          (year_d1          ),
    .year_d0          (year_d0          ),
    .month_d1         (month_d1         ),
    .month_d0         (month_d0         ),
    .day_d1           (day_d1           ),
    .day_d0           (day_d0           ),
    .hour_d1          (hour_d1          ),
    .hour_d0          (hour_d0          ),
    .minute_d1        (minute_d1        ),
    .minute_d0        (minute_d0        ),
    .second_d1        (second_d1        ),
    .second_d0        (second_d0        ),
    .send_start       (send_start       ),  // 串口发送起始脉冲, active high
    .data_out         (data_in          ),  // 串口字节数据输出
    .send_done        (send_done        )   // 串口发送完毕脉冲
    );
endmodule
```

10.2.7 板级验证

将顶层模块 compil_versi_top 在 Vivado 中进行设计，设计完毕后添加引脚约束，并对工程进行综合实现，实现完成后将生成的 bit 文件与对应的 .ltx 文件下载到 FPGA 中，在弹出的调试窗口中打开 hw_vio 窗口，将其中所有输入、输出端口的数据进制全部设为"Decimal"（十进制），接着将 baud_set 的值设置为 217（115200bit/s）；将 length_set 设置为 3，即数据长度为 8bit；将 stop_set、parity_set 的值全部设置为 0，即 1bit 停止位，无校验。接着打开串口调试工具，连接好对应串口，在波特率栏选择 115200bit/s，将数据位设置为 8，校验位为 None，停止位为 1，接着单击工具栏上的三角形启动串口，如图 10-18 所示，在串口调试助手的接收窗口中可以看到"Version：02.15""Date：2024-04-21""Time：12:45:01"接收数据，在程序中设定的版本为 V2.15，bit 文件的生成时间如图 10-19 所示，由此可知，FPGA 自动向外发送的版本信息和编译时间数据正确。

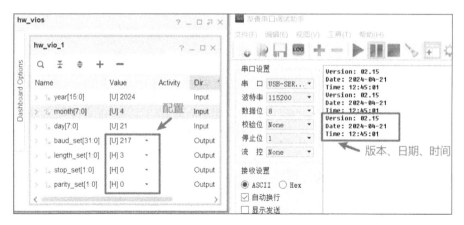

图 10-18 串口接收数据信息

	修改日期	类型	大小
top.bit	2024/4/21 12:45	BIT 文件	2,141 KB
top.ltx	2024/4/21 12:45	LTX 文件	29 KB

图 10-19 bit 文件的生成时间

10.3 Modbus 通信协议基础设计

Modbus 通信协议广泛应用于工业控制领域，如串口屏通常采用 Modbus 通信协议通信，当将 FPGA 作为主控制器，将串口屏作为 HMI（Human Machine Interface，人机交互界面）接口时，就需要 FPGA 支持基于串口的 Modbus 通信功能，下面将对 Modbus 通信协议基础与 FPGA 实现进行详细讲解。

10.3.1 Modbus 通信协议基础

Modbus 通信协议并不依赖于硬件总线，它支持多种电气接口，如 RS485、TCP/IP 等，同时可以在多种介质上传输，如光纤、双绞线等。Modbus 通信协议是一种应用层的报文协议，协议本身没有定义物理层，它只定义了通信主从节点之间能够识别的消息结构，因而 Modbus 通信协议使用非常广泛。Modbus 通信协议也是一种一主多从的通信协议，其总线架构如图 10-20 所示，通信的发起只能由主机完成，从机不能自己发送数据给主机，只能回复主机发送的消息请求。Modbus 根据传输模式分为 Modbus-TCP、Modbus-ACSII、Modbus-RTU（远程终端）三种报文类型。Modbus-TCP 用于通过以太网进行传输，这种模式不需要使用校验；Modbus-ASCII 采用 ASCII 码表示数据且每个 8bit 字节数据都作为两个 ASCII 字符发送，采用 LRC 校验方式进行校验；Modbus-RTU 是一种紧凑型的十六进制表示数据的方式，采用 16 位 CRC 校验方式进行校验；使用串口传输时可以选择 Modbus-ASCII 或 Modbus-RTU 两种，由于采用串口传输 Modbus 数据帧最常用的是 Modbus-RTU 模式，因此下面讲解 Modbus-RTU 协议。

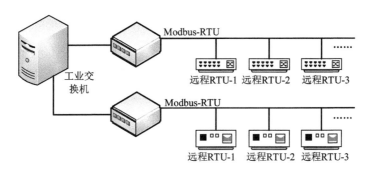

图 10-20　Modbus 通信协议的总线架构

10.3.2　Modbus-RTU 协议

1. Modbus-RTU 协议的报文结构

Modbus-RTU 协议的报文结构如表 10-8 所示，它由从机地址，功能码，数据 1、数据 2、……、数据 n，以及 CRC 校验字段低字节 CRCL、高字节 CRCH 组成。

表 10-8　Modbus-RTU 协议的报文结构

从机地址	功能码	数据 1	数据 2	……	数据 n	CRCL	CRCH
1Byte	1Byte					1Byte	1Byte
参与 CRC16 校验						CRC 校验字段	

（1）从机地址：一个字节长度，每个从机都有唯一的地址，其有效范围为 1～247，其中 0 为广播地址（所有从机均接收该消息），248～255 为保留地址。

（2）功能码：一个字节长度，用于描述该条报文需要执行的操作，如查询从机数据，修改从机数据等。

（3）数据：根据功能码不同，具有不同的功能，如查询从机数据，数据字段就是从机的地址与查询的字节数。

（4）CRC 校验：数据在传输的过程中可能会出现错误，CRC 校验用于检测接收的数据是否出现错误。

2. Modbus 功能码

Modbus 通信协议指定了多种功能，为了便于使用这些功能，给每个功能都设定一个功能码。Modbus 通信协议规定了 20 多种功能码，常用的功能码只有 8 种，用于对存储区进行读写，这 8 种功能码如表 10-9 所示，在实际使用时，用得最多的就是 03H、06H 功能码，分别用于读取数据与修改单个数据。

表 10-9　Modbus 功能码

序号	功能码	功能说明	序号	功能码	功能说明
1	01H	读取输出线圈	5	05H	写入单线圈
2	02H	读取输入线圈	6	06H	写入单寄存器
3	03H	读取保持寄存器	7	0FH	写入多线圈
4	04H	读取输入寄存器	8	10H	写入多寄存器

3. CRC 校验字段

循环冗余校验（CRC）字段占两个字节，CRC 字段由传输设备计算出来，附加到数据报文末端，接收设备在接收数据时重新计算 CRC 值，然后与接收到的 CRC 值进行比较，若两个值不相等，则产生错误。如主机发送数据 01 06 11 22 33 44 38 3F，从机接收到数据后就开始对 01 06 11 22 33 44 进行校验计算，并将校验结果与 38 3F 进行比较，若相等，则说明数据传输正确；若不相等，则说明数据传输错误。CRC 校验字段的理论与设计实现将在 10.3.3 节和 10.3.4 节进行详细讲解。

4. 读保持寄存器（功能码 03H）

功能码 03H 用于读取 Modbus 从机中保持寄存器的数据，可以是单个寄存器或多个连续的寄存器，每个保持寄存器的长度为 2 个字节，传输时高字节数据在前，低字节数据在后。03H 功能码主机发送报文格式如表 10-10 所示，03H 功能码从机响应报文格式如表 10-11 所示。

表 10-10   03H 功能码主机发送报文格式

从机地址	功能码	起始地址高字节	起始地址低字节	寄存器数量高位	寄存器数量低位	CRC 低位	CRC 高位
1Byte	03H	1Byte	1Byte	1Byte	1Byte	1Byte	1Byte
参与 CRC16 校验						CRC 校验字段	

表 10-11   03H 功能码从机响应报文格式

从机地址	功能码	字节数	高字节 0	低字节 0	……	高字节 N	低字节 N	CRC 低位	CRC 高位
1Byte	03H	1Byte	1Byte	1Byte	……	1Byte	1Byte	1Byte	1Byte
参与 CRC16 校验								CRC 校验字段	

例如：从地址为 01H 的从机，读取保持寄存器起始地址为 006BH，读取寄存器的个数为 3，主机发送报文内容如表 10-12 所示。

表 10-12   主机发送报文内容

从机地址	功能码	起始地址高字节	起始地址低字节	寄存器数量高位	寄存器数量低位	CRC 低位	CRC 高位
01H	03H	00H	6BH	00H	03H	74H	17H

从机响应报文内容如表 10-13 所示。

表 10-13   从机响应报文内容

从机地址	功能码	字节数	006BH 高字节	006BH 低字节	006CH 高字节	006CH 低字节	006DH 高字节	006DH 低字节	CRC 低位	CRC 高位
01H	03H	06H	00H	6BH	00H	13H	00H	00H	F5H	79H

5. 写单个保持寄存器（功能码 06H）

功能码 06H 用于向 Modbus 从机中单个保持寄存器写入数据，每个保持寄存器的长度为 2 个字节，传输时高字节数据在前，低字节数据在后。06H 功能码主机写操作发送报文格式如表 10-14 所示，06H 功能码从机响应报文格式如表 10-15 所示，从机与主机发送报文完全相同。

表 10-14　06H 功能码主机写操作发送报文格式

从机地址	功能码	寄存器地址高位	寄存器地址低位	数据高位	数据低位	CRC 低位	CRC 高位
1Byte	06H	1Byte	1Byte	1Byte	1Byte	1Byte	1Byte
参与 CRC16 校验						CRC 校验字段	

表 10-15　06H 功能码从机响应报文格式

从机地址	功能码	寄存器地址高位	寄存器地址低位	数据高位	数据低位	CRC 低位	CRC 高位
1Byte	06H	1Byte	1Byte	1Byte	1Byte	1Byte	1Byte
参与 CRC16 校验						CRC 校验字段	

　　例如：从机地址为 02H，保持寄存器的地址为 0005H，写入数据为 0003H，06H 功能码主机发送报文内容如表 10-16 所示，从机响应报文与主机发送报文完全一致，这里不再给出。

表 10-16　06H 功能码主机发送报文内容

从机地址	功能码	寄存器地址高位	寄存器地址低位	数据高位	数据低位	CRC 低位	CRC 高位
02H	06H	00H	05H	00H	03H	D9H	F9H

10.3.3　CRC 校验理论与工程计算

　　作为初学者，在学习 CRC 校验计算过程时，大家都是看书中的描述对 CRC 校验进行学习的，但书中只讲解了 CRC 校验计算的理论过程（生成多项式模二除法），大家读完之后依旧不知道怎样编写程序，即使编写完程序也发现程序与工程实际应用软件计算出的结果对不上，总感觉缺少了什么，这时就出现了理论与实践的沟壑，究其原因就是书中仅仅讲解了理论计算部分，还有许多在工程设计中的隐藏细节并没有列出。例如，①输入数据是否反转，输出数据是否反转；②校验计算输出结果是否与某个值再进行异或运算等，这些在实际设计中需要注意的细节与概念要素在书中并没有列出，以上这些设计要素在工程中称为 CRC 参数模型。下面将采用理论与工程实践相结合的方式讲解使用 FPGA 实现 CRC 校验的计算流程，先讲解理论计算，让读者知道 CRC 校验的运算过程，再讲解实际工程计算流程与实现。

1．CRC 校验计算理论——多项式模二除法

　　在学习下面的理论之前，读者需要了解 CRC 校验中的生成多项式（Polynomial）、生成多项式系数及异或运算的规则，鉴于篇幅有限，这里不再讲解。下面我们对 CRC 校验的理论计算（手算）过程进行讲解，其步骤如下。

　　（1）由生成多项式得出 CRC 除数，CRC 除数为生成多项式各阶系数及其常数项，如某 4 阶生成多项式为 $x^4 + x + 1$，则 CRC 除数为 10011（除数的位数比阶数多 1）。

　　（2）在原数据串（待校验数据）末端加 "0"，0 的数量由多项式的阶数决定，具体来说多项式为几阶，就加几个 0。

　　（3）从左向右，将数据串第一个 1 与 CRC 除数左对齐，按位进行异或运算。

　　（4）将数据串中未处理的数据搬下来作为新数据串，搬下数据的位数由上一次运算结果中从最高位开始连续 0 的个数决定，计算结果高位有几个连续 0，就搬下几位新数据，执行步骤（3），重复操作直到数据串中的所有数据都处理过为止，最后所得异或结果即 CRC 校验和。

　　下面结合实例进行讲解。

　　实例 1：待校验数据串为 0101_1110，多项式为 $x^4 + x + 1$。

① 由生成多项式得出 CRC 除数为 10011（除数为多项式系数加常数项）。

② 在原数据串末端添加 4 个 0（4 阶生成多项式），得到新数据串 0101_1110_0000。

③ 进行上述理论手算步骤（3）和步骤（4）的过程，详细计算如图 10-21（a）所示，最后计算所得 CRC 校验和为 0011。

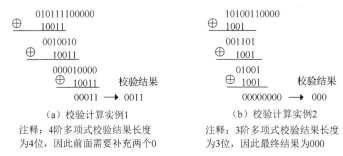

（a）校验计算实例1　　　　　　　　（b）校验计算实例2

注释：4阶多项式校验结果长度为4位，因此前面需要补充两个0　　　注释：3阶多项式校验结果长度为3位，因此最终结果为000

图 10-21　CRC 校验计算实例

实例 2：待检验数据为 1010_0110，多项式为 x^3+1。

① 由生成多项式得出 CRC 除数为 1001。

② 在原数据串末端添加 3 个 0（3 阶生成多项式），得到新数据串 1010_0110_000。

③ 执行上述步骤（3）和步骤（4）的过程，详细计算如图 10-21（b）所示，最后计算所得 CRC 校验和为 000。

总结：

（1）当最后计算结果有效位数较少时，需要在前面补 0，使校验和宽度与多项式阶数一致，如实例 1 中的情况。

（2）当计算到某一次所得结果全为 0，并且不断搬下新的数据作为新数据串时，新数据串全部为 0，直到所有的数据全部被搬完为止，新数据串也还是全部为 0，则 CRC 校验的结果为 0，应该在校验结果中表达多少个二进制 0 由多项式的阶数决定，多项式为几阶就取多少个 0，如实例 2 中的情况。

（3）若生成多项式为 N 阶，则运算时数据串之后添加 N 个 0，同时校验和的长度为 N 位二进制数，校验计算除数的长度位为 N+1。

（4）生成多项式的第一位与最后一位必须为 1。

2. CRC 校验工程计算方法

上面讲解了 CRC 校验的理论计算方法，实际上就是多项式模二除法的手动计算过程。下面对 CRC 校验在工程中的实际计算过程进行讲解，在讲解之前我们先要知道 CRC 参数模型这个概念，所谓的 CRC 参数模型是指对 CRC 工程校验计算中，输入数据取反、多项式公式、校验寄存器初始值、输出数据取反、输出结果异或值这 5 个参数组合描述的一个概念，对于 CRC16-Modbus，其实际应用中的参数模型如表 10-17 所示。

表 10-17　CRC16-Modbus 的参数模型

算法名称	CRC16-Modbus	寄存器初始值	FFFF
多项式公式	$x^{16}+x^{15}+x^2+1$	结果异或值	0000
宽度	16	输入反转	true
多项式	8005	输出反转	true

CRC16-Modbus 实际校验计算流程如下。

（1）将输入待校验的数据反转，这里的反转是将输入原始数据的每个字节高低位反转（注意，这里反转是针对每个字节，并不是对数据整体进行反转），若输入数据为 data[23:0]，则反转后的数据为{ data[17:23], data[8:15], data[0:7]}。

（2）给校验寄存器赋初始值 16'hFFFF。

（3）数据处理与多项式模二除法运算。

（4）多项式运算结果反转，与输入数据不同，这里的反转不是按字节进行反转，而是对整个数据进行反转。例如，多项式运算输出数据为 crc_out[15:0]，反转后的数据为 crc_rever = crc_out[0:15]。

（5）将多项式输出反转后的值与 0x0000 相异或。

通过以上 5 步运算，所得的结果即 CRC16-Modbus 校验计算的结果。

10.3.4　CRC16-Modbus SystemVerilog 实现

为了满足对任意字节长度数据串的校验需求，在设计中将 CRC16-Modbus 校验算法模块 crc16_D8_modbus 的校验数据输入端口宽度设计为 8bit，若待校验的数据有多个字节，则依次将待校验的数据以字节为单位，送入校验模块即可，整个校验模块的端口描述如表 10-18 所示，当 crc_en 为高时，开始本次校验，直到将依次送入 crc16_D8_modbus 校验模块的数据校验完毕后，从端口 crc_result 输出校验结果，同时从 crc_done 输出一个单周期高脉冲。crc16_D8_modbus 模块的结构框图如图 10-22 所示，其中 CRC16_D8 子模块完成多项式除法运算，other_logic 为外部控制逻辑，用于实现输入数据逆序反转、CRC 输出结果逆序反转、校验寄存器赋初值、输出结果异或运算、校验计算循环次数控制。

表 10-18　crc16_D8_modbus 模块端口描述

序号	名称	位宽	I/O	功能描述
1	clk	1bit	I	系统时钟，50MHz
2	reset_n	1bit	I	系统复位，低电平有效
3	crc_en	1bit	I	校验计算使能，单周期高脉冲
4	data_in	8bit	I	待校验数据输入
5	data_length	8bit	I	待校验数据长度，单位为字节
6	crc_result	16bit	I	CRC 校验和
7	crc_done	1bit	I	CRC 校验输出有效，单周期高脉冲

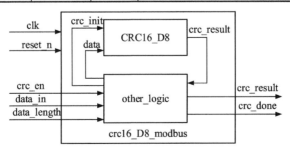

图 10-22　crc16_D8_modbus 模块的结构框图

1．CRC16_D8 模块实现

CRC16_D8 用于实现 crc16_D8_modbus 模块中 CRC 校验计算部分，这部分代码已经非常成熟，网上有可以直接生成 CRC 校验计算 Verilog 代码的网站，这里采用网站直接生成 CRC 计算部分的代码，其配置界面如图 10-23 所示，配置完成后单击"Generate Code"，即可生成 CRC 计算对应的 Verilog 代码，将其下载下来使用即可。

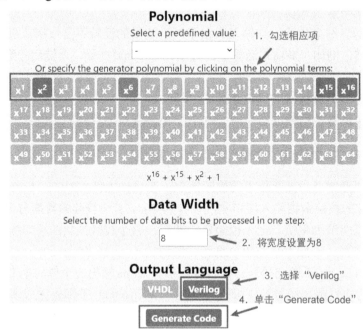

图 10-23　CRC16_D8 在线生成配置界面

生成后的代码为一个 function 函数，为了将其变为模块使用，将其添加端口修改为 CRC16_D8 模块，其 RTL 代码详细设计如下。

```
module CRC16_D8(
    input   [ 7:0]  data        ,
    input   [15:0]  crc_init    ,
    output  [15:0]  crc_result
);
    // 生成多项式：x^16 + x^15 + x^2 + 1
    // 数据宽度：8
    // 约定：串行数据的第一位为 D[7]
    function [15:0] nextCRC16_D8;
        input [7:0] Data;
        input [15:0] crc;
        reg [7:0] d;
        reg [15:0] c;
        reg [15:0] newcrc;
        begin
            d = Data;
            c = crc;
            newcrc[0] = d[7] ^ d[6] ^ d[5] ^ d[4] ^ d[3] ^ d[2] ^ d[1] ^ d[0] ^
```

```
                     c[8] ^ c[9] ^ c[10] ^ c[11] ^ c[12] ^ c[13] ^ c[14] ^ c[15];
            newcrc[1] = d[7] ^ d[6] ^ d[5] ^ d[4] ^ d[3] ^ d[2] ^ d[1] ^ c[9] ^
                     c[10] ^ c[11] ^ c[12] ^ c[13] ^ c[14] ^ c[15];
            newcrc[2] = d[1] ^ d[0] ^ c[8] ^ c[9];
            newcrc[3] = d[2] ^ d[1] ^ c[9] ^ c[10];
            newcrc[4] = d[3] ^ d[2] ^ c[10] ^ c[11];
            newcrc[5] = d[4] ^ d[3] ^ c[11] ^ c[12];
            newcrc[6] = d[5] ^ d[4] ^ c[12] ^ c[13];
            newcrc[7] = d[6] ^ d[5] ^ c[13] ^ c[14];
            newcrc[8] = d[7] ^ d[6] ^ c[0] ^ c[14] ^ c[15];
            newcrc[9] = d[7] ^ c[1] ^ c[15];
            newcrc[10] = c[2];
            newcrc[11] = c[3];
            newcrc[12] = c[4];
            newcrc[13] = c[5];
            newcrc[14] = c[6];
            newcrc[15] = d[7] ^ d[6] ^ d[5] ^ d[4] ^ d[3] ^ d[2] ^ d[1] ^ d[0]
        ^ c[7] ^ c[8] ^ c[9] ^ c[10] ^ c[11] ^ c[12] ^ c[13] ^ c[14] ^ c[15];
            nextCRC16_D8 = newcrc;
        end
    endfunction

    assign crc_result = nextCRC16_D8(data, crc_init);
endmodule
```

2. crc16_D8_modbus 模块实现

crc16_D8_modbus 模块用于实现对可变长度（单位：字节）数据串进行 CRC16-Modbus 校验，并输出最终的校验结果，整个模块的 RTL 详细设计如下。

```
module crc16_D8_modbus(
    input                   clk             ,    // 时钟：50MHz
    input                   reset_n         ,    // 复位，低电平有效
    input                   crc_en          ,    // 脉冲信号，高电平有效
    input         [ 7:0]    data_in         ,    // 数据输入
    input         [ 7:0]    data_length     ,    // 数据长度信息
    output logic  [15:0]    crc_result      ,    // CRC 校验和输出
    output logic            crc_done             // 脉冲信号，高电平有效
);
    //-----------------------------------
    // 1. 待校验数据输入处理
    //-----------------------------------
    /**
        @brief   对输入的数据与使能进行寄存，同时对数据进行逆序反转操作
    */
    logic   [7:0]   d_reg;              // 数据寄存
    logic   [7:0]   data_reverse;       // 数据逆序反转
    logic           crc_en_reg;         // 使能寄存器
    // 数据与使能锁存
```

```systemverilog
always_ff@(posedge clk, negedge reset_n)
    if(!reset_n)
        begin
            d_reg        <= 8'd0;
            crc_en_reg   <= 1'b0;
        end
    else
        begin
            d_reg        <= data_in;
            crc_en_reg   <= crc_en;
        end

// 数据逆序反转
assign data_reverse = {d_reg[0],d_reg[1],d_reg[2],d_reg[3],d_reg[4],
                       d_reg[5],d_reg[6],d_reg[7]};


//------------------------------------------
// 2. 校验寄存器初始值控制
//------------------------------------------
/**
    @brief   用于对校验寄存器每次 CRC 计算的初始值进行控制，当 crc_en 到
             来时，赋初值 16'hFFFF，后续迭代运算赋值上一次校验输出值为下一次初值
*/
logic   [15:0]crc_init;
wire    [15:0]crc_out;
always_ff@(posedge clk, negedge reset_n)
    if(!reset_n)
        crc_init <= 16'hFFFF;
    else if(crc_en)
        crc_init <= 16'hFFFF;
    else
        crc_init <= crc_out;


//------------------------------------------
// 3. 报文数据校验循环控制
//------------------------------------------
logic [7:0] data_cnt;               // 校验次数计数器
logic [7:0] data_len_reg;           // 校验数据长度寄存
logic       cnt_flag;               // 计数标志，1:valid

// 锁存长度配置
//--------------------
always_ff@(posedge clk, negedge reset_n)
    if(!reset_n)
        data_len_reg <= 8'd0;
    else if(crc_en)
        data_len_reg <= data_length;
    else
```

```
        data_len_reg <= data_len_reg;

// 计数标志位控制
//----------------------
always_ff@(posedge clk, negedge reset_n)
    if(!reset_n)
        cnt_flag <= 1'b0;
    else if(crc_en)
        cnt_flag <= 1'b1;
    else if(data_cnt == data_len_reg - 1'b1)
        cnt_flag <= 1'b0;
    else
        cnt_flag <= cnt_flag;

// 计数器计数控制
//----------------------
always_ff@(posedge clk, negedge reset_n)
    if(!reset_n)
        data_cnt <= 8'd0;
    else if(crc_en | cnt_flag)
        data_cnt <= data_cnt + 1'b1;
    else if(data_cnt == data_len_reg)
        data_cnt <= 8'd0;
    else
        data_cnt <= data_cnt;


//-----------------------------------
// 4．多项式计算实体
//-----------------------------------
CRC16_D8 CRC16_D8(
.data       (data_reverse   ),  // input    [ 7:0]  data        ,
.crc_init   (crc_init       ),  // input    [15:0]  crc_init    ,
.crc_result (crc_out        )   // output   [15:0]  crc_result
);
//-----------------------------------------
// 5．计算结果输出
//-----------------------------------------
/**
    @brief   输出完成脉冲 crc_done，输出校验和 crc_result，crc_result 为多项式计算结
            果，高低位逆序后的结果，与 0x0000 异或保持不变
*/
wire    [15:0] crc_o;

// 计算完成脉冲 crc_done 输出控制
//-----------------------------------
always_ff@(posedge clk, negedge reset_n)
    if(!reset_n)
        crc_done <= 1'b0;
```

```
        else if( (data_cnt == data_len_reg) && (|data_cnt) )
            crc_done <= 1'b1;
        else
            crc_done <= 1'b0;


    // CRC 校验和结果输出
    //-----------------------
    assign crc_o = crc_out;

    always_ff@(posedge clk, negedge reset_n)
        if(!reset_n)
            crc_result <= 16'd0;
        else if( (data_cnt == data_len_reg) && (|data_cnt) )
            crc_result <= {crc_o[0],crc_o[1],crc_o[ 2],crc_o[ 3],crc_o[ 4],
                           crc_o[5],crc_o[6],crc_o[7],crc_o[8],crc_o[9],
                           crc_o[10],crc_o[11],crc_o[12],crc_o[13],crc_o[14],
                           crc_o[15]};
        else
            crc_result <= crc_result;
endmodule
```

3. crc16_D8_modbus 仿真验证

为了对 crc16_D8_modbus 模块的逻辑正确性进行验证，在 Vivado 中编写 Testbench 模块 crc16_D8_modbus_tb，对其进行仿真验证。Testbench 详细设计如下。

```
`timescale  1ns / 1ns
`define     cycle 20
module crc16_D8_modbus_tb;
    logic            clk           ;
    logic            reset_n       ;
    logic            crc_en        ;
    logic    [ 7:0]  data_in       ;
    logic    [ 7:0]  data_length   ;
    wire     [15:0]  crc_result    ;
    wire             crc_done      ;

    crc16_D8_modbus crc16_D8_modbus(
    .clk          (clk          ),       // 时钟：50MHz
    .reset_n      (reset_n      ),       // 复位，低电平有效
    .crc_en       (crc_en       ),       // 脉冲信号，高电平有效
    .data_in      (data_in      ),       // 数据输入
    .data_length  (data_length  ),       // 数据长度信息
    .crc_result   (crc_result   ),       // 检验结果输出
    .crc_done     (crc_done     )        // 脉冲信号，高电平有效
    );


    initial
        begin
```

```
        clk = 1'b1; forever #(`cycle/2) clk = ~clk;
    end

initial
    begin
        reset_n = 1'b0; crc_en = 1'b0; data_in = 8'd0;
        data_length = 8'd0; #(`cycle*3);
        reset_n = 1'b1; #(`cycle*3.2);
        // case1: 数据长度 3
        crc_en  = 1'b1; data_in = 8'h55; data_length = 8'd3;
        #(`cycle*1); crc_en = 1'b0;
        repeat(2)
            begin
                data_in = {$random}%256; #(`cycle*1);
            end
        #(`cycle*3);
        // case2: 数据长度 5
        crc_en  = 1'b1; data_in = 8'h35; data_length  = 8'd5;
        #(`cycle*1); crc_en = 1'b0;
        repeat(4)
            begin
                data_in = {$random}%256; #(`cycle*1);
            end
        #(`cycle*5);
        // case3: 数据长度 1(边界测试)
        crc_en  = 1'b1; data_in = {$random}%256; data_length = 8'd1;
        #(`cycle*1); crc_en = 1'b0;
        #(`cycle*10);
        $stop;
    end
endmodule
```

在 Testbench 中分三次对不同长度的数据输入模块进行验证，在 Vivado 中启动仿真，仿真结果如图 10-24 所示，由图 10-24 可知，crc_en 有三次高电平，说明启动了三次数据校验，每一次数据校验计算完毕后，crc_done 产生一个周期高电平输出，同时 crc_result 输出最终计算的校验和。由图 10-24 可知：①输入数据为 0x55 0x24 0x81，所得校验和为 0xb0ba；②输入数据为 0x35 0x09 0x63 0x0d 0x8d，所得校验和为 0x739f；③输入数据为 0x65，所得校验和为 0x6b7f。

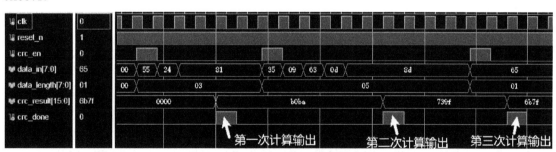

图 10-24　crc16_D8_modbus 仿真结果

为了判断仿真结果的正确性，采用 CRC 校验计算工具软件输入上述值，并将输出的结果与仿真结果进行对比，依次输入上述待校验数据，如图 10-25 和图 10-26 所示，CRC Calculator 工具软件的输出值依次为 0xB0BA、0x739F、0x6B7F，与仿真结果一致，说明设计正确。

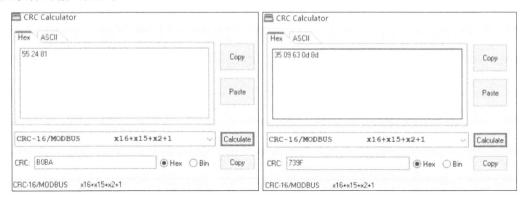

图 10-25　CRC Calculator 计算结果 01

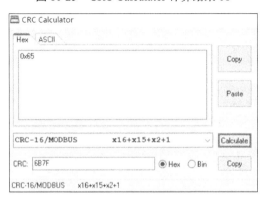

图 10-26　CRC Calculator 计算结果 02

10.3.5　Modbus-RTU 协议 03H/06H 功能码实现

由于 Modbus-RTU 协议最常用的功能码为 03H 和 06H，因此接下来将对 Modbus 通信协议中的 03H 和 06H 功能码进行实现。

1. 读保持寄存器（03H）实现

读保持寄存器（03H 功能码）用于主机对从机中的保持寄存器进行查询，主机发送 03H 的报文帧，从机接收到报文帧后，根据查询寄存器的起始地址、寄存器长度字段，将从指定起始地址开始的寄存器数值回传给主机，回传寄存器数值的个数等于查询报文中指定寄存器的个数。在设计中，为了突出通信协议设计的思想，降低代码的复杂度，在代码设计中将 03H 功能码设计为每次查询寄存器的长度固定为 1 的方式，这样主机发送报文与从机响应报文就简化为如表 10-19 和表 10-20 所示的报文格式，寄存器数量变为固定值 0001H，回复报文中字节数的值固定为 02H。

表 10-19　主机发送报文内容

从机地址	功能码	起始地址高字节	起始地址低字节	寄存器数量高位	寄存器数量低位	CRC 低位	CRC 高位
1Byte	03H	1Byte	1Byte	00H	01H	1Byte	1Byte

表 10-20　从机响应报文内容

从机地址	功能码	字节数	寄存器 高字节	寄存器 低字节	CRC 低位	CRC 高位
1Byte	03H	02H	1Byte	1Byte	1Byte	1Byte

03H 功能码模块 modbus_master_03h 模块端口描述如表 10-21 所示，该模块用于实现 03H 功能码每次固定读取一个寄存器的数据。在设计中采用状态机的方式实现报文数据的发送与接收，modbus_master_03h 模块状态机描述如表 10-22 所示。

表 10-21　modbus_master_03h 模块端口描述

序号	名称	位宽	I/O	功能描述
1	clk	1bit	I	系统时钟，50MHz
2	reset_n	1bit	I	系统复位，低电平有效
3	slave_addr	8bit	I	读取操作从机地址输入
4	hold_reg_addr	16bit	I	读取操作保持寄存器地址
5	read_en	1bit	I	读使能，高电平有效
6	read_data_out	16bit	O	读取数据输出
7	data_out_valid	1bit	O	数据输出有效标志，单周期高脉冲
8	data_out_error	1bit	O	数据校验错误标志，单周期高脉冲
9	read_slave_addr	8bit	O	从机响应报文地址字段输出
10	uart_data_out	8bit	O	uart 发送数据输出
11	uart_tx_en	1bit	O	uart 发送使能，单周期高脉冲
12	uart_tx_done	1bit	I	uart 发送完毕标志，单周期高脉冲
13	uart_rx_data	8bit	I	uart 接收数据输入
14	uart_rx_done	1bit	I	uart 接收完成标志，单周期高脉冲
15	rec_frame_data_out	56bit	O	接收报文数据输出

表 10-22　modbus_master_03h 模块状态机描述

序号	状态机名称	状态描述
1	IDLE	空闲状态，等待发送数据 CRC 校验计算完成
2	SEND_FRAME_STA	发送主机 03H 功能码查询数据帧
3	SEND_DONE_STA	查询数据帧发送完毕进入状态，用于状态过渡
4	REC_FRAME_STA	接收 03H 功能码从机响应报文
5	REC_DONE_STA	接收响应数据完成状态，用于状态过渡

modbus_master_03h 模块的 RTL 代码详细设计请扫描右侧二维码进行查看与获取。

为了验证 modbus_master_03h 模块逻辑功能的正确性，编写 Testbench 模块 modbus_master_03h_tb，对 modbus_master_03h 进行验证，Testbench 详细设计如下。

```
`timescale  1ns / 1ns
`define     cycle 20
module modbus_master_03h_tb;
    logic          clk                ;      // 时钟：50MHz
    logic          reset_n            ;      // 复位，低电平有效
```

```
logic    [ 7:0]  slave_addr      ;        // 从机地址
logic    [15:0]  hold_reg_addr   ;        // 保持寄存器地址
logic            read_en         ;        // 主机读使能（查询使能），单周期高脉冲
wire     [15:0]  read_data_out   ;        // 读取数据输出
wire             data_out_valid  ;        // 输出数据有效，单周期高脉冲
wire             data_out_error  ;        // 电平信号，1 代表错误，0 代表正确
wire     [ 7:0]  read_slave_addr ;        // 响应报文从机地址
wire     [ 7:0]  uart_data_out   ;        // UART_TX 数据输出
wire             uart_tx_en      ;        // UART 发送数据使能
logic            uart_tx_done    ;        // UART_TX 发送数据结束（单字节）
logic    [ 7:0]  uart_rx_data    ;        // UART_RX 接收数据输入
logic            uart_rx_done    ;        // UART_RX 接收数据有效（脉冲）

modbus_master_03h modbus_master_03h(
    .clk              (clk              ),   // 时钟：50MHz
    .reset_n          (reset_n          ),   // 复位，低电平有效
    .slave_addr       (slave_addr       ),   // 从机地址
    .hold_reg_addr    (hold_reg_addr    ),   // 保持寄存器地址
    .read_en          (read_en          ),   // 主机读使能（查询使能），单周期高脉冲
    .read_data_out    (read_data_out    ),   // 读取数据输出
    .data_out_valid   (data_out_valid   ),   // 输出数据有效，单周期高脉冲
    .data_out_error   (data_out_error   ),   // 1 代表错误，0 代表正确
    .read_slave_addr  (read_slave_addr  ),   // 从机地址
    .uart_data_out    (uart_data_out    ),   // UART_TX 数据输出
    .uart_tx_en       (uart_tx_en       ),   // UART 发送数据使能
    .uart_tx_done     (uart_tx_done     ),   // UART_TX 发送数据结束（单字节）
    .uart_rx_data     (uart_rx_data     ),   // UART_RX 接收数据输入
    .uart_rx_done     (uart_rx_done     )    // UART_RX 接收数据有效（脉冲）
);
initial
    begin
        clk = 1'b1; forever #(`cycle/2) clk = ~clk;
    end

initial
    begin
        reset_n = 1'b0; slave_addr = 8'h00; hold_reg_addr  = 16'h0000;
        read_en = 1'b0; uart_tx_done    = 1'b0;
        uart_rx_data    = 8'd0; uart_rx_done = 1'b0;
        #(`cycle*2); reset_n = 1'b1; #(`cycle*2.2);
        // 发送查询报文
        //--------------------------
        slave_addr = 8'h25; hold_reg_addr = 16'h3720;
        read_en = 1'b1;
        #(`cycle*1);    read_en = 1'b0; #(`cycle*7);
        repeat(8)
            begin
                #(`cycle*3); uart_tx_done = 1'b1;
```

```
                #(`cycle*1); uart_tx_done = 1'b0;
            end
        #(`cycle*3);

        // 产生响应报文
        //----------------------------
        repeat(5)
            begin
                #(`cycle*3); uart_rx_data  = {$random}%256;
                uart_rx_done   = 1'b1; #(`cycle*1);
                uart_rx_done = 1'b0;
            end
        #(`cycle*3); uart_rx_data  = 8'h45; uart_rx_done   = 1'b1;
        #(`cycle*1); uart_rx_done  = 1'b0;
        #(`cycle*3); uart_rx_data  = 8'h0C; uart_rx_done   = 1'b1;
        #(`cycle*1); uart_rx_done  = 1'b0; #(`cycle*30);
        $stop;
    end
endmodule
```

在 Vivado 中运行仿真，仿真结果如图 10-27 所示。

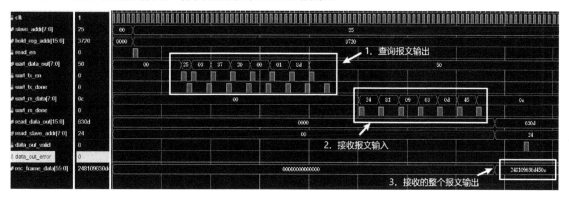

图 10-27　modbus_master_03h 模块仿真结果

由图 10-27 可知 read_en=1'b1 后，从 uart_data_out 依次输出从机地址 8'h25、功能码 8'h03、寄存器地址 16'h3720、寄存器个数 16'h0001、CRC 校验值 8'h8d、8'h50；接着进入响应报文接收阶段，在接收时，报文数据是随机产生的，这里可能与报文格式数值不符，但这里仿真的目的是看能否从报文中解析出对应字段，read_slave_addr 输出 8'h24，read_data_out 输出 16'h630d，这与报文中对应字段的数值相等，说明设计正确。

2. 读保持寄存器（03H）实际验证

为了实际验证 modbus_master_03h 功能的正确性，设计 modbus_master_03h_top 模块对其进行验证，在设计中调用 uart_tx 模块（详见第 9.1.2 节）以实现查询报文通过串口向外发送，调用 uart_rx 模块（详见第 9.1.3 节）接收外部输入数据，设计中将串口配置为数据位 8bit、停止位 1bit、校验位无、波特率 115200bit/s；并利用 VIO 产生 slave_addr、hold_reg_addr 地址，同时显示接收报文 rec_frame_data_out，利用 ILA 对接收数据有效与校验标志位进行抓取，其 RTL 代码设计如下。

```verilog
module modbus_master_03h_top(
    input               clk         ,    // 时钟:50MHz
    input               reset_n     ,    // 复位，低电平有效
    output logic        uart_phy_tx ,    // rs232_tx
    input               uart_phy_rx      // rs232_rx
);
    //-------------------------------------
    // 1. 信号定义
    //-------------------------------------
    wire    [ 7:0]  slave_addr      ;
    wire    [15:0]  hold_reg_addr   ;
    wire            read_en         ;
    wire    [15:0]  read_data_out   ;
    wire            data_out_valid  ;
    wire            data_out_error  ;
    wire    [ 7:0]  read_slave_addr ;
    wire    [ 7:0]  uart_data_out   ;
    wire            uart_tx_en      ;

    wire            uart_tx_done;
    wire            uart_clk;
    wire            phy_rx_neg;
    wire            receive_done;
    wire    [ 7:0]  uart_rx_data;
    wire    [55:0]  rec_frame_data_out;


    //-------------------------------------
    // 2. modbus_master_03h 例化
    //-------------------------------------
    modbus_master_03h modbus_master_03h(
        .clk                (clk                ),    // 时钟：50MHz
        .reset_n            (reset_n            ),    // 复位，低电平有效
        .slave_addr         (slave_addr         ),    // 从机地址
        .hold_reg_addr      (hold_reg_addr      ),    // 保持寄存器地址
        .read_en            (read_en            ),    // 主机读使能（查询使能），单周期高脉冲
        .read_data_out      (read_data_out      ),    // 读取数据输出
        .data_out_valid     (data_out_valid     ),    // 输出数据有效，单周期高脉冲
        .data_out_error     (data_out_error     ),    // 电平信号，1代表错误，0代表正确
        .read_slave_addr    (read_slave_addr    ),    // 读取报文从机地址输出
        .uart_data_out      (uart_data_out      ),    // UART_TX 数据输出
        .uart_tx_en         (uart_tx_en         ),    // UART 发送数据使能
        .uart_tx_done       (uart_tx_done       ),    // UART_TX 发送数据结束(单字节)
        .uart_rx_data       (uart_rx_data       ),    // UART_RX 接收数据输入
        .uart_rx_done       (receive_done       ),    // UART_RX 接收数据有效(脉冲)
        .rec_frame_data_out (rec_frame_data_out )     // 接收数据输出
    );
```

```
//----------------------------------------
// 3. uart_clk_gen 例化
//----------------------------------------
uart_clk_gen u0_uart_clk_gen(
.clk          (clk              ),   // 时钟:50MHz
.reset_n      (reset_n          ),   // 复位，低电平有效
.baud_set     (32'd217          ),   // 115200bit/s
.uart_tx_clk  (uart_clk         )    // uart 发送时钟输出，方波时钟
);


//----------------------------------------
// 4. uart_tx 例化
//----------------------------------------
uart_tx u1_uart_tx(
.clk         (clk            ),   // 时钟
.reset_n     (reset_n        ),   // 复位，低电平有效
.uart_clk    (uart_clk       ),   // 脉冲信号，高电平有效
.parity_set  (2'b00          ),   // 00/01 代表无校验，10 代表偶校验，11 代表奇校验
.length_set  (2'b11          ),   // 00代表5bit, 01代表6bit, 10代表7bit, 11代表8bit
.stop_set    (2'b00          ),   // 00/10/11 代表 1bit 停止位，01 代表 2bit 停止位
.send_start  (uart_tx_en     ),   // 脉冲信号，高电平有效
.data_in     (uart_data_out  ),   // 8 位并行数据输出
.phy_tx      (uart_phy_tx    ),   // 串行数据输出
.send_done   (uart_tx_done   ),   // 脉冲信号，高电平有效
.ready       (               )    // 1 代表忙，0 代表空闲
);


//----------------------------------------
// 5. uart_rx_clk_gen 例化
//----------------------------------------
uart_rx_clk_gen uart_rx_clk_gen(
.clk          (clk              ),
.reset_n      (reset_n          ),
.baud_set     (32'd217          ),
.rx_in_neg    (phy_rx_neg       ),
.receive_done (receive_done     ),
.uart_rx_clk  (uart_rx_clk      )
);


//----------------------------------------
// 6. uart_rx 例化
//----------------------------------------
uart_rx uart_rx(
.clk         (clk            ),   // 时钟:50MHz
.reset_n     (reset_n        ),   // 复位，低电平有效
.uart_clk    (uart_rx_clk    ),   // uart_rx 的接收时钟
```

```
    .data_length    (2'b11            ),  // 数据位长度设置
    .parity_set     (2'b00            ),  // 奇偶校验设置
    .stop_length    (2'b00            ),  // 停止位长度设置
    .phy_rx         (uart_phy_rx      ),  // 串行数据输入
    .receive_done   (receive_done     ),  // 串行数据接收完毕脉冲
    .ready          (                 ),  // 串口工作状态指示信号
    .data_out       (uart_rx_data     ),  // 串口接收数据并行输出, 1 代表忙, 0 代表空闲
    .parity_error   (                 ),  // 校验结果输出
    .phy_rx_neg     (phy_rx_neg       )   // phy_rx 下降沿输出
);


//-----------------------------------
// 7. debug parts
//-----------------------------------
logic read_en_reg;
logic probe_in0;
logic probe_out2;
vio_0 vio_0 (
.clk           (clk              ),  // VIO 时钟
.probe_in0(rec_frame_data_out    ),  // VIO 输入
.probe_out0(slave_addr           ),  // VIO 输出
.probe_out1(hold_reg_addr        ),  // VIO 输出
.probe_out2(probe_out2           )   // VIO 输出
);

always_ff@(posedge clk)
    read_en_reg <= probe_out2;

assign read_en = ( {read_en_reg,probe_out2} == 2'b01);
ila_0 ila_0 (
.clk    (clk    ), // input wire clk
.probe0({receive_done,uart_rx_data,phy_rx_neg,read_slave_addr,
        read_data_out,data_out_valid,data_out_error  })
        // input wire [63:0] probe0
);
endmodule
```

顶层验证模块设计完毕后，添加引脚约束，并对工程进行编译，生成 bit 文件，将 bit 文件、.ltx 文件下载到 FPGA 中，将 VIO、ILA 和串口调试助手打开，在 VIO 控制窗口的 slave_addr 中输入 8'h10，在 hold_reg_addr 中输入 16'h0005，接着单击 read_en（将 read_en 设置为 active high button 属性），此时在串口调试助手界面可以看到接收到数据帧（RECV HEX），其值为 10 03 00 05 00 01 97 4A，接着在串口调试助手中输入回复报文 10 03 02 EE CC 0A B2，将数据发送到 FPGA，如图 10-28 所示。可以看到此时 VIO 中 rec_frame_data_out 已经接收到回复数据，如图 10-29 所示。由于校验位错误，因此此时 ILA 抓取的结果如图 10-30 所示，data_out_error 输出高脉冲，将 CRC 校验位修改为正确值 09 B2，前面的回复数据保持不变，此时抓取的结果如图 10-31 所示，在 data_out_valid 为 1 时，data_out_error 为 0，此时校验正确，与实际相符合，说明实际验证功能正确。

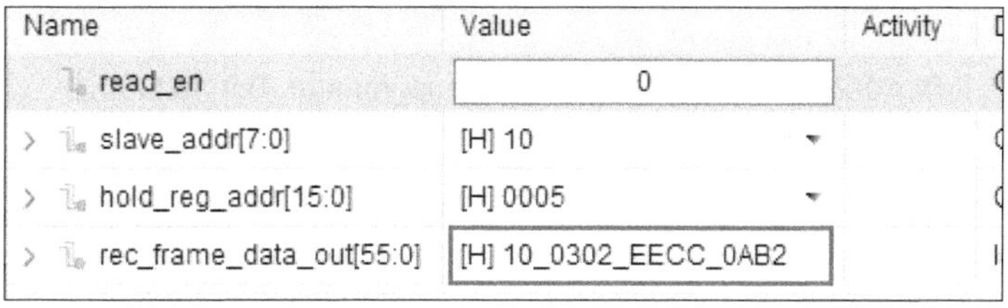

图 10-28　VIO 控制窗口

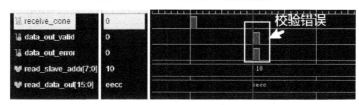

图 10-29　串口调试助手收发数据

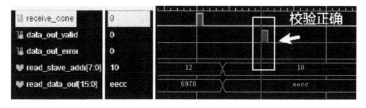

图 10-30　校验错误

图 10-31　校验正确

3．写单个保持寄存器（06H）实现

功能码 06H 用于 modbus 主机对从机指定地址处的保持寄存器进行写操作，06H 功能码主机发送报文的结构与从机回复报文的结构完全相同，若主机对从机的写操作成功，则从机回复与写入数据完全相同的报文给主机。06H 功能码的报文结构如表 10-23 所示，下面直接对 06H 功能码进行实现。

表 10-23　06H 功能码报文结构

从机地址	功能码	寄存器地址高位	寄存器地址低位	数据高位	数据低位	CRC 低位	CRC 高位
1Byte	06H	1Byte	1Byte	1Byte	1Byte	1Byte	1Byte

06H 功能码模块 modbus_master_06h 的端口描述如表 10-24 所示。在写操作成功标志的判断中，当 ack_valid = 1'b1 时，若 ack_crc_error 为 1，则说明校验错误；若 ack_crc_error 为 0，则说明校验正确；当 ack_valid = 1'b1 时，write_success 为 1 则说明对从机的写操作成功，write_success 为 0 则说明对从机的写操作失败。modbus_master_06h 模块中状态机设计与 modbus_master_03h 相同，这里不再描述。

表 10-24 06H 功能码模块 modbus_master_06h 端口描述

序号	名称	位宽	I/O	功能描述
1	clk	1bit	I	系统时钟，50MHz
2	reset_n	1bit	I	系统复位，低电平有效
3	slave_addr	8bit	I	写操作从机地址
4	hold_reg_addr	16bit	I	写操作保持寄存器地址
5	write_data	16bit	I	写操作数据输入
6	write_en	1bit	I	写操作使能，单周期高脉冲
7	ack_valid	1bit	O	从机应答有效输出，单周期高脉冲
8	ack_crc_error	1bit	O	从机应答校验错误，单周期高脉冲
9	write_success	1bit	O	写操作成功标志，单周期高脉冲
10	uart_data_out	8bit	O	uart 发送数据输出
11	uart_tx_en	1bit	O	uart 发送使能，单周期高脉冲
12	uart_tx_done	1bit	I	uart 发送完毕标志，单周期高脉冲
13	uart_rx_data	8bit	I	uart 接收数据输入
14	uart_rx_done	1bit	I	uart 接收完成标志，单周期高脉冲
15	rec_frame_data_out	64bit	O	接收数据帧

modbus_master_06h 模块 RTL 级代码详细设计请扫描左侧二维码进行查看与获取，该模块端口操作时序详细描述如下。

在 clk 上升沿检测到 write_en = 1'b1 时，锁存从机地址 slave_addr、保持寄存器地址 hold_reg_addr、写入数据 write_data，接着经过模块内部状态机的处理，将从 uart_data_out 端口将数据按字节输出，在 clk 上升沿时，uart_tx_en = 1'b1 时，表示当前输出数据有效，接着等待 uart_tx_done 为 1，当检测到 uart_tx_done = 1'b1 时，发送下一个数据，如此循环，直到所有数据发送完毕，写入报文发送完毕后，等待接收报文，当在 clk 的上升沿检测到 uart_rx_done = 1'b1 时，采样 uart_rx_data 上的数据，当接收数据满 8 个字节时，对接收数据进行校验计算、比较运算，当校验运算完毕后，将 ack_valid 拉高一个周期的高脉冲，同时输出校验计算标志 ack_crc_error，写入成功标志 write_success。

由于 06H 功能码的仿真验证和实际验证的方式、方法与 03H 功能码相似，鉴于篇幅原因，因此这里不再给出仿真验证设计与实际验证设计，读者可以自行完成验证设计。

10.4 逆变电源 SPWM 控制器设计

SPWM（Sinusoidal PWM，正弦脉宽调制）波广泛应用于电力电子控制系统中，特别是在逆变电源设计中广泛使用 SPWM 波作为全桥逆变器的驱动控制信号，控制全桥中 4 个功率开关元件按照一定时序导通与关断，从而将直流电源逆变成交流电源，通过改变 SPWM 波中正弦调制波的频率、相位、幅度，可以实现逆变电源频率、相位、幅度的调节。SPWM 波的生成方式有自然采样法与规则采样法两种，下面将讲解基于自然采样法的方式，利用 FPGA 实现 SPWM 控制器。

10.4.1　SPWM 控制器的结构

SPWM 控制器的结构框图如图 10-32 所示，它由正弦波发生器、三角波发生器、数字比较器、死区生成器 4 部分组成。其中，正弦波发生器用于产生幅、频、相可调的正弦调制信号；三角波发生器用于产生三角载波；数字比较器用于将输入的正弦波与三角波进行比较，输出不带死区的 SPWM 波；死区生成器用于对输入的 SPWM 波添加死区，输出两路互补带死区的 SPWM 波 spwm_p、spwm_n 信号。

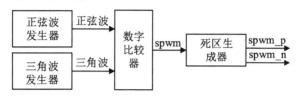

图 10-32　SPWM 控制器结构框图

10.4.2　SPWM 控制器 SystemVerilog 实现

1. 正弦波发生器实现

正弦波发生器用于产生幅、频、相可调的正弦信号，该模块在第 8.3 节中已经实现，在这里我们直接调用第 8.3.4 节中的 dds_sin_wave 模块，该模块的例化实体如下。

```
dds_sin_wave dds_sin_wave(
.clk                (clk            ),  // 时钟：50MHz
.reset_n            (reset_n        ),  // 复位，低电平有效
.frequency_set      (frequency_set  ),  // 16bit 频率控制字输入
.phase_set          (phase_set      ),  // 16bit 相位控制字输入
.amplitude_set      (amplitude_set  ),  // 7bit 幅度控制字输入
.DDS_out            (DDS_out        )   // 16bit DDS 正弦输出
);
```

2. 三角波发生器实现

三角波发生器用于产生数字三角载波，该模块在 8.2.2 节中已经实现，在这里我们直接调用 triangle_wave 模块即可，该模块的例化实体如下。

```
triangle_wave triangle_wave(
.clk                (clk            ),  // 时钟:50MHz
.reset_n            (reset_n        ),  // 复位，低电平有效
.amplitude_set      (amplitude_set  ),  // 幅度设置16bit
.frequency_set      (frequency_set  ),  // 频率设置16bit
.config_en          (config_en      ),  // 配置使能
.triangle_out       (triangle_out   )   // 三角波输出16bit
);
```

3. 数字比较器实现

数字比较器对输入的正弦波与三角波进行比较，当正弦波大于或等于三角波时，输出数字量 1；当正弦波的数值小于三角波时，输出数字量 0。数字比较器模块 digital_compare 的顶层端口描述如表 10-25 所示。

表 10-25　数字比较器模块 digital_compare 的顶层端口描述

序号	名称	位宽	I/O	功能描述
1	clk	1bit	I	系统时钟，50MHz
2	reset_n	1bit	I	系统复位，低电平有效
3	sine_wave	16bit	I	数字正弦波输入
4	triangle_wave	16bit	I	数字三角波输入
5	compare_en	1bit	I	比较使能，1 为使能，0 为禁用
6	spwm_out	1bit	O	SPWM 波输出

数字比较器模块 digital_compare 的 RTL 设计如下，由于数字比较器功能比较简单，因此这里将不对其进行仿真验证。

```verilog
module digital_compare(
    input                clk             ,    // 时钟：50MHz
    input                reset_n         ,    // 复位，低电平有效
    input       [15:0]   sine_wave       ,    // 数字正弦波输入
    input       [15:0]   triangle_wave   ,    // 数字三角波输入
    input                compare_en      ,    // 比较使能，电平信号，1 代表有效，0 代表无效
    output logic         spwm_out             // SPWM 信号输出
);
    //-----------------------------
    // 1. 三角波与正弦波比较
    //-----------------------------
    logic spwm;
    always_ff@(posedge clk, negedge reset_n)
        if(!reset_n)
            spwm <= 1'b0;
        else if(sine_wave >= triangle_wave)
            spwm <= 1'b1;
        else
            spwm <= 1'b0;
    //-----------------------------
    // 2. 使能控制输出
    //-----------------------------
    assign spwm_out = spwm & compare_en;    // SPWM 输出
endmodule
```

4. 死区生成器实现

死区生成器用于对输入的 SPWM 波添加死区，产生一路互补输出带死区的 SPWM 波，死区生成器的结构框图如图 10-33 所示，死区生成模块 dead_area 的顶层端口描述如表 10-26 所示。

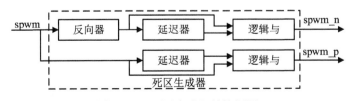

图 10-33　死区生成器结构框图

表 10-26　死区生成模块 dead_area 的顶层端口描述

序号	名称	位宽	I/O	功能描述
1	clk	1bit	I	系统时钟，50MHz
2	reset_n	1bit	I	系统复位，低电平有效
3	delay_value	7bit	I	死区宽度调节，单位为系统时钟周期
4	spwm	1bit	I	SPWM 波输入
5	spwm_out_p	1bit	O	带死区 SPWM 波正端输出
6	spwm_out_n	1bit	O	带死区 SPWM 波反相端输出

根据图 10-33 的结构原理，dead_area 模块 RTL 级代码详细设计如下。

```
module dead_area (
    input              clk          ,    // 时钟：50MHz
    input              reset_n      ,    // 复位，低电平有效
    input      [ 6:0]  delay_value  ,    // 延迟参数，调节死区宽度
    input              spwm         ,    // 原始单路 spwm 输入
    output logic       spwm_out_p   ,    // 带死区 spwm_p 输出
    output logic       spwm_out_n        // 带死区 spwm_n 输出
);
    //------------------------------------------
    // 1. 对输入 SPWM 互补处理
    //------------------------------------------
    wire spwm_p;    // 原始端 spwm
    wire spwm_n;    // 互补端 spwm

    assign spwm_p = spwm;
    assign spwm_n = ~spwm;


    //------------------------------------------
    // 2. 互补信号延迟
    //------------------------------------------
    /**
        @brief  采用移位寄存器的方式实现驱动信号延迟
    */
    logic [127:0] spwm_p_reg;   // 移位寄存器
    logic [127:0] spwm_n_reg;   // 移位寄存器
    always_ff@(posedge clk, negedge reset_n)
        if(!reset_n)
            begin
                spwm_p_reg <= 128'd0;
                spwm_n_reg <= 128'd0;
            end
        else
            begin
                spwm_p_reg <= {spwm_p_reg[126:0],spwm_p};
                spwm_n_reg <= {spwm_n_reg[126:0],spwm_n};
            end
    //------------------------------------------
```

```
// 3. 死区生成
//-----------------------------------------
/**
    @brief   采用原始信号与其延迟信号相与输出带死区的驱动信号
*/
assign spwm_out_p = spwm_p_reg[delay_value] & spwm_p;
assign spwm_out_n = spwm_n_reg[delay_value] & spwm_n;
endmodule
```

为了验证设计的正确性，编写 Testbench 模块 dead_area_tb 对其进行仿真，dead_area_tb 模块仿真激励设计如下。

```
`timescale  1ns / 1ns
`define      cycle 20
module dead_area_tb;
    logic                clk          ;    // 时钟：50MHz
    logic                reset_n      ;    // 复位，低电平有效
    logic      [ 6:0]    delay_value ;    // 延迟参数，调节死区宽度
    logic                spwm         ;    // 原始数据输入
    wire                 spwm_out_p   ;    // 带死区 spwm_p 输出
    wire                 spwm_out_n   ;    // 带死区 spwm_n 输出

    dead_area dead_area(
    .clk            (clk            ),    // 时钟：50MHz
    .reset_n        (reset_n        ),    // 复位，低电平有效
    .delay_value    (delay_value    ),    // 延迟参数，调节死区宽度
    .spwm           (spwm           ),    // 原始 spwm_p 输入
    .spwm_out_p     (spwm_out_p     ),    // 带死区 spwm_p 输出
    .spwm_out_n     (spwm_out_n     )     // 带死区 spwm_n 输出
    );
    initial
        begin
            clk = 1'b1; forever #(`cycle/2) clk = ~clk;
        end

    initial
        begin
            spwm = 1'b1; forever #(`cycle*15) spwm = ~spwm;
        end

    initial
        begin
            reset_n = 1'b0; delay_value = 7'd0;
            #(`cycle*2.5);
            reset_n = 1'b1; #(`cycle*30*3);
            delay_value = 7'd3; #(`cycle*30*3);
            delay_value = 7'd5; #(`cycle*30*3);
            delay_value = 7'd7; #(`cycle*30*3);
            delay_value = 7'd10;#(`cycle*30*3);
```

```
        $stop;
    end
endmodule
```

Testbench 编写完毕后在 Vivado 中运行仿真，其结果如图 10-34 所示，由图 10-34 可知，当将 delay_cnt 的值设置为 0 时，spwm_out_p、spwm_out_n 的跳变沿之间无任何间隔，当将 delay_cnt 的值设置为 3、5、7、10 时，可以看到 spwm_out_p、spwm_out_n 的跳变沿之间有死区间隔，并且随着 delay_cnt 值的加大，死区宽度也会变宽。

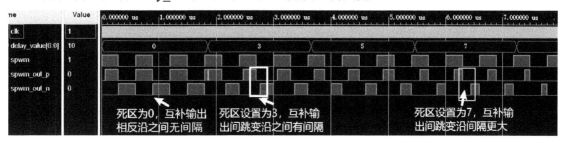

图 10-34　死区模块仿真结果

5．SPWM 控制器顶层实现

SPWM 控制器用于输出幅、频、相可调且带死区的 SPWM 信号，其顶层模块 spwm_top 的端口描述如表 10-27 所示。

表 10-27　顶层模块 spwm_top 的端口描述

序号	名称	位宽	I/O	功能描述
1	clk	1bit	I	系统时钟，50MHz
2	reset_n	1bit	I	系统复位，低电平有效
3	ampli_set_tri	16bit	I	三角波幅度设置
4	freq_set_tri	16bit	I	三角波频率设置
5	freq_set_sine	16bit	I	正弦波频率设置
6	phase_set_sine	16bit	I	正弦波相位设置
7	ampli_set_sine	7bit	I	正弦波幅度设置
8	dead_width	7bit	I	死区宽度配置
9	spwm_out_p	1bit	O	SPWM 正端输出
10	spwm_out_n	1bit	O	SPWM 负端输出

spwm_top 模块的详细 RTL 设计如下。

```
module spwm_top(
    input                   clk         ,   // 时钟：50MHz
    input                   reset_n     ,   // 复位，低电平有效
    // triangle wave set
    //---------------------------------------
    input signed    [15:0] ampli_set_tri   ,   // 三角波幅度设置
    input signed    [15:0] freq_set_tri    ,   // 三角波频率设置
    // sine wave set
    //---------------------------------------
    input           [15:0] freq_set_sine   ,   // 正弦波频率设置
```

```
    input           [15:0]  phase_set_sine ,     // 正弦波相位设置
    input           [ 6:0]  ampli_set_sine ,     // 正弦波幅度设置
    // spwm
    //----------------------------------------
    input           [ 6:0]  dead_width      ,    // 死区宽度配置
    output                  spwm_out_p      ,    // SPWM 正端输出
    output                  spwm_out_n           // SPWM 负端输出
);
    //-------------------------------------------------
    // 1. 信号定义
    //-------------------------------------------------
    wire [15:0]     triangle_out;
    wire [15:0]     tri_out_unsigned;
    wire [15:0]     DDS_out;
    wire            spwm_out;
    //-------------------------------------------------
    // 2. 三角波模块例化
    //-------------------------------------------------
    triangle_wave triangle_wave(
    .clk            (clk                 ),
    .reset_n        (reset_n             ),
    .amplitude_set  (ampli_set_tri       ),
    .frequency_set  (freq_set_tri        ),
    .config_en      (1'b1                ),
    .triangle_out   (triangle_out        )
    );
    assign tri_out_unsigned = triangle_out + 16'h7FFF; // 调节到无符号范围


    //-------------------------------------------------
    // 3. 正弦波模块例化
    //-------------------------------------------------
    dds_sin_wave dds_sin_wave(
    .clk            (clk                 ), // 时钟：50MHz
    .reset_n        (reset_n             ), // 复位，低电平有效
    .frequency_set  (freq_set_sine       ), // 16bit 频率控制字输入
    .phase_set      (phase_set_sine      ), // 16bit 相位控制字输入
    .amplitude_set  (ampli_set_sine      ), // 7bit 幅度控制字输入
    .DDS_out        (DDS_out             )  // 16bit DDS 正弦输出
    );


    //-------------------------------------------------
    // 4.数字比较器例化
    //-------------------------------------------------
    digital_compare digital_compare(
    .clk            (clk                 ),
    .reset_n        (reset_n             ),
    .sine_wave      (DDS_out             ),
    .triangle_wave  (tri_out_unsigned    ),
```

```
    .compare_en      (1'b1                    ),   // 比较使能, 1 为 valid, 0 为 invalid
    .spwm_out        (spwm_out                )
);


//------------------------------------------------
// 5.死区生成器例化
//------------------------------------------------
dead_area dead_area(
    .clk            (clk                ),
    .reset_n        (reset_n            ),
    .delay_value    (dead_width         ),   // 延迟参数, 调节死区宽度
    .spwm           (spwm_out           ),   // 原始 spwm 输入
    .spwm_out_p     (spwm_out_p         ),   // 带死区 spwm_p 输出
    .spwm_out_n     (spwm_out_n         )    // 带死区 spwm_n 输出
);
endmodule
```

10.4.3　SPWM 控制器仿真

为了验证 spwm_top 设计的正确性, 编写 Testbench 模块 spwm_top_tb, 对其进行仿真验证, Testbench 的内容如下所示。在仿真中将三角波的配置参数设为 ampli_set_tri=16'd32767, freq_set_tri = 16'd100; 将正弦波的配置参数设置为 freq_set_sine = 16'd5, phase_set_sine = 16'd0, ampli_set_sine = 7'd127, 使载波的频率为正弦调制波频率的 20 倍; 死区宽度 dead_width = 7'd50, 详细设计如下。

```
`timescale  1ns / 1ns
`define      cycle 20
module spwm_top_tb;
    logic                       clk             ;   // 时钟: 50MHz
    logic                       reset_n         ;   // 复位, 低电平有效
    logic signed    [15:0]      ampli_set_tri   ;   // 三角波幅度设置
    logic signed    [15:0]      freq_set_tri    ;   // 三角波频率设置
    logic           [15:0]      freq_set_sine   ;   // 正弦波频率设置
    logic           [15:0]      phase_set_sine  ;   // 正弦波相位设置
    logic           [ 6:0]      ampli_set_sine  ;   // 正弦波幅度设置
    logic           [ 6:0]      dead_width      ;   // 死区宽度配置
    wire                        spwm_out_p      ;   // SPWM 正端输出
    wire                        spwm_out_n      ;   // SPWM 负端输出
    spwm_top spwm_top(
        .clk            (clk                ),   // 时钟: 50MHz
        .reset_n        (reset_n            ),   // 复位, 低电平有效
        .ampli_set_tri  (ampli_set_tri      ),   // 三角波幅度设置
        .freq_set_tri   (freq_set_tri       ),   // 三角波频率设置
        .freq_set_sine  (freq_set_sine      ),   // 正弦波频率设置
        .phase_set_sine (phase_set_sine     ),   // 正弦波相位设置
        .ampli_set_sine (ampli_set_sine     ),   // 正弦波幅度设置
        .dead_width     (dead_width         ),   // 死区宽度配置
```

```
    .spwm_out_p      (spwm_out_p      ),      // SPWM 正端输出
    .spwm_out_n      (spwm_out_n      )       // SPWM 负端输出
    );

    initial
        begin
            clk = 1'b1; forever #(`cycle/2) clk = ~clk;
        end
    initial
        begin
            reset_n = 1'b0;ampli_set_tri= 16'd32767;freq_set_tri= 16'd100;
            freq_set_sine  =16'd5; phase_set_sine = 16'd0;
            ampli_set_sine = 7'd127; dead_width = 7'd50;
            #(`cycle*2); reset_n = 1'b1;
            #(`cycle*50000*10);
            $stop;
        end
endmodule
```

在 Vivado 中运行仿真，其结果如图 10-35 所示，由图 10-35 可知，三角载波与正弦调制波正常输出，通过比较模块输出 spwm_out 信号，将 spwm_out 经过死区生成器，从 spwm_out_p、spwm_out_n 的端口上输出互补带死区的 SPWM 波，说明 SPWM 控制器设计正确。

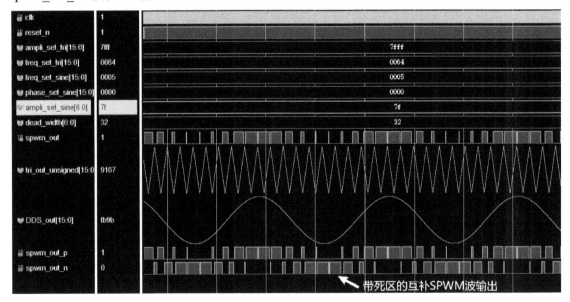

图 10-35   SPWM 控制器仿真结果

10.5   DDR3 SDRAM 控制器设计

在数据采集、图像视频传输中，常需要对数据进行缓存，由于 FPGA 的片上资源有限，因此常需要借助外部存储器实现数据缓存，而 DDR3 由于其高吞吐率等特性，在高带宽需求

的场景中大量使用。本节将基于 Vivado 中的 MIG IP 核设计一个 DDR3 的读写控制器，完成对 DDR3 的读写操作。

10.5.1　DDR3 SDRAM 基础

DDR3 是 Double-Data-Rate-3 SDRAM 的简称，它可以在时钟信号的上升沿和下降沿都传输数据，从而提高数据传输的速率。DDR SDRAM 已经发展了很多代，包括 DDR、DDR2、DDR3、DDR4 和 DDR5，每一代都有不同的特性和性能，DDR 采用动态方式保存数据，掉电后数据将丢失。下面以镁光 MT41J128M16XX-125 DDR3 为例，对 DDR3 SDRAM 的基本概念进行讲解。

1．DDR3 SDRAM 引脚说明

要对 DDR3 SDRAM 进行读写操作，需要站在 FPGA 设计的角度，当我们要设计一个器件的读写控制程序时，应该知道该器件具有哪些引脚，每个引脚的功能是什么，因此我们需要对 DDR3 SDRAM 的引脚进行说明，其引脚说明如表 10-28 所示。

表 10-28　DDR3 SDRAM 的引脚说明

序号	名称	方向	位宽	功能描述
1	A[13:0]	I	14bit	地址总线，为 DDR3 提供行列地址输入
2	BA[2:0]	I	3bit	bank 地址
3	CK/CK#	I	1bit	差分时钟输入，所有的地址与控制信号都在 CK 的上升沿被采样
4	CKE	I	1bit	时钟使能，高电平有效
5	CS#	I	1bit	片选信号，低电平有效
6	LDM	I	1bit	数据掩码，LDM 用于低字节
7	UDM	I	1bit	数据掩码，UDM 用于高字节
8	ODT	I	1bit	片上终端电阻使能，高电平使能，低电平禁用
9	RAS#	I	1bit	行选通信号，低电平有效
10	CAS#	I	1bit	列选通信号，低电平有效
11	WE#	I	1bit	写使能，低电平有效
12	RESET#	I	1bit	DDR3 异步复位输入，低电平有效
13	DQ[7:0]	I/O	8bit	数据低字节双向端口
14	DQ[15:8]	I/O	8bit	数据高字节双向端口
15	LDQS/LDQS#	I/O	2bit	低字节数据存储标志，读取时与输出数据的边沿对齐，写入数据时与数据中心对齐
16	UDQS/UDQS#	I/O	2bit	高字节数据存储标志，读取时与输出数据的边沿对齐，写入数据时与数据中心对齐
17	VDD	Supply	—	电源供电，范围为 1.283～1.45V
18	VDDQ	Supply	—	DQ 电源供电，范围为 1.283～1.45V
19	VREFCA	Supply	—	参考电压，用于控制、指令与地址信号端口
20	VREFDQ	Supply	—	参考电压，用于数据端口
21	VSS	Supply	—	芯片地
22	VSSQ	Supply	—	DQ 地
23	ZQ	Reference	—	输出驱动校准的外部参考引脚，与 240Ω 电阻相连，下拉到 VSSQ

2. DDR3 寻址及容量计算

在 DDR3 存储结构中，其存储层次划分为 Bank、行（Row）、列（Column）三级，一片 DDR3 由多个 Bank 组成，每个 Bank 又是一个存储阵列，类似于一张二维表格，由行和列组成。所谓寻址就是操作二维表格中指定单元所需的一系列操作步骤。读写 DDR3 中的某个单元首选需要指定 Bank 地址，然后指定行、列地址。MT41J128M16XX-125 DDR3 的地址组成如表 10-29 所示，由表 10-29 可知，Row address = 14bit，Column address = 10bit，Bank address = 3bit，则器件存储单元的个数为 $2^3 \times 2^{14} \times 2^{10} = 128M$ 个单元格，每个单元格为 16bit，则 DDR3 的总容量为 $128M \times 16bit = 2Gbit = 256MByte$。

表 10-29　MT41J128M16XX-125 DDR3 的地址组成

参数	512Meg×4	256Meg×8	128Meg×16
配置	64Meg×4×8Banks	32Meg×8×8Banks	16Meg×16×8Banks
Refresh 数量	8k	8k	8k
行地址	32k A[14:0]	32k A[14:0]	16k A[13:0]
Bank 地址	8 BA[2:0]	8 BA[2:0]	8 BA[2:0]
列地址	2k A[11,9:0]	1k A[9:0]	1k A[9:0]

10.5.2　MIG IP 核使用

在实际设计中，DDR3 接口的时序很复杂，因此在实际设计中一般不会采用自己编写 DDR3 控制逻辑的方式对其进行读写操作，而是采用 IP 核的方式实现 DDR3 的读写访问。在 AMD FPGA 中，用于控制 DDR3 的 IP 核为 Memory Interface Generator（MIG），下面我们将讲解 MIG IP 核的配置与使用。MIG IP 核的详细配置步骤如下。

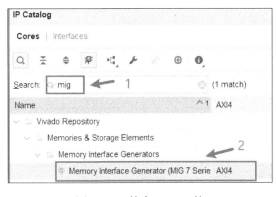

图 10-36　搜索 MIG IP 核

（1）打开 IP Catalog，在搜索栏中输入"mig"，在弹出的搜索结果中选中"Memory Interface Generator（MIG 7 Serie AXI4）"，并对其进行双击，如图 10-36 所示。

（2）进入如图 10-37 所示的描述界面，直接单击"Next"。

（3）进入如图 10-38 所示的界面，进行如下设置。

① MIG Output Options：选择"Create Design"。

② Component Name：用于设置生成 IP 核的名称，这里保持默认为"mig_7series_0"。

③ Multi-Controller：用于设置生成 IP 核控制器的个数，这里设置为 1 个，将"Number of controllers"后的值设置为 1。

④ AXI4 Interface：用于将 MIG IP 核的用户接口端设置为 AXI4 接口，这里不使用就不勾选。

⑤ 设置完毕后，单击"Next"。

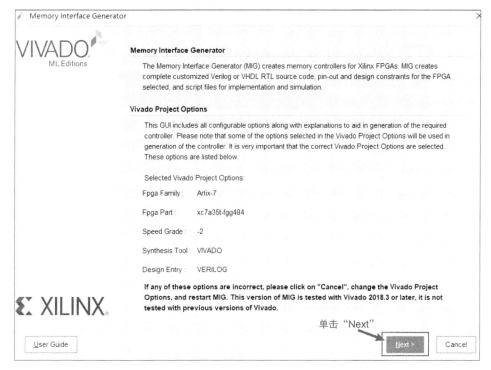

图 10-37　MIG IP 说明界面

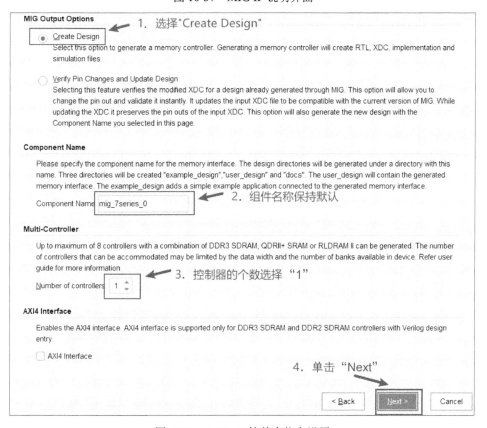

图 10-38　MIG IP 核基本信息设置

（4）进入如图 10-39 所示的界面，这里是配置 FPGA 引脚兼容性的界面，保持默认，直接单击"Next"。

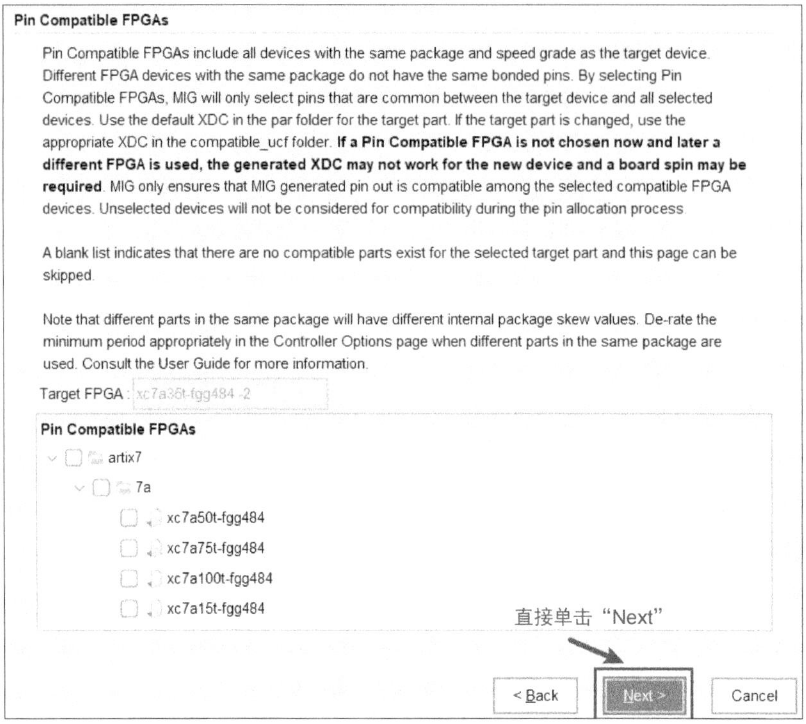

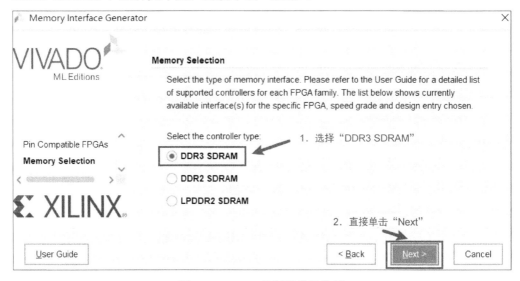

图 10-39   "Pin Compatible FPGAs"配置

（5）进入如图 10-40 所示的控制器类型选择界面，这里我们对 DDR3 进行控制，因此选择"DDR3 SDRAM"，选择完毕后，直接单击"Next"。

图 10-40   DDR 控制器类型选择

（6）进入"Options for Controller 0"配置界面，如图 10-41 和图 10-42 所示，详细配置如下。

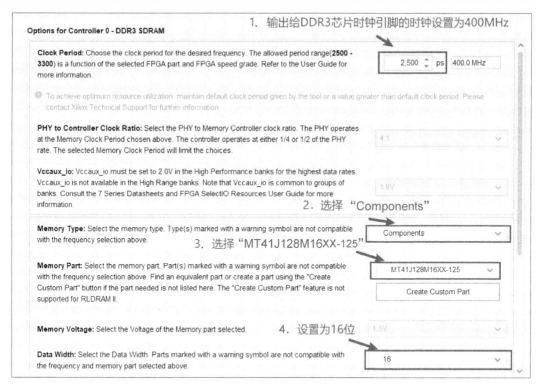

图 10-41　"Options for Controller 0" 属性配置 01

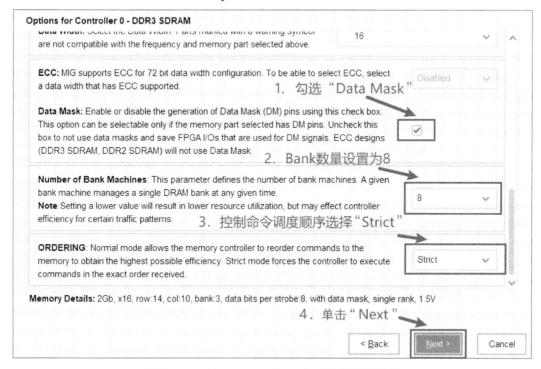

图 10-42　"Options for Controller 0" 属性配置 02

① Clock Period：该选项用于设置 MIG IP 核输出给 DDR3 芯片的时钟频率，也就是 DDR3
芯片的差分输入时钟引脚（CK/CK#）的频率，这里设置为 2500ps（400MHz），则此时 MIG
IP 核通过 FPGA 引脚输出给 DDR3 芯片差分时钟引脚的时钟频率为 400MHz；注意该参数并

非可以设置为任意值，这里的区间范围为 2500～3300ps（300～400MHz）。

② PHY to Controller Clock Ratio：该选项用于设置 MIG IP 核输出给 DDR3 芯片的时钟频率与 MIG IP 核自身用户接口组时钟（ui_clk 时钟）频率的比值，有 4∶1 与 2∶1 两种选择，这里根据实际情况选择 4∶1，由上面配置 Clock Period 可知输出给 DDR3 芯片的时钟频率为 400MHz，则此时 MIG IP 核 ui_clk 的时钟频率为 100MHz。

③ Vccaux_io：设置 Bank 的供电电压，一般都是锁死，会根据 DDR3 频率的变化而改变。

④ Memory Type：存储器类型选择，这里使用的为 DDR3 存储颗粒，所以直接选择"Components"。

⑤ Memory Part：选择 DDR3 芯片的型号，芯片类型不同，涉及具体 DDR3 的时序参数、地址线宽度、数据线宽度将会不同，此处设置为 MT41J128M16XX-125，与开发板 DDR3 存储器的实际型号相同（XX 表示任何字符均可），如果实际使用型号不在此列表中，那么可以单击"Create Custom Part"后设置相关 DDR3 存储器的时序参数。

⑥ Data Width：DDR3 读写数据位宽，根据 DDR3 芯片型号与原理图选择 DDR3 位宽，若 DDR3 芯片的读写访问位宽为 16 位，原理图设计时采用两片 DDR3 数据端口并联的方式扩展数据总线宽度使用，则这里就该设置为 32 位，实际开发板只有一片板载的 DDR3 存储器，存储器数据位宽为 16 位，因此这里设置为 16。

⑦ ECC：ECC 纠错功能，只有当数据总线的位宽大于 72 位时，该功能才能使用。

⑧ Data Mask：数据掩码，启用之后可以通过一个掩码信号控制 DDR3 写入数据，本质上就是控制 DDR3 的 DM 引脚，勾选与否都不影响 IP 核的正常功能，一般不使用此功能，这里选择勾选。

⑨ Number of Bank Machines：DDR3 控制器的 Bank Machines 个数设置，该参数与 DDR3 物理 Bank 个数并非同一个概念，设置上并不一定需要与 DDR3 物理 Bank 个数保持一致（当然设置相同数量可以增加 DDR3 控制器的效率和性能，但是会占用相对多的资源，时序要求上也相对要高，性能和资源上如何达到一个比较好的平衡，需要根据实际应用场景进行设置）。

⑩ ORDERING：DDR3 控制器命令调度的顺序配置，当选择"Strict"时，将严格按照命令先后顺序执行；当选择"Normal"时，为了得到更高的效率，可能对命令重排序，为了操作简单，这里我们选择"Strict"。

（7）进入如图 10-43 和图 10-44 所示的 Memory Options 属性配置界面，详细配置如下。

① Input Clock Period：输入系统时钟频率，该处用于设置提供给 MIG IP 核的 sys_clk_i 端口的时钟频率，从 sys_clk_i 端口输入的时钟进入 IP 核之后会经过一个锁相环，锁相环根据这里输入的时钟产生 MIG IP 核内部所需的各种时钟频率，所以 sys_clk_i 端口对时钟频率没有要求，设置框中的所有时钟频率都可以选择，此处将时钟周期（Input Clock Period）配置选择为 5000ps（200MHz）。

② Read Burst Type and Length：读取突发类型与长度设置，这里设置为 Sequential（顺序读写），从 SDRAM 到 DDR3 都支持该功能。

③ Output Driver Impedance Control：输出驱动阻抗控制，这里设置为 RZQ/7。

④ On Die Termination：将片上终端电阻设置为 RZQ/4。

⑤ Controller Chip Select Pin：将片选信号设置为"Enable"，即使用该引脚，若硬件上 DDR3

芯片的 CS 引脚未连接到 FPGA 上，则这里可以设置为"Disable"。

　　⑥ Memory Address Mapping Selection：DDR3 存储地址和 AXI 总线地址之间的映射关系选择，默认选择后者，在调用 IP 核时其实并不关心 Bank、行、列地址。

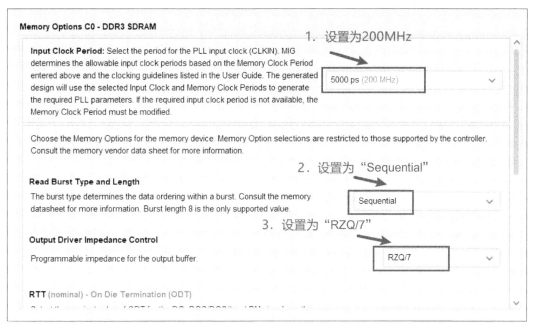

图 10-43　"Memory Options" 属性配置 01

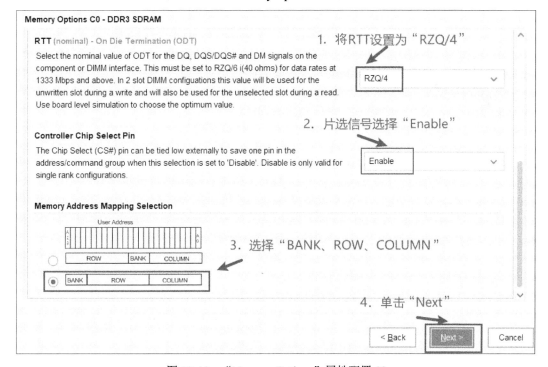

图 10-44　"Memory Options" 属性配置 02

（8）进入如图 10-45 所示的 FPGA 属性配置界面，详细配置如下。

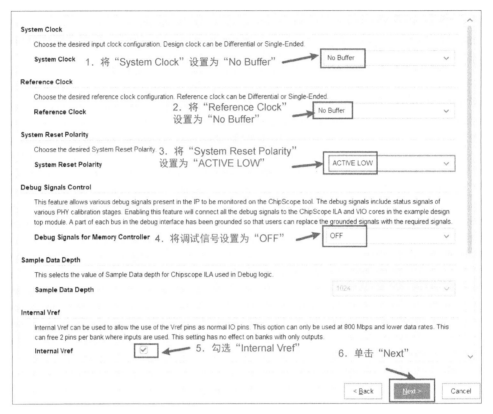

图 10-45　FPGA 属性配置界面

① System Clock：设置 MIG IP 核系统时钟输入端口 sys_clk_i 的来源，如图 10-43 所示，将时钟频率设置为 200MHz，若该时钟不是由 FPGA 引脚直接输入提供的，而是由内部锁相环分频输出提供的，则选择"No Buffer"；若该时钟是由外部输入 FPGA 的时钟引脚提供的，则选择"Differential"（差分输入）或"Signal-Ended"（单端输入）。

② Reference Clock：设置 MIG IP 核参考时钟输入端口 clk_ref_i 的来源，该时钟需要的时钟频率固定为 200MHz，若将"System Clock"的时钟频率设置为 200MHz，则其后的选项中将会有"Use System Clock"，若此时选择"Use System Clock"，则生成的 IP 核端口中将无 clk_ref_i 端口，这里选择"No Buffer"，使用 FPGA 内部逻辑提供参考时钟。

③ System Reset Polarity：系统复位极性设置，此处设置为"ACTIVE LOW"（低电平）。

④ Debug Signals for Memory Controller：调试信号配置选择"OFF"（关闭），如果选择"ON"，那么会在 IP 核中添加 ILA 作为调试，这里不需要，关闭即可。

⑤ Internal Vref：若勾选上此项，则允许将参考引脚作为正常的 I/O 引脚使用，这里勾选上。

其余配置保持默认不变，配置完成后的界面如图 10-45 所示，单击"Next"，进入下一个配置界面。

（9）进入如图 10-46 所示的"Internal Termination Impedance"配置界面，将"Internal Termination Impedance"（内部终端阻抗）设置为"50 Ohms"。

（10）进入如图 10-47 所示的"Pin/Bank Selection Mode"配置界面，若当前 IP 核仅用于仿真，可以选择"New Design"，本次实例最终要进行板级测试，则选择"Fixed Pin Out：Pre-existing pin out is known and fixed"，配置完成后单击"Next"。

图 10-46　"Internal Termination Impedance" 配置界面

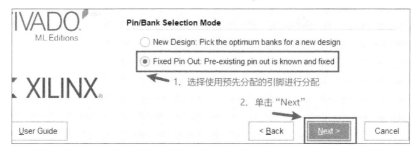

图 10-47　DDR 引脚分配方式选择

（11）进入如图 10-48 所示的 "Pin Selection" 配置界面，所有与 DDR3 存储器相关的引脚定义、引脚号及 I/O 电平标准的配置都需要和原理图连接设计相一致，该处有两种配置方式，其中一种是采用手动方式输入，另一种是采用.xdc、.ucf 约束文件的方式配置，下面采用添加约束文件的配置方式，如图 10-48 所示，单击 "Read XDC/UCF"，弹出选择约束文件的对话框，选择后单击 "OK" 即可。

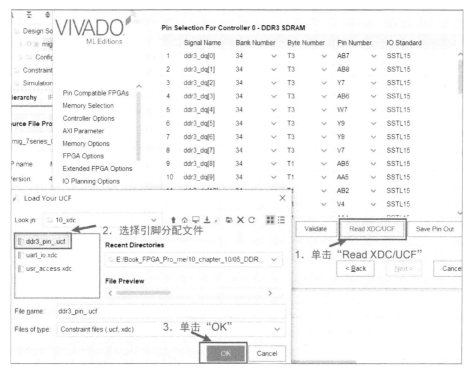

图 10-48　"Pin Selection" 配置界面

（12）单击"OK"后，接着单击"Validate"，弹出"DRC Validation"对话框，显示"Current Pinout is valid"，说明此时引脚分配正确，单击"OK"确认，接着单击"Next"，操作如图 10-49 所示。

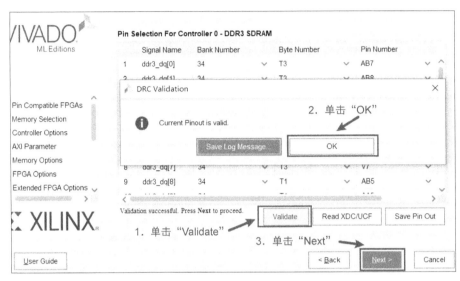

图 10-49   "Pin Selection"配置验证

（13）进入如图 10-50、图 10-51、图 10-52、图 10-53、图 10-54 所示的界面，除图 10-54 所示的界面外，都直接单击"Next"，当进入如图 10-54 所示的界面时，单击"Generate"，开始 IP 核的生成，接着弹出如图 10-55、图 10-56 所示的界面，生成完毕后的界面如图 10-57 所示，单击"OK"完成 MIG IP 核生成。

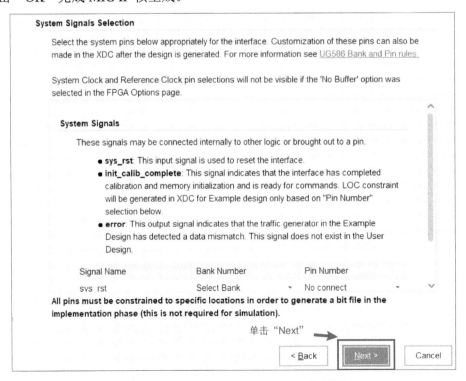

图 10-50   "System Signals Selection"界面

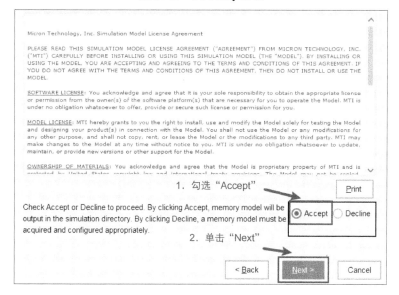

```
Vivado Project Options:
    Target Device              : xc7a35t-fgg484
    Speed Grade                : -2
    HDL                        : verilog
    Synthesis Tool             : VIVADO

If any of the above options are incorrect,   please click on "Ca

MIG Output Options:
    Module Name                : mig_7series_0
    No of Controllers          : 1
    Selected Compatible Device(s)  : --

FPGA Options:
    System Clock Type          : No Buffer
    Reference Clock Type       : No Buffer
    Debug Port                 : OFF
    Internal Vref              : enabled
    IO Power Reduction         : ON
    XADC instantiation in MIG  : Enabled
```

单击 "Next"

Print

< Back　　Next >　　Cancel

图 10-51　Summary 界面

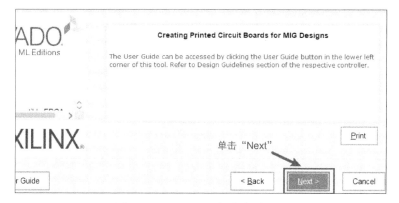

Micron Technology, Inc. Simulation Model License Agreement

PLEASE READ THIS SIMULATION MODEL LICENSE AGREEMENT ("AGREEMENT") FROM MICRON TECHNOLOGY, INC. ("MTI") CAREFULLY BEFORE INSTALLING OR USING THIS SIMULATION MODEL (THE "MODEL"). BY INSTALLING OR USING THE MODEL, YOU ARE ACCEPTING AND AGREEING TO THE TERMS AND CONDITIONS OF THIS AGREEMENT. IF YOU DO NOT AGREE WITH THE TERMS AND CONDITIONS OF THIS AGREEMENT, THEN DO NOT INSTALL OR USE THE MODEL.

SOFTWARE LICENSE: You acknowledge and agree that it is your sole responsibility to obtain the appropriate license or permission from the owner(s) of the software platform(s) that are necessary for you to operate the Model. MTI is under no obligation whatsoever to offer, provide or secure such license or permission for you.

MODEL LICENSE: MTI hereby grants to you the right to install, use and modify the Model solely for testing the Model and designing your product(s) in connection with the Model. You shall not use the Model or any modifications for any other purpose, and shall not copy, rent, or lease the Model or the modifications to any third party. MTI may make changes to the Model at any time without notice to you. MTI is under no obligation whatsoever to update, maintain, or provide new versions of the Model.

OWNERSHIP OF MATERIALS: You acknowledge and agree that the Model is proprietary property of MTI and is

1. 勾选 "Accept"

Print

Check Accept or Decline to proceed. By clicking Accept, memory model will be output in the simulation directory. By clicking Decline, a memory model must be acquired and configured appropriately.

● Accept　○ Decline

2. 单击 "Next"

< Back　　Next >　　Cancel

图 10-52　"Simulation" 配置界面

Creating Printed Circuit Boards for MIG Designs

The User Guide can be accessed by clicking the User Guide button in the lower left corner of this tool. Refer to Design Guidelines section of the respective controller.

单击 "Next"

Print

r Guide　　< Back　　Next >　　Cancel

图 10-53　PCB 设计指南查看界面

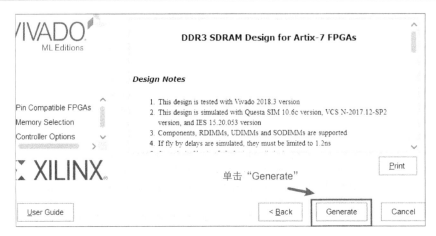

图 10-54   "Design Notes" 界面

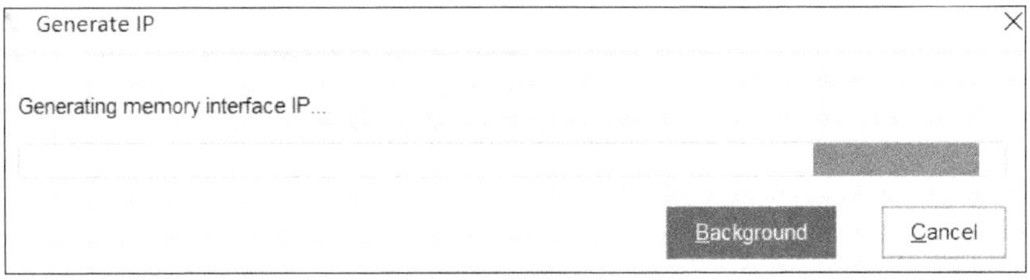

图 10-55   "Generate IP" 进度界面

图 10-56   "Generate Output Products" 界面

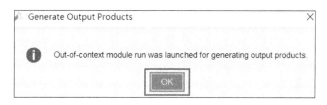

图 10-57　IP 核生成完毕确认界面

注意：在 MIG IP 核生成的过程中，特别需要注意的就是时钟设置，IP 核配置中有 4 个时钟信号：第一个为输出给 DDR3 芯片的时钟，第二个为 IP 核用户接口的时钟 ui_clk，第三个为 IP 核系统输入的时钟 sys_clk_i，第四个为 IP 核参考时钟 clk_ref_i（固定 200MHz），这 4 个时钟对应的设置栏与相关参数必须区分清楚；这是第一次使用 MIG IP 核容易迷惑的地方。

10.5.3　MIG IP 核接口时序

MIG IP 核（DDR3 控制器）用于连接 DDR3 芯片与 FPGA 内部其他用户逻辑，其与用户逻辑相连的接口为 User Interface 接口，内部用户逻辑通过 User Interface 接口实现对 MIG IP 核的访问，下面将对 MIG IP 核的 User Interface 接口的时序进行讲解。

1．Command 时序

User Interface 接口的 Command 时序如图 10-58 所示，每开始一次指令操作时，从 app_cmd、app_addr 上输出指令与地址数据，同时将 app_en 信号拉高表示 app_cmd、app_addr 有效，app_en 将一直保持为高电平，直到在 clk 的上升沿检测到 app_rdy 为 1 时，完成本次指令的操作，并将 app_en 释放拉低。app_cmd = 3'd0 时表示写操作，app_cmd = 3'd1 时表示读操作；app_addr 为每一次突发传输的 DDR3 存储单元的起始地址，每一次读写操作都从指定的地址开始。

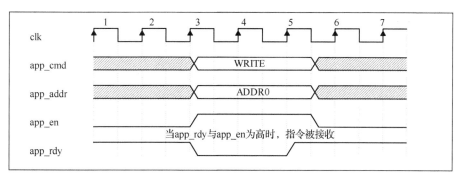

图 10-58　Command 时序

2．Write 时序

Write 时序（4∶1 Mode，Burst Length = 8）如图 10-59 所示，在进行写操作时，将命令 app_cmd、地址 app_addr 从该端口输出，同时将 app_en 拉高表示指令有效。在用户写数据端口 app_wdf_data 上输出写入 MIG IP 核的数据，并将 app_wdf_wren、app_wdf_end 信号同时拉高且一直保持，直到在 clk 的上升沿检测到 app_wdf_rdy 为高电平时，将 app_wdf_wren、app_wdf_end 拉低完成本次写操作。

注意：在设计中，MIG IP 核输出给 DDR3 芯片的时钟与 MIG IP 核用户接口时钟 ui_clk

的比率有 4∶1 与 2∶1 两种模式，图 10-59 所示的时序图描述的是 4∶1 模式下的时序，2∶1 模式下的时序可以查看 AMD FPGA ug586 手册自行学习，这里不再给出，但应特别注意比率不同，对于 app_wdf_end 信号的控制将不同，从而会改变 User Interface 的写时序，这一点在以后的设计中应特别注意。

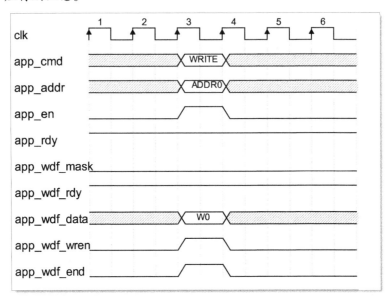

图 10-59   Write 时序（4∶1 Mode，Burst Length = 8）

3. Read 时序

Read 时序（4∶1 Mode，Burst Length = 8）如图 10-60 所示，在进行读操作时，将命令 app_cmd、地址 app_addr 从该端口输出，同时将 app_en 拉高并一直保持，直到在 clk 的上升沿检测到 app_rdy = 1'b1 时，将 app_en 拉低，接着等待检测 app_rd_data_valid 的电平状态，当在 clk 的上升沿检测到 app_rd_data_valid = 1'b1 时，读取 app_rd_data 端口上的数据，完成本次读取操作。

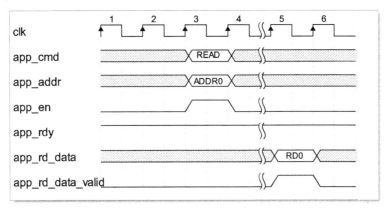

图 10-60   Read 时序（4∶1 Mode，Burst Length = 8）

10.5.4   DDR3 读写测试设计

使用 MIG IP 核可以通过对 MIG IP 核的 User Interface 接口进行简单控制，实现对 DDR3

的读写访问。下面将对 DDR3 进行读写测试，其程序结构框图如图 10-61 所示，由 VIO 模块、ddr3_wr_rd 模块、MIG IP 核、clk_wiz 锁相环 4 部分组成。其中 VIO 用于在线生成控制 ddr3_wr_rd 模块的读写控制信号；ddr3_wr_rd 模块用于将用户自行设计（下面将会讲到）的读写访问接口转换为 MIG IP 核的 User Interface 接口，更加简化对 MIG IP 核的访问操作；clk_wiz 锁相环模块用于将输入的 50MHz 时钟倍频成 200MHz 输出给 MIG IP 核使用。

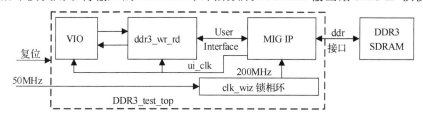

图 10-61　DDR3 读写测试程序结构框图

1. ddr3_wr_rd 模块设计

ddr3_wr_rd 模块的功能是对 MIG IP 核 User Interface 接口的访问进一步简化，这里将简化后的接口暂且叫作本地接口，使用户只需要简单地控制 ddr3_wr_rd 模块上的本地接口，即可实现对 MIG IP 的读写控制，ddr3_wr_rd 模块的顶层端口描述如表 10-30 所示。

表 10-30　ddr3_wr_rd 模块的顶层端口描述

序号	名称	位宽	I/O	功能描述
1	clk	1bit	I	系统时钟，50MHz
2	reset_n	1bit	I	系统复位，低电平有效
3	wr_rd_addr	28bit	I	本地接口读写操作单元地址
4	wr_data	128bit	I	本地接口写入 DDR3 数据
5	wr_en	1bit	I	本地接口写使能，单周期高脉冲
6	wr_done	1bit	O	本地接口写完成，单周期高脉冲
7	rd_en	1bit	I	本地接口读使能，单周期高脉冲
8	rd_data	128bit	O	本地接口读取数据输出
9	rd_valid	1bit	O	本地接口数据有效，单周期高脉冲
10	app_addr	28bit	O	MIG UI 接口地址线
11	app_cmd	3bit	O	MIG UI 接口命令线
12	app_en	1bit	O	MIG UI 接口指令使能
13	app_wdf_data	128bit	O	MIG UI 接口写数据线
14	app_wdf_end	1bit	O	MIG UI 接口写突发传输结束标志
15	app_wdf_wren	1bit	O	MIG UI 接口写使能
16	app_rd_data	128bit	I	MIG UI 接口读数据线
17	app_rd_data_end	1bit	I	MIG UI 接口读突发传输结束标志
18	app_rd_data_valid	1bit	I	MIG UI 接口读数据有效，单周期高脉冲
19	app_rdy	1bit	I	MIG UI 接口指令接收 ready 信号
20	app_wdf_rdy	1bit	I	MIG UI 接口数据接收 ready 信号

注：上表中的"MIG UI"指的是"MIG IP 核 User Interface 接口"的简写。

ddr3_wr_rd 模块本地接口的写时序如图 10-62 所示，每次发起写操作时将 wr_en 信号拉高一个周期高电平，同时从 wr_rd_addr、wr_data 端口上输出写地址与写入数据，接着等待 wr_done

信号，在 clk 上升沿检测到 wr_done = 1'b1 时，说明本次写操作完成，可以进行下一次写操作。

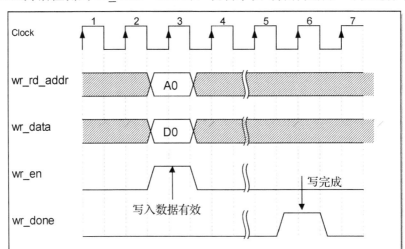

图 10-62   ddr3_wr_rd 模块本地接口的写时序

与读操作相似，ddr3_wr_rd 模块本地接口的读时序如图 10-63 所示，每次发起读操作时，将 rd_en 信号拉高一个周期高电平，同时从 wr_rd_addr 端口上输出读地址，接着等待 rd_valid 信号，在 clk 上升沿检测到 rd_valid = 1'b1 时，说明 rd_data 端口上的数据有效，读取 rd_data 端口上的数据，完成本次读操作。

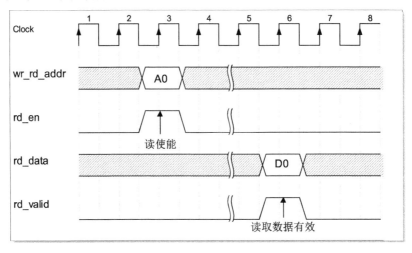

图 10-63   ddr3_wr_rd 模块本地接口的读时序

　　根据以上的描述，ddr3_wr_rd 模块的 RTL 详细设计请扫描左侧二维码进行查看与获取。
　　由于 ddr3_wr_rd 模块的逻辑非常简单，因此这里不对其进行仿真验证，直接在下文的综合设计中进行板级验证。

2. DDR3_test_top 设计

由图 10-61 可知，DDR3_test_top 测试模块由 VIO IP 核、ddr3_wr_rd 模块、MIG IP 核、clk_wiz 锁相环 4 部分组成，其中 ddr3_wr_rd 模块在本节中已经设计完毕，VIO IP 核、clk_wiz

核属于 Vivado IP 核直接例化调用，这里不再给出 IP 核的创建过程，相关的知识可以参考第 7.2 节和第 7.3 节的相关内容，MIG IP 核创建在第 10.5.2 节中已经讲解过了。

VIO IP 核用于本地接口激励产生与输出响应接收，在 DDR3_test_top 中的例化实体如下。

```
vio_0 vio_0 (
    .clk        (ui_clk      ),   // VIO 时钟
    .probe_in0  (wr_done     ),   // VIO 输入
    .probe_in1  (rd_valid    ),   // VIO 输入
    .probe_in2  (rd_data     ),   // VIO 输入
    .probe_out0 (wr_rd_addr  ),   // VIO 输出
    .probe_out1 (wr_data     ),   // VIO 输出
    .probe_out2 (vio_wr_en   ),   // VIO 输出
    .probe_out3 (vio_rd_en   )    // VIO 输出
);
```

clk_wiz 在 DDR3_test_top 中的例化实体如下，用于将输入的 50M 时钟倍频成 200M 时钟。

```
clk_wiz_0 clk_wiz_0 (
    .clk_200M_out   (clk_200M    ),      // output clk_200M_out
    .resetn         (reset_n     ),      // input resetn
    .clk_50M        (clk         )       // input clk_50M
);
```

DDR3_test_top 测试模块的顶层端口描述如表 10-31 所示。

表 10-31　DDR3_test_top 测试模块的顶层端口描述

序号	名称	位宽	I/O	功能描述
1	clk	1bit	I	系统时钟，50MHz
2	reset_n	1bit	I	系统复位，低电平有效
3	ddr3_addr	14bit	O	DDR3 地址端口，提供行列地址
4	ddr3_ba	3bit	O	DDR3 Bank 地址
5	ddr3_cas_n	1bit	O	DDR3 列选通信号
6	ddr3_ck_n	1bit	O	DDR3 差分时钟信号负端
7	ddr3_ck_p	1bit	O	DDR3 差分时钟信号正端
8	ddr3_cke	1bit	O	DDR3 时钟使能
9	ddr3_ras_n	1bit	O	DDR3 行选通信号
10	ddr3_reset_n	1bit	O	DDR3 复位输出，低电平有效
11	ddr3_we_n	1bit	O	DDR3 写使能
12	ddr3_dq	16bit	I/O	DDR3 数据输入输出端口
13	ddr3_dqs_n	2bit	I/O	DDR3 读取数据选通信号负端
14	ddr3_dqs_p	2bit	I/O	DDR3 读取数据选通信号正端
15	ddr3_cs_n	1bit	O	DDR3 片选信号
16	ddr3_dm	2bit	O	DDR3 输入数据掩码信号
17	ddr3_odt	1bit	O	DDR3 片上终端电阻使能

根据以上端口描述，DDR3_test_top 模块 RTL 设计如下。

```
module DDR3_test_top(
    input           clk                 ,   // 时钟：50MHz
```

```
    input               reset_n         ,    // 复位，低电平有效
    // DDR 存储器接口
    //--------------------------------------
    output [13:0]   ddr3_addr       ,
    output [2:0]    ddr3_ba         ,
    output          ddr3_cas_n      ,
    output [0:0]    ddr3_ck_n       ,
    output [0:0]    ddr3_ck_p       ,
    output [0:0]    ddr3_cke        ,
    output          ddr3_ras_n      ,
    output          ddr3_reset_n    ,
    output          ddr3_we_n       ,
    inout  [15:0]   ddr3_dq         ,
    inout  [1:0]    ddr3_dqs_n      ,
    inout  [1:0]    ddr3_dqs_p      ,
    output [0:0]    ddr3_cs_n       ,
    output [1:0]    ddr3_dm         ,
    output [0:0]    ddr3_odt
);
    //--------------------------------------------------------------
    // 1. 信号定义
    //--------------------------------------------------------------
    // 本地接口组
    //--------------------------------
    wire    [32'd28 - 1'b1 :0]  wr_rd_addr  ;
    wire    [32'd128 - 1'b1:0]  wr_data     ;
    wire                        wr_en       ;
    wire                        wr_done     ;
    wire                        rd_en       ;
    wire    [32'd128 - 1'b1 :0] rd_data     ;
    wire                        rd_valid    ;
    // MIG user interface 接口组
    //--------------------------------
    wire    [27:0]          app_addr            ;
    wire    [2:0]           app_cmd             ;
    wire                    app_en              ;
    wire    [127:0]         app_wdf_data        ;
    wire                    app_wdf_end         ;
    wire                    app_wdf_wren        ;
    wire    [127:0]         app_rd_data         ;
    wire                    app_rd_data_end     ;
    wire                    app_rd_data_valid   ;
    wire                    app_rdy             ;
    wire                    app_wdf_rdy         ;
    wire                    app_sr_req          ;
    wire                    app_ref_req         ;
    wire                    app_zq_req          ;
    wire                    app_sr_active       ;
```

```verilog
wire                         app_ref_ack        ;
wire                         app_zq_ack         ;
wire                         ui_clk             ;
wire                         ui_clk_sync_rst    ;
wire     [15:0]             app_wdf_mask        ;
// MIG 初始化校正完成信号
//-----------------------------
wire                         init_calib_complete;
// 时钟信号
//-----------------------------
wire                         clk_200M;   // 200MHz 时钟


//-------------------------------------------------------
// 2.VIO 控制模块例化
//-------------------------------------------------------
logic vio_wr_en;
logic vio_rd_en;
logic vio_wr_en_reg;
logic vio_rd_en_reg;
// VIO 例化
vio_0 vio_0 (
.clk        (ui_clk      ),      // VIO 时钟
.probe_in0  (wr_done     ),      // VIO 输入
.probe_in1  (rd_valid    ),      // VIO 输入
.probe_in2  (rd_data     ),      // VIO 输入
.probe_out0 (wr_rd_addr ),       // VIO 输出
.probe_out1 (wr_data     ),      // VIO 输出
.probe_out2 (vio_wr_en  ),       // VIO 输出
.probe_out3 (vio_rd_en  )        // VIO 输出
);
// 产生读写使能单周期脉冲
always_ff@(posedge ui_clk)
    begin
        vio_wr_en_reg <= vio_wr_en;
        vio_rd_en_reg <= vio_rd_en;
    end
assign wr_en = ( { vio_wr_en_reg,vio_wr_en} == 2'b01);
assign rd_en = ( { vio_rd_en_reg,vio_rd_en} == 2'b01);


//-------------------------------------------------------
// 3. PLL 锁相环例化
//-------------------------------------------------------
/**
    @brief  产生 200MHz 的参考时钟与系统时钟
*/
clk_wiz_0 clk_wiz_0 (
.clk_200M_out   (clk_200M  ),       // output clk_200M_out
.resetn     (reset_n    ),          // input resetn
```

```
.clk_50M       (clk           )           // input clk_50M
);


//-------------------------------------------------------
// 4. ddr3_wr_rd 模块例化
//-------------------------------------------------------
/**
    @brief   通过控制本地化的接口产生 MIG IP 核的读写操作
*/
ddr3_wr_rd #(
.ADDR_WIDTH_PAR (32'd28 ),
.DATA_WIDTH_PAR (32'd128    )
)
ddr3_wr_rd(
.clk               (ui_clk            ),
.reset_n           (~ui_clk_sync_rst  ),
.wr_rd_addr        (wr_rd_addr        ),
.wr_data           (wr_data           ),
.wr_en             (wr_en             ),
.wr_done           (wr_done           ),
.rd_en             (rd_en             ),
.rd_data           (rd_data           ),
.rd_valid          (rd_valid          ),
.app_addr          (app_addr          ),   // DDR 地址
.app_cmd           (app_cmd           ),   // 0 代表写，1 代表读
.app_en            (app_en            ),   // 高电平有效
.app_wdf_data      (app_wdf_data      ),
.app_wdf_end       (app_wdf_end       ),
.app_wdf_wren      (app_wdf_wren      ),
.app_rd_data       (app_rd_data       ),
.app_rd_data_end   (app_rd_data_end   ),
.app_rd_data_valid (app_rd_data_valid ),
.app_rdy           (app_rdy           ),
.app_wdf_rdy       (app_wdf_rdy       )
);
//-------------------------------------------------------
// 5. ddr3_wr_rd 模块例化
//-------------------------------------------------------
 mig_7series_0 u_mig_7series_0 (
// Memory interface ports
.ddr3_addr             (ddr3_addr            ),
.ddr3_ba               (ddr3_ba              ),
.ddr3_cas_n            (ddr3_cas_n           ),
.ddr3_ck_n             (ddr3_ck_n            ),
.ddr3_ck_p             (ddr3_ck_p            ),
.ddr3_cke              (ddr3_cke             ),
.ddr3_ras_n            (ddr3_ras_n           ),
.ddr3_reset_n          (ddr3_reset_n         ),
```

```
    .ddr3_we_n                  (ddr3_we_n                ),
    .ddr3_dq                    (ddr3_dq                  ),
    .ddr3_dqs_n                 (ddr3_dqs_n               ),
    .ddr3_dqs_p                 (ddr3_dqs_p               ),
    .init_calib_complete        (init_calib_complete      ), // 高电平有效
    .ddr3_cs_n                  (ddr3_cs_n                ),
    .ddr3_dm                    (ddr3_dm                  ),
    .ddr3_odt                   (ddr3_odt                 ),
    // Application interface ports
    .app_addr                   (app_addr                 ),
    .app_cmd                    (app_cmd                  ),
    .app_en                     (app_en                   ),
    .app_wdf_data               (app_wdf_data             ),
    .app_wdf_end                (app_wdf_end              ),
    .app_wdf_wren               (app_wdf_wren             ),
    .app_rd_data                (app_rd_data              ),
    .app_rd_data_end            (app_rd_data_end          ),
    .app_rd_data_valid          (app_rd_data_valid        ),
    .app_rdy                    (app_rdy                  ),
    .app_wdf_rdy                (app_wdf_rdy              ),
    .app_sr_req                 (1'b0                     ),
    .app_ref_req                (1'b0                     ),
    .app_zq_req                 (1'b0                     ),
    .app_sr_active              (                         ),
    .app_ref_ack                (                         ),
    .app_zq_ack                 (                         ),
    .ui_clk                     (ui_clk                   ),
    .ui_clk_sync_rst            (ui_clk_sync_rst          ),// 高电平有效
    .app_wdf_mask               (16'd0                    ),// app_wdf_mask
    .sys_clk_i                  (clk_200M                 ),// 系统时钟端口
    .clk_ref_i                  (clk_200M                 ),// 参考时钟
    .sys_rst                    (reset_n                  ) // 低电平有效
    );
endmodule
```

在以上设计中需要注意以下事项。

（1）MIG IP 核的 init_calib_complete 信号为初始化、校准完成信号标志，当 DDR3 芯片正确完成初始化、校准后，该端口输出高电平，该端口可以作为调试端口使用。

（2）app_sr_req 为保留信号，按照 ug586 手册说明，该信号输入固定值 0。

（3）app_ref_req：向 SDRAM 发出刷新命令的请求输入，高电平有效，在设计中不使用，直接给端口赋值 0。

（4）app_zq_req：向 SDRAM 发出 ZQ 校准命令请求输入，高电平有效，在设计中不使用，直接给端口赋值 0。

（5）ui_clk：为 MIG IP 核中 User Interface 接口组的同步时钟，User Interface 接口组的所有信号都与该时钟同步。

（6）clk_ref_i：参考时钟输入，该时钟频率固定为 200MHz，作为 MIG IP 核内部 IDELAY 模块的参考时钟。

（7）sys_rst：MIG IP 核系统复位输入，低电平有效，这一点需要特别注意。

（8）app_addr：地址的偏移量为 8，这是因为 app_wdf_data 端口为 128bit 位宽，对应 DDR3 16bit 位宽时，对应 8 个存储单元，因此一次写入时将写入 8 个存储单元，所以地址偏移为 8。

10.5.5　实际板级验证

将 DDR3_test_top 模块设置为顶层，对工程进行综合，并对工程按照开发板原理图进行引脚分配，与以往其他工程不同，在我们打开引脚分配界面时，DDR3 相关的引脚分配已经配置好，如图 10-64 所示，这是因为我们在创建 MIG IP 核时，在 IP 核中已经对 DDR3 的引脚进行了配置，所以这里我们只需要对 clk、reset_n 端口进行分配。引脚分配完毕后对工程进行全编译，将生成的 bit 文件、.ltx 文件下载到 FPGA 中，打开 VIO 调试窗口，利用 VIO 进行调试验证，首先在 wr_rd_addr、wr_data 栏中输入地址与数据，然后单击 "vio_wr_en"，将数据写入 DDR3；保持 wr_rd_addr 地址不变，单击 "vio_rd_en"，观察 rd_data 是否与 wr_data 一致。从测试结果中随机抽取两组，如图 10-65 和图 10-66 所示，由图 10-65 和图 10-66 可知，写入与读取数据一致，说明设计正确。

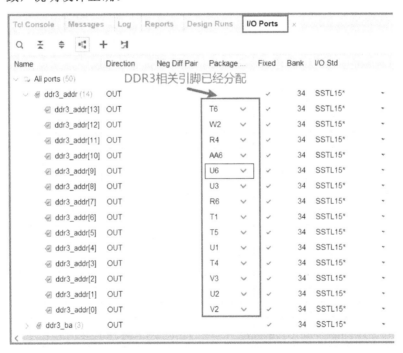

图 10-64　I/O Ports 引脚分配窗口

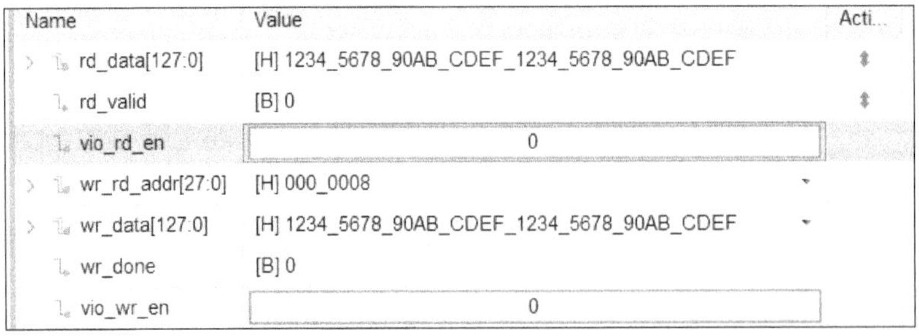

图 10-65　VIO 调试界面 01

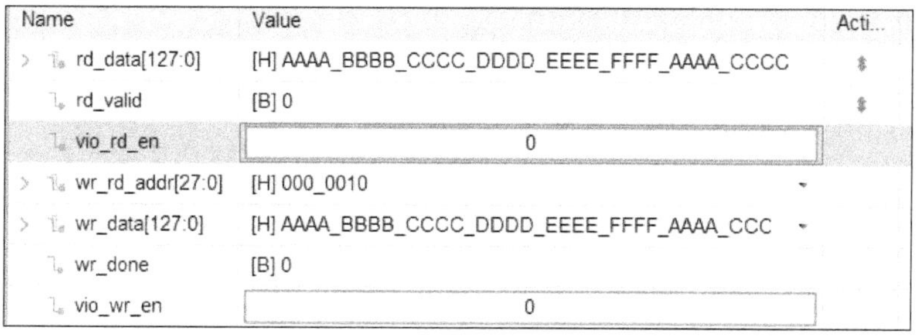

Name	Value	Acti...
> rd_data[127:0]	[H] AAAA_BBBB_CCCC_DDDD_EEEE_FFFF_AAAA_CCCC	⚡
rd_valid	[B] 0	⚡
vio_rd_en	0	
> wr_rd_addr[27:0]	[H] 000_0010	▾
> wr_data[127:0]	[H] AAAA_BBBB_CCCC_DDDD_EEEE_FFFF_AAAA_CCC	▾
wr_done	[B] 0	
vio_wr_en	0	

图 10-66　VIO 调试界面 02

第 11 章 Vivado IDE 高级技巧

在 FPGA 开发设计的过程中，对 IDE 工具使用的熟练程度将直接影响我们的开发效率，甚至有时会影响我们解决问题的思路与方法，熟练地掌握 IDE 的基本功能是每一个设计人员必须具备的基本素质。在掌握基本功能的基础上，再掌握一些高级技能，有时会为我们的设计与调试带来极大便利，下面将讲解一些在实战设计中非常有用的 Vivado 高级技巧与方法，这些方法可以在开发、调试过程中解决我们遇到的大部分问题。

11.1 MCS 文件加载速度的提升方法

在 FPGA 开发过程中，有时需要对 MCS 文件的加载速度提出更高的要求，要求 MCS 文件在规定的时间内完成加载，这就需要对 MCS 加载速度进行优化控制。影响 MCS 加载速度的相关配置是在 bit 文件属性中进行的，因此我们可以通过设置 bit 文件的属性实现对 MCS 文件加载速度的控制。在 bit 文件属性中我们可以通过设置 SPI Flash 的加载时钟、SPI 的位宽，以及是否开启位压缩这三种方式来实现对 MCS 加载速度的控制。下面将讲解 bit 文件中 SPI 加载时钟频率、SPI 位宽及位压缩功能的设置方法，详情如下。

11.1.1 bit 文件加载属性

（1）对工程进行综合实现，实现完成之后，打开实现后的设计，如图 11-1 所示，打开实现后的设计之后，"IMPLEMENTATION"栏的窗口变为如图 11-2 所示的状态，如果不打开实现后的设计，那么在后续的步骤中将找不到"Configure additional bitstream settings"这个选项。

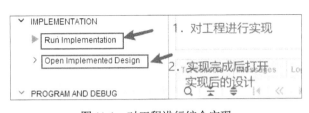

图 11-1 对工程进行综合实现

图 11-2 打开实现后的列表状态

（2）在"Flow Navigator"下的"PROJECT MANAGER"栏中单击"Settings"，弹出"Settings"对话框，单击"Bitstream"，在右侧单击"Configure additional bitstream settings"，整个操作如图 11-3 所示。

（3）如图 11-4 所示，进入"Edit Device Properties"配置界面，选择"Configuration"，进行如下设置。

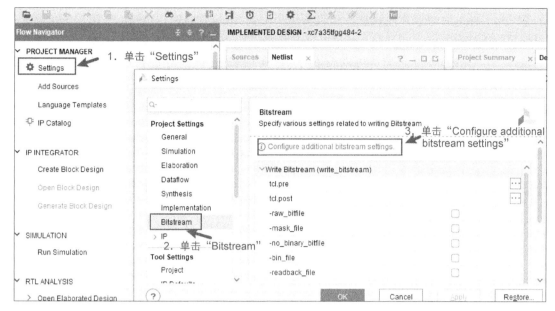

图 11-3　打开"Bitstream"窗口

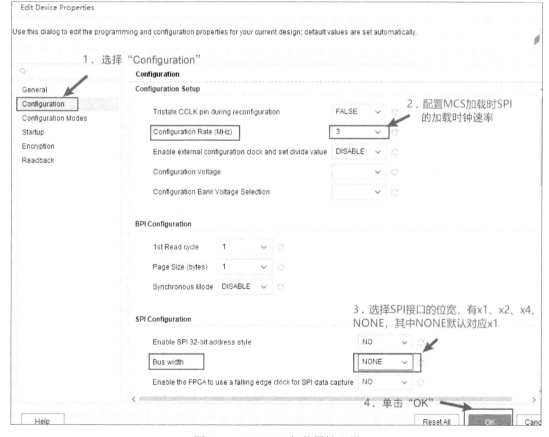

图 11-4　MCS SPI 加载属性配置

① Configuration Rate：配置时钟频率设置，该设置用于控制 MCS 加载时 FPGA 输出给 Flash SPI 的加载时钟频率。

② Bus width：总线宽度设置，该设置用于配置 MCS 加载时，FPGA 采用的 SPI 位宽，可以配置为 NONE、x1、x2、x4 4 种模式，若选择"NONE"，则默认是 x1 模式，若想提高加载速度，则可以增加 SPI 位宽，可以设置为 x2、x4 模式，设置为 x2、x4 模式时，硬件设计也必须支持 x2、x4 模式。

将配置时钟的频率设置为 33MHz，SPI 的位宽设置为 x4 模式时，其配置结果如图 11-5 所示，配置完成后单击"OK"即可保存设置。

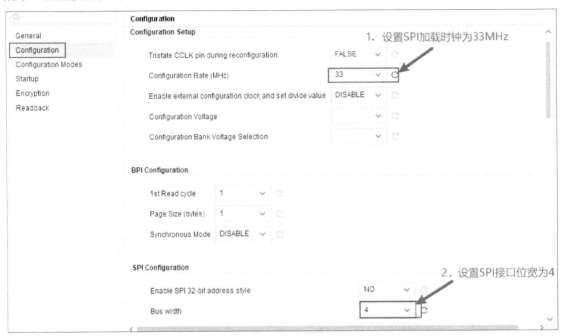

图 11-5　MCS 加载属性配置结果

11.1.2　bit 文件压缩设置

设置 bit 文件加载属性的窗口保持不动，在左侧单击"General"，进入如图 11-6 所示的界面，在"Enable Bitstream Compression"之后选择"TRUE"，即可使能 bit 文件的压缩功能，默认配置为"FALSE"。

为什么压缩 bit 文件可以提高 MCS 文件的加载速度呢？

因为使能了 bit 文件压缩功能之后，bit 文件的大小减小，则其对应生成的 MCS 文件将会减小，文件越小，在相同 SPI 时钟速率与位宽的情况下，完成文件读取的时间就越短，因此加载速度就越快。下面我们对使能压缩与不使能压缩功能生成的 bit 文件与 MCS 文件的大小进行比较。对同一个工程进行编译，当开启 bit 文件压缩功能时，其生成的 bit 文件与 MCS 文件的大小如图 11-7 所示，由图 11-7 可知，此时 bit 文件的大小为 391KB，MCS 文件的大小为 1099KB。不开启 bit 文件压缩功能，对工程进行编译，其生成的 bit 文件与 MCS 文件的大小如图 11-8 所示，由图 11-8 可知，bit 文件的大小为 2141KB，MCS 文件的大小为 6022KB，因此可以知道使能 bit 文件压缩功能之后，在 FPGA 逻辑资源没有 100%消耗的情况下，使能 bit 文件压缩功能生成的 bit 文件与 MCS 文件的大小均小于不压缩的情况。

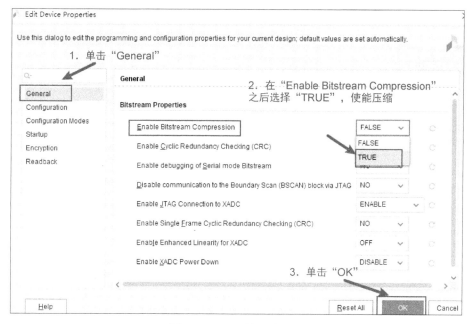

图 11-6　bit 文件压缩设置

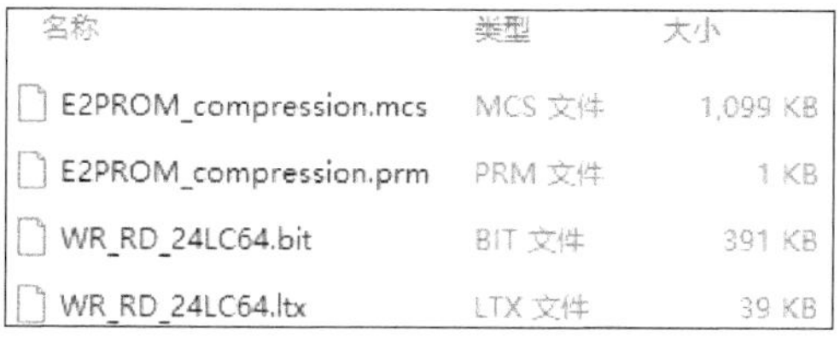

名称　　　　　　　　　　　类型　　　大小

E2PROM_compression.mcs　　MCS 文件　　1,099 KB

E2PROM_compression.prm　　PRM 文件　　1 KB

WR_RD_24LC64.bit　　　　　BIT 文件　　391 KB

WR_RD_24LC64.ltx　　　　　LTX 文件　　39 KB

图 11-7　压缩 bit 文件的结果

名称　　　　　　　　　　　类型　　　大小

E2PROM_incompression.mcs　　MCS 文件　　6,022 KB

E2PROM_incompression.prm　　PRM 文件　　1 KB

WR_RD_24LC64.bit　　　　　　BIT 文件　　2,141 KB

WR_RD_24LC64.ltx　　　　　　LTX 文件　　60 KB

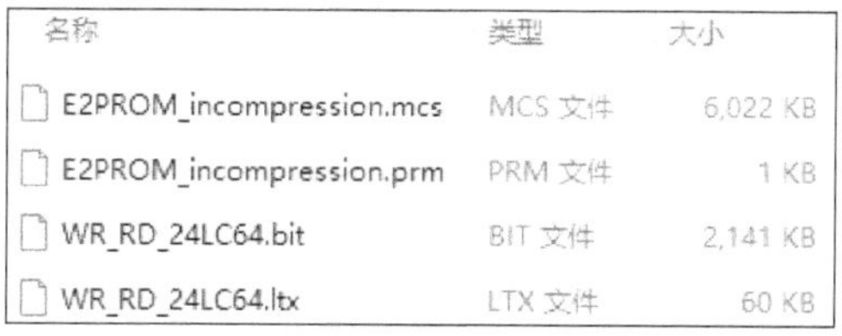

图 11-8　不压缩 bit 文件的结果

11.2　edif 文件的生成方法

在 FPGA 开发设计的过程中，我们常会遇到这样的情况：当开发的模块需要提供给其他厂家使用，或者需要与其他团队进行协同开发，但又需要对自己的知识产权进行保护时，就需要对 RTL 级别的源码进行保护，保护源码的方式有两种：①采用 Vivado IDE 对 Verilog/System Verilog 源码进行加密；②采用网表文件（edif 文件）形式对 RTL 级源码进行保护。采用源码加密的方法需要申请 License，否则无法使用，并且操作相对复杂，下面我们就介绍采用网表文件的形式对 RTL 级源码进行保护的方式。此外，采用 edif 文件还有一个好处，可以减少程序在编译过程中的耗时，对于大型工程的编译，可以缩短综合消耗的时间。

11.2.1　edif 文件的生成步骤

（1）在工程主窗口的"PROJECT MANAGER"下单击"Settings"，进入"Settings"配置界面，单击"Synthesis"，并在右侧找到"Settings"配置块，找到其中的"More Options"配置选项，并在其中输入"-no_iobuf"，这样对设置为顶层的模块进行综合之后，其端口信号就不会引入 IBUF、OBUF 原语模块，整个操作如图 11-9 所示。

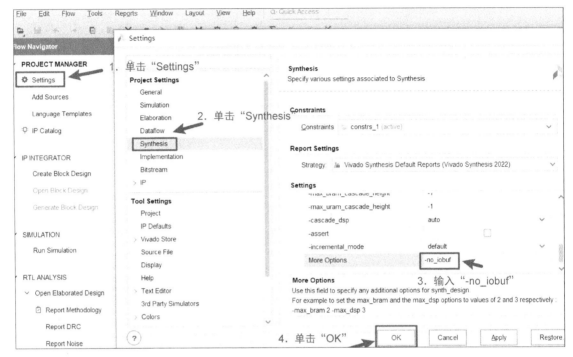

图 11-9 　"-no_iobuf" 综合属性设置

（2）在工程窗口的资源（Sources）栏中将需要生成为 edif 文件的模块设为顶层，如这里将 "write_single_byte" 模块设置为顶层，如图 11-10 所示。

（3）如图 11-11 所示，在工程主界面左边的流程向导窗口下的 "SYNTHESIS" 选项中单击 "Run Synthesis"，对顶层进行综合，综合完毕之后单击 "Open Synthesized Design"，打开综合后的设计。

图 11-10 　设置顶层模块

图 11-11 　综合与打开综合后的设计

（4）如图 11-12 所示，单击状态栏下方的 "Tcl Console"，在控制台下方的 Tcl 脚本命令输入栏中输入 "write_edif　edif 文件存放路径/edif 文件名称.edif"，输入完毕后按回车键即可执行，write_edif 脚本执行结果如图 11-13 所示，可以看到命令执行的结果，若命令执行结果为红色，则说明执行失败。

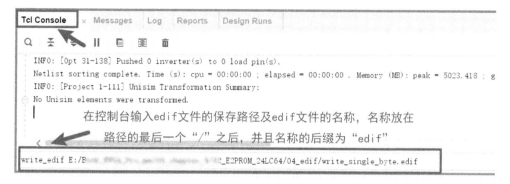

图 11-12　输入 write_edif 脚本

图 11-13　write_edif 脚本执行结果

（5）如图 11-14 所示，在"Tcl Console"下的脚本命令输入框中输入"write_verilog -mode synth_stub 文件存放目录/文件名称.sv"，如这里输入"write_verilog -mode synth_stub E:/Book_FPGA_Pro_me/09_chapter_9/02_E2PR0M_24LC64/04_edif/write_single_byte.sv"，输入完毕后按回车键即可执行，write_verilog 脚本执行结果如图 11-15 所示。

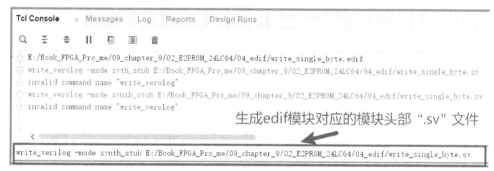

图 11-14　输入 write_verilog 脚本

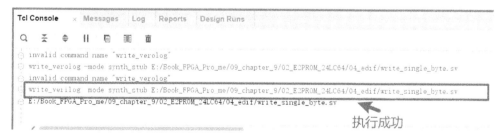

图 11-15　write_verilog 脚本执行结果

运行完 edif 文件生成脚本与.sv 文件生成脚本后，进入目标文件目录，如图 11-16 所示，可以看到在目标文件夹下生成了 write_single_byte.edif 文件和 write_single_byte.sv 文件。

图 11-16　生成的 edif 文件

注：①为什么在生成 edif 文件的同时，还要生成一个同名的.sv 文件或.v 文件呢？因为对应的.sv 文件或.v 文件为对应 edif 文件模块的模块端口声明文件，用于描述该模块的顶层端口，其为一个只有模块端口声明的空模块文件；②采用"write_verilog -mode synth_stub"生成.v 文件和.sv 文件的方式，支持生成 edif 模块时调用 Vivado 中的官方 IP 核的情况。

11.2.2　edif 文件的使用

生成 edif 文件之后，当要在其他工程中调用该文件时，只需要将 edif 文件与其对应的.v/.sv 空模块文件一起添加到目标工程中即可。在目标工程中调用该 edif 文件的模块时可以看到相应的 edif 文件与对应的.v/.sv 文件将出现在调用模块的层级之下，如图 11-17 所示，在 WR_RD_24LC64 模块中调用了 write_single_byte 模块，可以看到 write_single_byte.sv 文件与 write_single_byte.edif 文件出现在 WR_RD_24LC64 模块的层级下。

图 11-17　调用 edif 文件

11.3　逻辑资源消耗查看方法

11.3.1　需求背景

在 FPGA 实际开发设计中，我们常会遇到这样的场景：场景 1，我们需要开发一个新的项目，项目需求已知，该项目中使用的功能模块在其他项目中已经使用，我们需要为该项目选择一片容量适合的 FPGA 来完成项目设计。场景 2，项目设计工作已经进行一半，需要为某一个功能模块再增加几路相同的模块，请问该模块最多还可以增加几路？

为了回答以上问题，我们需要对工程中各模块的资源消耗有一个具体的了解，对工程中各模块的资源消耗进行了解有两种方式，一种方式是为每个模块单独建立一个工程，对工程进行编译实现，实现完毕后在 Project Summary 界面查看整个工程的资源消耗，这种方式比较耗时；另外一种方式就是在工程中直接查看各模块的资源消耗。接下来我们就讲解怎样在工程中查看各模块的资源消耗。

11.3.2　子模块资源消耗查询方法

（1）对工程进行实现，在"PROJECT MANAGER"栏下依次单击"IMPLEMENTATION"→"Run Implementation"，对工程进行实现，如图 11-18 所示。

（2）当工程实现完毕后，单击"Open Implemented Design"，打开实现后的设计，如图 11-19 所示，随后弹出如图 11-20 所示的对话框。

图 11-18　工程实现　　　　　　　　　　　图 11-19　打开实现后的设计

图 11-20　实现对话框

（3）打开实现后的设计，"IMPLEMENTATION"下的列表将变为如图 11-21 所示的状态，此时单击"Report Utilization"，弹出如图 11-22 所示的对话框，直接单击"OK"，弹出如图 11-23 所示的进度框。

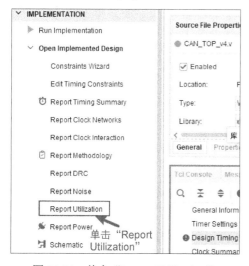

图 11-21　单击"Report Utilization"　　　　图 11-22　"Report Utilization"对话框

图 11-23 "Report Utilization"进度框

（4）在 Vivado 界面的正下方打开"Utilization"窗口，如图 11-24 所示，窗口的左侧为工程模块的层次结构，窗口的右侧为对应层次结构的资源消耗统计。由图 11-24 可知，模块顶层（pcie_top_v2）消耗的 Slice LUTs 个数为 69385，Block RAM Tile 消耗 267 个；工程子模块 u_spi_enable_ctrl 消耗的 Slice LUTs 个数为 7，Block RAM Tile 消耗 0 个；工程子模块 u_ddr_user_fifo_0 消耗的 Slice LUTs 个数为 6588，Block RAM Tile 消耗 8 个；其余模块消耗如图 11-24 所示。

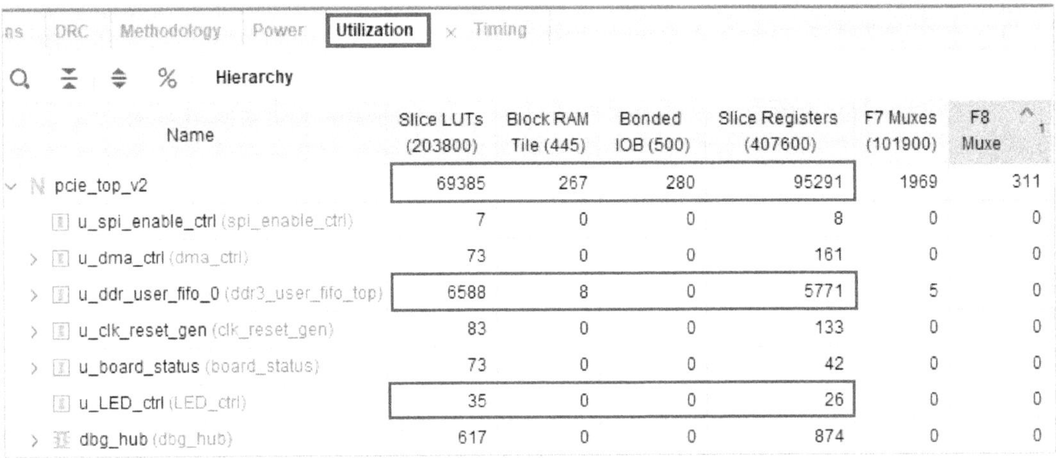

Name	Slice LUTs (203800)	Block RAM Tile (445)	Bonded IOB (500)	Slice Registers (407600)	F7 Muxes (101900)	F8 Muxe
∨ N pcie_top_v2	69385	267	280	95291	1969	311
u_spi_enable_ctrl (spi_enable_ctrl)	7	0	0	8	0	0
> u_dma_ctrl (dma_ctrl)	73	0	0	161	0	0
> u_ddr_user_fifo_0 (ddr3_user_fifo_top)	6588	8	0	5771	5	0
> u_clk_reset_gen (clk_reset_gen)	83	0	0	133	0	0
> u_board_status (board_status)	73	0	0	42	0	0
u_LED_ctrl (LED_ctrl)	35	0	0	26	0	0
> dbg_hub (dbg_hub)	617	0	0	874	0	0

图 11-24 "Utilization"窗口

（5）打开工程的"Project Summary"界面，查看"Utilization"窗口中每一种类型逻辑资源的总消耗量，如图 11-25 所示，可以看到 LUT 消耗为 69385 个，BRAM 消耗为 267 个，与在图 11-24 中所看到的结果一致。我们把显示结果切换成 Graph 形式，其显示如图 11-26 所示，可以直观地看到每种资源消耗占总量的比值。

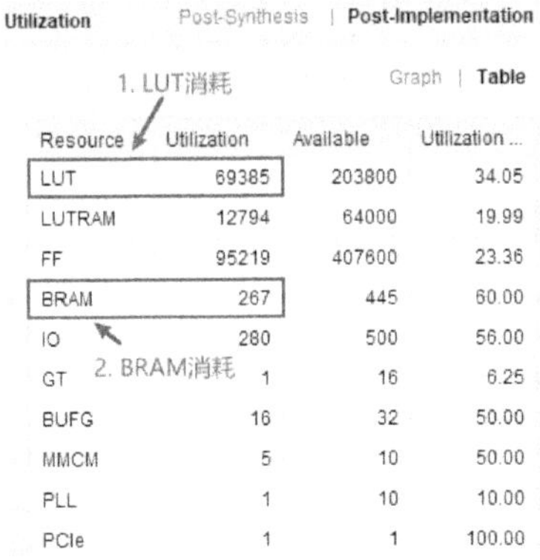

Resource	Utilization	Available	Utilization ...
LUT	69385	203800	34.05
LUTRAM	12794	64000	19.99
FF	95219	407600	23.36
BRAM	267	445	60.00
IO	280	500	56.00
GT	1	16	6.25
BUFG	16	32	50.00
MMCM	5	10	50.00
PLL	1	10	10.00
PCIe	1	1	100.00

1. LUT消耗
2. BRAM消耗

图 11-25 表格形式资源消耗

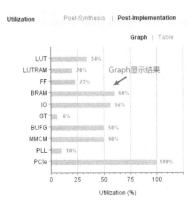

Graph显示结果

图 11-26 图表形式资源消耗

11.3.3　相同子模块资源消耗查看与预估

为了解决我们在需求背景中提出的另一个问题：同一个模块还可以最多例化多少个。当同一个模块被例化多次时，我们需要对每一个模块的资源消耗是否一致进行确认，若一致，则在评估时只需要将模块例化单次消耗的逻辑资源乘以例化的个数，即为多次例化消耗的总资源。如图 11-27 所示，我们对 CAN_TOP_v3 模块下的子模块 can_read_lisen 例化了 4 次，4 个子模块的 Block RAM 资源消耗完全相同，Slice LUTs 资源的消耗有些波动，但几乎完全相同，因此在资源评估时，对于同一个模块例化多次的资源消耗，可以将每一个模块的资源消耗量乘以模块的个数，即为例化多路后的资源消耗。

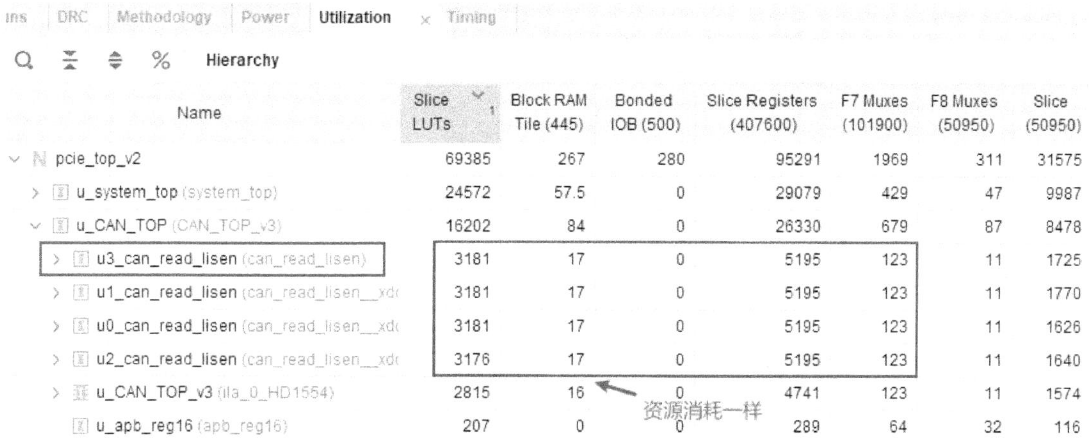

ins	DRC	Methodology	Power	**Utilization**	×	Timing					

Name	Slice LUTs	Block RAM Tile (445)	Bonded IOB (500)	Slice Registers (407600)	F7 Muxes (101900)	F8 Muxes (50950)	Slice (50950)
˅ N pcie_top_v2	69385	267	280	95291	1969	311	31575
˃ ▣ u_system_top (system_top)	24572	57.5	0	29079	429	47	9987
˅ ▣ u_CAN_TOP (CAN_TOP_v3)	16202	84	0	26330	679	87	8478
˃ ▣ u3_can_read_lisen (can_read_lisen)	3181	17	0	5195	123	11	1725
˃ ▣ u1_can_read_lisen (can_read_lisen__xd(	3181	17	0	5195	123	11	1770
˃ ▣ u0_can_read_lisen (can_read_lisen__xd(	3181	17	0	5195	123	11	1626
˃ ▣ u2_can_read_lisen (can_read_lisen__xd(	3176	17	0	5195	123	11	1640
˃ 玊 u_CAN_TOP_v3 (ila_0_HD1554)	2815	16	0	4741	123	11	1574
▣ u_apb_reg16 (apb_reg16)	207	0	0	289	64	32	116

资源消耗一样

图 11-27　相同模块的资源消耗

11.4　JTAG 时钟频率的修改方法

在 FPGA 开发设计过程中，我们在进行程序下载时，对于新设计的硬件，有时会出现 JTAG 无法连接 FPGA 芯片，或者即使连接上 FPGA 芯片，在进行 bit 下载或者 MCS 文件下载时，常出现下载到中间的某一个过程时下载失败的现象。这种现象一般为 JTAG 链路的硬件稳健性差造成，可以尝试通过降低 JTAG 时钟频率的方式解决，大多数情况下降低时钟频率可以解决这类问题，JTAG 时钟频率修改的方式有两种，一种是将已有的连接关闭，重新建立连接，在重新建立连接时设置 JTAG 频率，另一种是在已有连接已经建立好的情况下进行修改，下面讲解在已有连接的基础上修改 JTAG 时钟频率的方法，详细步骤如下。

（1）在工程主界面左侧的 Flow Navigator 下依次单击"PROGRAM AND DEBUG"→"Open Hardware Manager"→"Open Target"→"Auto Connect"进行连接，操作步骤如图 11-28 所示。

（2）连接完成后弹出如图 11-29 所示的"Hardware"窗口，单击"Xilinx_tcf"，如图 11-29 所示。

（3）在下方的属性窗口中选择"Properties"栏，如图 11-30 所示，依次单击"PARAM"→"FREQUENCY"，在下拉列表中选择对应的时钟频率即可。当然也可在搜索栏中输入"FREQ"，直接快速弹出"FREQUENCY"栏。

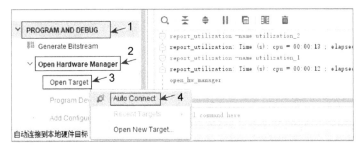

图 11-28　连接 FPGA 芯片

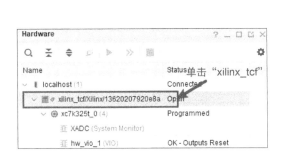

图 11-29　"Hardware"窗口

图 11-30　JTAG 时钟频率设置

注：如果开始不选中"xilinx_tcf"，那么下面将不会弹出对应的属性栏，因此设置 JTAG 时钟频率时，应该先选中"xilinx_tcf"，再设置"FREQUENCY"参数值，以上是在不重新建立连接的情况下，对 JTAG 时钟频率进行设置的方法。

11.5　ILA 窗口异常的解决方法

将 bit 文件、.ltx 文件下载到 FPGA 器件中常会出现两种情况：①bit 文件与.ltx 文件下载完成后无 ILA 调试窗口弹出；②bit 文件与.ltx 文件下载完成后弹出 ILA 调试窗口，但窗口中无调试信号。出现这两种情况时，大部分 FPGA 初学者只是感觉到很奇怪，将此类问题归结为 IDE 自身的漏洞，当其不知道为什么会出现这种情况时，采取的解决方式为重新下载一次试一下或者将 Vivado 关闭后重新打开再试一下，可能有时会成功，但大部分情况下都不能解决问题，其根本原因是不知道产生以上现象的原因，下面将详细分析讲解产生的原因与解决方法。

11.5.1　debug hub core 介绍

在讲解 ILA 窗口出现异常的原因之前，我们先讲解一个 AMD FPGA 中与 ILA 调试相关的基本单元——debug hub core，简称 dbg_hub。debug hub 的功能是负责将一个或多个 ILA 与 JTAG 连接起来，JTAG 指令下发及抓取波形数据回传到屏幕都要通过它。debug hub core 上包含时钟端口 clk、输入端口、数据输出端口三类端口。

11.5.2　JTAG、ILA、dbg_hub 时钟频率的关系

要保证将 bit 文件和.ltx 文件下载到 FPGA 芯片中，在 Vivado 界面中能够正确弹出 ILA 调试窗口，以及在窗口中能够正确触发出采样的波形，JTAG、ILA、dbg_hub 时钟端口的时钟频率必须满足以下关系：dbg_hub 时钟频率≥ILA 时钟频率≥JTAG 时钟频率，只有满足这个关系才可以正常地下载程序与分析，如果不满足这个关系，那么在下载程序之后进行调试将会出现以下异常情况。

（1）dbg_hub 时钟频率 ＜ILA 时钟频率。

若 debug_hub 时钟频率小于 ILA 时钟频率，则会出现程序下载进入 FPGA 芯片后，不会出现逻辑分析仪的调试界面，即使 Refresh Device 也不会出现 ILA 调试窗口。

（2）ILA 时钟频率 ＜JTAG 时钟频率。

若 dbg_hub 时钟频率大于 ILA 时钟频率，但是 ILA 时钟频率小于 JTAG 时钟频率，则会出现 bit 文件下载进入 FPGA 后，弹出逻辑分析仪调试界面，同时也有信号出现在窗口中，但是就是没有波形出来，即在 wave 窗口中没有波形。

11.5.3　dbg_hub 时钟连接原则

dbg_hub 的时钟可以是外部直接输入的时钟，只经过 IBUF、BUFG 后，直接连接到 dbg_hub 上的时钟，也可以是 PLL（clocking wiz）输出的时钟，该时钟必须是下载完 bit 程序后能立刻运行的自由时钟，不能被其他逻辑控制。

11.5.4　ILA 调试窗口异常的解决方法

（1）下载 bit 后有调试窗口无波形。

解决步骤如下：①如果有窗口，没有波形，那么最快的解决方法就是直接修改 JTAG 的时钟频率，降低其时钟频率，保证"ILA 时钟频率 ＞JTAG 时钟频率"即可，JTAG 时钟频率的修改见第 11.4 节。②如果 ILA 调试窗口没有出来，那么必须添加约束，修改 dbg_hub 连接的时钟，使用 connect_debug_port 约束命令进行修改。

（2）下载 bit 后无调试窗口。

解决步骤如下：①刷新器件——Refresh Device，若刷新器件执行无效，则进入步骤②；②修改 dbg_hub 时钟频率，使 dbg_hub 模块时钟端口连接到工程中频率最高的时钟网络。

11.6　自定义 IP 核封装方法

在 Vivado 中，我们可以将验证成熟的代码模块化，以 IP 核的形式在其他工程中被调用，这就涉及用户自定义 IP 核的封装，下面对其方法进行详细描述。

11.6.1　自定义 IP 核的封装步骤

自定义 IP 核的封装步骤如下。

（1）新建一个工程，如图 11-31 所示，给工程添加源代码，并将需要封装为 IP 核的模块设置为顶层。

图 11-31　建立完成的工程主界面

（2）如图 11-32 所示，依次单击"Tools"→"Create and Package New IP"。

图 11-32　单击"Create and Package New IP"

（3）进入如图 11-33 所示的界面，直接单击"Next"。

图 11-33　Create IP 说明界面

（4）进入如图 11-34 所示的界面，有 3 种封装方式可供选择，这里选择封装当前工程为

IP 核，然后单击"Next"（另外两种方法读者可以自己尝试，其中封装为 AXI4 接口的 IP 核在 Zynq 设计中经常使用）。

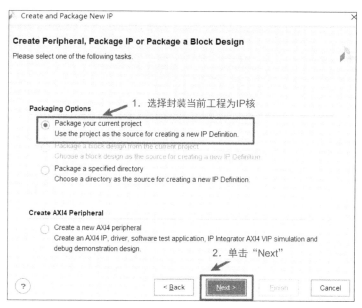

图 11-34　"Create and Package New IP"界面

（5）进入如图 11-35 所示的界面，在"IP location"栏中设置 IP 核的存放路径，设置完毕后单击"Next"，弹出如图 11-36 所示的对话框，直接单击"OK"。

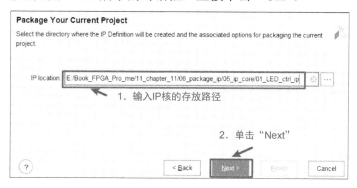

图 11-35　设置 IP 核的存放路径

图 11-36　"Confirm Copy Sources"对话框

（6）进入如图 11-37 所示的总结界面，单击"Finish"完成。

（7）如图 11-38 所示，Vivado 将自动创建一个临时工程，用于 IP 核的封装编辑，整个工程界面如图 11-38 所示，工程界面中的"Package IP"窗口作为进行 IP 核封装时执行一系列操作的窗口。如果不小心关闭了该窗口，那么可以通过依次单击"Sources"→"Design Sources"→"IP-XACT"，双击"component.xml"，打开"Package IP"窗口，如图 11-39 所示。

图 11-37 "New IP Creation"界面

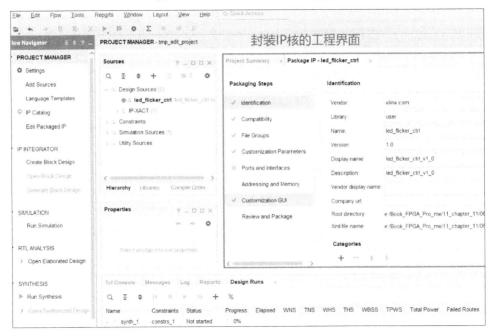

图 11-38 封装 IP 核的工程界面

图 11-39 打开"Package IP"窗口的操作方法

（8）如图 11-40 所示，"Identification"用于配置 IP 核的名称与版本等信息。

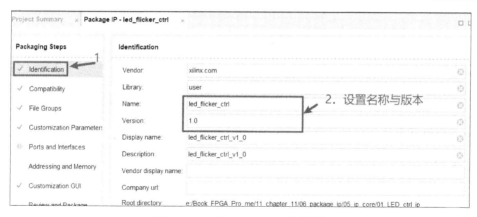

图 11-40 "Identification" 界面

（9）"Compatibility" 用于设置生成 IP 核所支持的器件，这里选择添加所有器件，操作步骤如图 11-41 和图 11-42 所示。

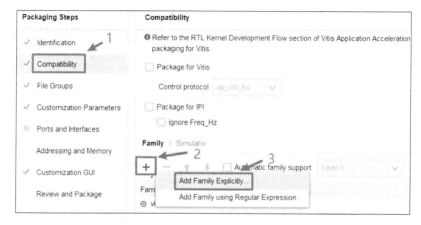

图 11-41 "Compatibility" 窗口

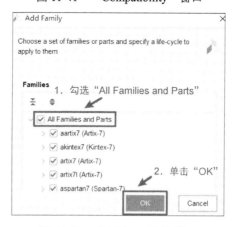

图 11-42 "Add Family" 窗口

（10）"File Groups" 用于设置文件分组，这里保持默认，刷新一下即可，如图 11-43 所示。因为在封装 IP 核的过程中，整个流程中的每一个配置项都必须单击一下，使选项前的对钩变为绿色。

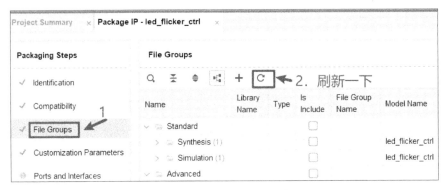

图 11-43　"File Groups"窗口

（11）如图 11-44 所示，"Customization Parameters"用于设置 IP 核的用户参数，如果要对参数配置属性进行修改，那么单击"Edit Parameter"进入设置窗口进行设置，这里不修改。

图 11-44　"Customization Parameters"窗口

（12）"Ports and Interfaces"用于对 IP 核的端口进行配置，这里保持默认，单击"Ports and Interfaces"即可，如图 11-45 所示。

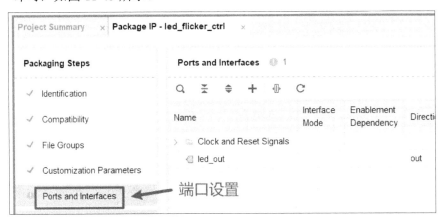

图 11-45　"Ports and Interfaces"窗口

（13）"Addressing and Memory"用于配置 IP 核的地址与存储属性，这个属性一般不设置，保持默认，单击一下即可，如图 11-46 所示。

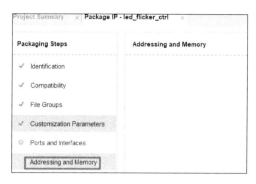

图 11-46　"Addressing and Memory"窗口

（14）"Customization GUI"用于对例化 IP 核的配置界面进行编辑设置，这里保持默认，单击一下即可，单击后选项前出现对钩，如图 11-47 所示。

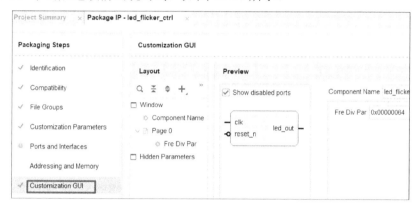

图 11-47　"Customization GUI"窗口

（15）Review and Package 是 IP 核封装过程中的最后一个选项，该选项显示了 IP 核封装的总结信息（Summary），如图 11-48 所示，直接单击"Package IP"进行 IP 核封装，单击后弹出如图 11-49 所示的对话框，单击"Yes"完成 IP 核封装，封装完成后，临时工程自动关闭。

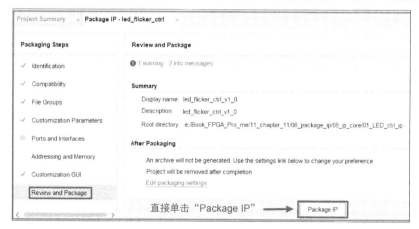

图 11-48　"Package IP"窗口

到此以封装当前工程为 IP 核的方式，建立用户自定义 IP 核的封装步骤就讲解完了，我们进入 IP 核的存放目录进行查看，如图 11-50 所示，可以看到 IP 核中的文件，其中 src 文件夹用于存放 IP 核源码，xgui 文件夹用于存放 Tcl 脚本，componenet.xml 为 IP 核的配置信息。

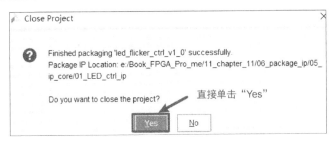

图 11-49　封装完成提示对话框

图 11-50　IP 核所在目录文件情况

11.6.2　自定义 IP 核使用

1. 自定义 IP 核添加到 IP 核库

接下来将讲解自定义 IP 核怎样添加到目标工程 IP 核库中，并在目标工程中添加使用 IP 核，其详细步骤如下。

（1）新建一个 Vivado 工程，将其作为使用 IP 核的实际目标工程。

（2）在工程菜单栏执行"Tools"→"Settings"，进入"Settings"配置界面；接着在窗口左侧的"Project Settings"栏中执行"IP"→"Repository"，单击"IP Repositories"窗口中的"＋"，在弹出的对话框中定位到需要使用的自定义 IP 核所在目录，选中后单击"Select"，整个操作如图 11-51 所示。

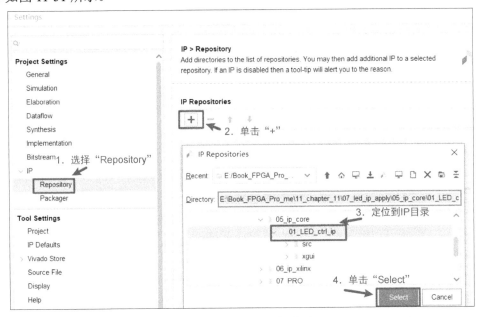

图 11-51　Settings 配置界面

（3）弹出如图 11-52 所示的窗口，在窗口中选择对应的 IP 核，单击"OK"，完成 IP 核库路径添加，添加完成后如图 11-53 所示，在"IP Repositories"中可以看到添加 IP 核所在的路径，接着单击"Apply"，再单击"OK"，即可将 IP 核添加到工程 IP 核库中，如图 11-54 所示。

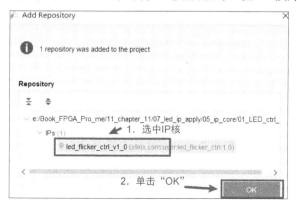

图 11-52　添加 IP 核

图 11-53　IP 核库添加完成路径显示

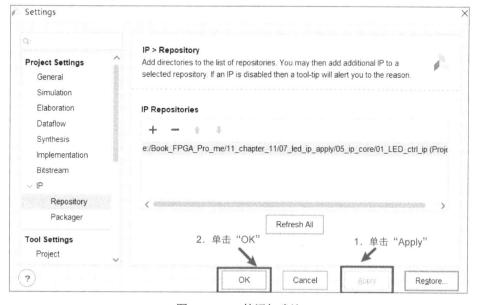

图 11-54　IP 核添加确认

（4）回到工程主界面，打开"IP Catalog"窗口，在搜索栏中输入"led"，如图 11-55 所示，在搜索结果中出现"led_flicker_ctrl_v1_0"，说明 IP 核被成功添加到工程中。

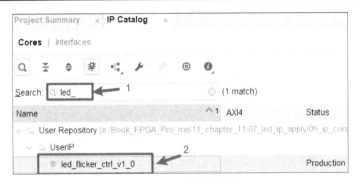

图 11-55　IP 核搜索结果

（5）双击"led_flicker_ctrl_v1_0"，进入 IP 核配置界面，如图 11-56 所示，在配置界面中可以看到配置参数 Fre Div Par 可配置，此处设置为 0x0A，配置完成单击"OK"。

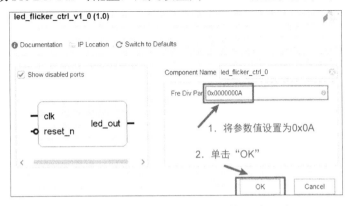

图 11-56　"led_flicker_ctrl" IP 核配置界面

（6）弹出如图 11-57 所示的窗口，单击"Generate"，开始生成 IP 核。

（7）IP 核生成完成后，回到"Sources"窗口，选择下方的"IP Sources"，如图 11-58 所示，可以看到"led_flicker_ctrl_0" IP 核已经添加到工程中。

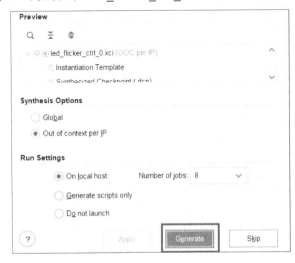

图 11-57　生成 IP 核

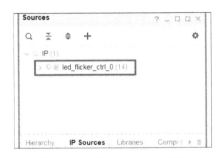

图 11-58　"IP Sources"界面

2. IP 核例化与仿真

IP 核生成完成后，可以在工程中对 IP 核进行例化调用，其调用方式与 Vivado 开发环境中原厂 IP 核的调用方式一致。下面在工程中创建仿真文件 led_ctrl_ip_tb 模块，并在 led_ctrl_ip_tb 中例化 led_flicker_ctrl_0 模块，例化调用后工程的层次结构如图 11-59 所示，可以看到 led_flicker_ctrl_0 IP 核已经在 led_ctrl_ip_tb 层次下。

图 11-59　"Simulation Sources" 层次结构

led_ctrl_ip_tb 仿真模块 Testbench 的内容如下。

```
`timescale  1ns / 1ns
`define     cycle 20
module led_ctrl_ip_tb;
    logic   clk     ;
    logic   reset_n ;
    wire    led_out ;
    led_flicker_ctrl_0 led_flicker_ctrl_0 (
    .clk        (clk        ),       // input wire clk
    .reset_n    (reset_n    ),       // input wire reset_n
    .led_out    (led_out    )        // output wire led_out
    );
    initial
        begin
            clk = 1'b1; forever #(`cycle/2) clk = ~clk;
        end
    initial
        begin
            reset_n = 1'b0; #(`cycle*2); reset_n = 1'b1;
            #(`cycle*100); $stop;
        end
endmodule
```

led_flicker_ctrl_v1_0 IP 核控制 LED 闪烁输出的源码如下所示。

```
module led_flicker_ctrl #(
    parameter       FRE_DIV_PAR     = 32'd100
) (
    input           clk         ,
```

```
    input           reset_n ,
    output logic    led_out
);
    //---------------------------------------
    // 1. 分频计数器计数
    //---------------------------------------
    logic [31:0]div_cnt;
    always_ff@(posedge clk, negedge reset_n)
        if(!reset_n)
            div_cnt <= 32'd0;
        else if(div_cnt < (FRE_DIV_PAR - 1'b1))
            div_cnt <= div_cnt + 1'b1;
        else
            div_cnt <= 32'd0;
    //---------------------------------------
    // 2. LED 输出控制
    //---------------------------------------
    always_ff@(posedge clk, negedge reset_n)
        if(!reset_n)
            led_out <= 1'b0;
        else if(div_cnt == (FRE_DIV_PAR - 1'b1))
            led_out <= ~led_out;
        else
            led_out <= led_out;
endmodule
```

在 Vivado 中运行仿真，其结果如图 11-60 所示，由图 11-60 可知，当 div_cnt 的值计数到 32'd9 时，led_out 输出值产生一次跳变。在设置 IP 时，我们将参数 Fre Div Pa 设置为 0x0A （十进制数值 10），此时分频参数 FRE_DIV_PAR 的值为 32'd10，根据代码可知，当 clk 上升沿到来，检测到 div_cnt 的值等于 32'd9 时，led_out 的值就会反转一次，仿真结果与预期设计相符，说明 IP 核的封装与调用操作正确。

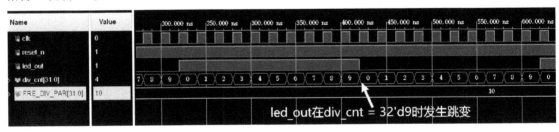

图 11-60　IP 核仿真结果

11.6.3　自定义 IP 核封装总结

（1）采用将整个工程封装为 IP 核的操作，虽然将工程建立好，添加完毕所有源码到工程后就可以对工程进行封装，但建议在封装之前先对代码进行仿真，以保证逻辑正确性。

（2）将整个工程封装为 IP 核时，一定要注意，将需要封装为 IP 核的模块设置为顶层。

参考文献

[1] 蔡觉平，李振荣，何小川，等. VerilogHDL 数字集成电路设计原理与应用[M]. 2 版. 西安：西安电子科技大学出版社，2016.

[2] 袁玉卓，曾凯锋，梅雪松. FPGA 自学笔记——设计与验证[M].北京：北京航空航天大学出版社，2017.

[3] 吴厚航，尤恺元，杨亮. Xilinx Artix-7 FPGA 快速入门、技巧及实例[M].北京：清华大学出版社，2019.

[4] 王贞炎. FPGA 应用开发和仿真[M].北京：机械工业出版社，2017.

[5] 高亚军. AMD FPGA 设计优化宝典[M].北京：电子工业出版社，2023.

[6] Xilinx, "Zynq-7000 Soc and & Series Devices Memory Interface Solutions",ug586(v4.2), 2015.

[7] Xilinx, "7 Series FPGAs and Zynq-7000 All Programmable SoC XADC Dual 12-Bit 1Msps Analog-to-Digital Converter", ug480(v1.9), 2016.

[8] Xilinx, "XADC Wizard v3.3", pg091(v3.3), 2016.

[9] AMD. "7 Series FPGAs Configuration", ug470(v1.17), 2023.

[10] Xilinx. "Bitstream Identification with USR_ACCESS using the Vivado Design Suite Application Note", XAPP1232(v1.0), 2016.

反侵权盗版声明

　　电子工业出版社依法对本作品享有专有出版权。任何未经权利人书面许可，复制、销售或通过信息网络传播本作品的行为；歪曲、篡改、剽窃本作品的行为，均违反《中华人民共和国著作权法》，其行为人应承担相应的民事责任和行政责任，构成犯罪的，将被依法追究刑事责任。

　　为了维护市场秩序，保护权利人的合法权益，我社将依法查处和打击侵权盗版的单位和个人。欢迎社会各界人士积极举报侵权盗版行为，本社将奖励举报有功人员，并保证举报人的信息不被泄露。

举报电话：（010）88254396；（010）88258888

传　　真：（010）88254397

E-mail：　dbqq@phei.com.cn

通信地址：北京市万寿路 173 信箱

　　　　　电子工业出版社总编办公室

邮　　编：100036